国家精品在线开放课程教材

运筹学

刘华丽　徐代忠　主编

高等教育出版社·北京

内容提要

本教材是国家精品在线开放课程“运筹学”的配套教材，内容主要包括绪论、线性规划、对偶理论、运输问题、整数规划、动态规划、网络计划技术、对策论、决策论，涵盖了“运筹学”MOOC中第一讲至第八讲的全部内容。作为一本运筹学入门教材，本教材主要面向大学生学习使用，注重介绍运筹学的基本知识和基本思维方法，致力于从基础性的理论与方法上，开启学习者的系统思维、逻辑思维、计算思维，以及数学建模、决策分析、解决实际问题的能力。

学习者使用本教材，可登录“爱课程”网（www. icourses. cn）或“中国大学MOOC”手机客户端访问“运筹学”MOOC中的微视频、单元测试、PPT、作业、讨论题等，既能更好地保证在线学习效果，也便于离线自主安排学习，将网络课堂学习与泛在自主学习有机结合，从而进一步改善运筹学学习的体验与成效。

图书在版编目（CIP）数据

运筹学 / 刘华丽，徐代忠主编. -- 北京：高等教育出版社，2019.9（2021.11重印）

ISBN 978-7-04-052059-0

Ⅰ. ①运… Ⅱ. ①刘… ②徐… Ⅲ. ①运筹学-高等学校-教材 Ⅳ. ①O22

中国版本图书馆CIP数据核字(2019)第103899号

策划编辑 杨世杰　责任编辑 杨世杰　封面设计 张雨微　版式设计 于 婕
插图绘制 于 博　责任校对 刘娟娟　责任印制 赵义民

出版发行 高等教育出版社
社　　址 北京市西城区德外大街4号
邮政编码 100120
印　　刷 三河市春园印刷有限公司
开　　本 787 mm×1092 mm 1/16
印　　张 20.5
字　　数 340千字
购书热线 010-58581118
咨询电话 400-810-0598
网　　址 http://www.hep.edu.cn
　　　　 http://www.hep.com.cn
网上订购 http://www.hepmall.com.cn
　　　　 http://www.hepmall.com
　　　　 http://www.hepmall.cn
版　　次 2019年9月第1版
印　　次 2021年11月第2次印刷
定　　价 43.00元

物 料 号 52059-00

前言

本教材作者自大学毕业参加工作以来，一直从事运筹学的教学与研究工作。在教学过程中，发现找到一本难易适中、适合本科生入门学习的教材较为困难。为此，本教材编者一直心有所愿，希望能编写一本既涵盖运筹学基本原理、基础知识，又结合工程实际应用；既便于学习者自学，又便于教学者教学；概念清晰、实用性强的运筹学教材。在本教材的编写过程中，始终将提高学习者的运筹素养和筹算思维摆在首位，努力贯彻现代先进教育思想，改革、更新和优化教学内容，使用新型教育技术手段，吸收国内外优秀教材的经验和多年来在运筹学教学改革、研究和实践中积累的成果，力求使教材更具特色，更加实用。

本教材将线性规划、对偶理论、运输问题、整数规划、动态规划、网络计划技术、对策论、决策论八个模块列为重点内容。第一章为绪论，旨在使学习者从总体上了解运筹学的基本由来、基本思想和基本方法。第二章为线性规划，主要解决如何利用有限的人力、装备、物资、财力等资源做出最优决策问题。第三章为对偶理论，主要从另一角度揭示事物之间奇妙的对应关系，广泛解决经济学中遇到的问题。第四章为运输问题，主要研究如何把各种物资从若干生产基地运至若干消费地点而使总运费最小的问题。第五章为整数规划，主要解决现实中大量要求决策变量必须是整数的问题，尤其是如何利用决策变量取值的特殊要求解决任务分配或指派问题。第六章为动态规划，利用其“无后效性”属性解决最短路径问题、资源分配问题、背包问题等。第七章为网络计划技术，主要解决技术组织和生产管理中的时间、资源、费用等优化问题。第八章为对策论，主要解决政治、经济、军事等活动中斗争各方是否存在最合理的行动方案，以及如何找到这个最合理方案的问题。第九章为决策论，力求从宏观视角分析运筹学问题，主要解决如何在多种方案中做出正确选择，以获得好的结果或达到预期目标。

本教材是一本主要适合于大学生的入门学习教材。由于学习者学习目的不同，需要掌握的内容要求也不完全一样。对于初学者，需要了解每个运筹学分支的发展脉络，了解基本概念和建立数学模型的基本方法，了解应用的范围，重点培养系统思维和逻辑思维的能力。有一定高等数学基础的学习者，需要在了解知识发展渊源的基础上，掌握基本概念和基本理论，能利用运筹学基本理论知识建立数学模型，并将其简单应用到生活、经济、工程、军事等实际问题中，培养系统思维、逻辑思维、计算思维，以及数学建模与实际应用能力。学习者使用本教材，应着重加强对运筹学基本概念的理解，扎实掌握基本原理，积极应用基本方法，在此基础上，有效借助计算机技术，运用运筹学的思想、原理、方法去分析解决工作、生活中的实际问题，将学习的重心放在“吃透原理、领会真谛、学以致用、活学活用”上。

尽管本教材的主体内容与运筹学经典教材没有大的区分，但作为“运筹学”MOOC 的配套教材，本教材力争在内容、形态和编排上体现一些特色：

（一）形成以“一微多库”为核心的内容体系。以构建教学内容的核心知识点体系为宗旨，对教学内容进行遴选和切割，制作成微视频。结合实际应用，突出理论教学的案例式特征，编制与时代发展相适应的案例库。针对有些模型不恰当，脱离实用性，相较信息技术的发展存在滞后性等问题，编制适合实际应用的模型库。引进 Lingo、Lindo、Matlab 等运筹学软件，编制与每个模型对应的，可重构可扩展的常用算法库。针对运筹学因理论有深度、技术有难度而导致难于快速应用到工程实践的问题，编制标准组件类库，为工程领域实现优化和决策问题提供算法工具支持。还根据学习者的学习特点，编写了相应的习题库。

（二）形成以“教学视频+纸质教材”为结构的复合形态。本教材精心设计核心知识点，构建教学内容“微模块”，制作与之相对应的讲义、课件、微视频，努力贴近互联网教育的特点规律，提供一种方便学生自学和教师教学的教学组织形态。以教学微视频为核心，以要素性的资源库为支撑，使运筹学教学更好地实现课程内容的网络化可自学，教学资源的开放性可推送，教学手段的高效性可统筹，网上教学过程的主导性可评价。

（三）形成以“凸显学习指导作用”为导向的编排方式。在本教材的编写过程中，汲取国内外优秀教材的长处，反思部分教材“理论性有余”“教学性不足”的问题，积极构建相对系统的学习指导体系，在编排上提供了诸如本章导读、思维导图、视频扫码、本章小结、关键术语、复习思考题、延伸阅读、参考文献等内容，尽力营造一种更加有利于学习者使用的新的布局结构，既增强作为一本理论教材的教学特性，又体现作为一本 MOOC 教材的互联网特性，帮助学习者更好地掌握运筹学的基本原理、基本方法和基本应用。

1. 本章导读。在此部分引入思维导图，清晰梳理章节知识点及知识点之间的逻辑关系，便于学习者从整体上把握知识内容，快速知悉关键知识点，了解关键因素和环节。

2. 本章小结。总结本章主干知识，明确学习要求，拓展理论与方法，便于学习者形成良好的学习能力，并对自我学习情况进行评估。

3. 关键术语。便于双语教学，为学习者阅读外文文献提供基本帮助。

4. 复习思考题。便于学习者复习、巩固、检测所学，为提高学习质效提供必要支持。

5. 延伸阅读。“授之以鱼”不如“授之以渔”，延伸阅读可供学习者深入学习，进一步研究本章的知识或信息，为课外拓展学习提供方向与指引。

6. 参考文献。提供了与教材有关的文献题录，便于学习者检索。既可是学习者知悉每章知识的起点与承继，也表达本教材作者对运筹学同仁们的尊敬之情和鸣谢之意。

本教材得以出版，首先要感谢高等教育出版社杨世杰编辑给予的学习提高机会，正是仰赖于杨编辑的具体指导和大力帮助，这本 MOOC 教材才能顺利面世。其次要感谢课程团队的所有老师——李宏伟、卢厚清、朱万红、屠义强、刘好全、邢英，以及其他同事们。课程组几十年教学经验的积累和集体劳动的付出，才使本教材在内容和形式上有所发展和创新。要突出感谢教材参考文献涉及的所有作者，他们的学术探索和真知灼见为本教材提供了重要的素材支撑。也要感谢徐迎教授、俞海英教授，她们的鼓励和支持，是我们克服诸多困难的强大动力。

编写一本主要针对大学生的入门性质的运筹学通用教材并非易事，由于作者知识水平所限，错误在所难免。因此，由衷欢迎同仁和同学们提出宝贵的批评意见，迫切期待广大读者为我们提供更多的案例素材及其他资料。

目录

第一章　绪　　论

【本章导读】 运筹学是应用数学工具和现代计算机技术对实际问题进行定量分析、为决策提供定量依据的一种科学方法，是一门综合性应用科学，对培养系统思维、逻辑思维、计算思维，以及数学建模、决策分析、解决实际问题的能力等，都具有非常重要的意义。本章旨在简要介绍运筹学是什么、从何而来、研究内容、数学模型、应用领域，以及学习本教材的方法，使读者从总体上了解运筹学的基本由来、基本思想和基本方法。

本章知识点之间的逻辑关系见思维导图。

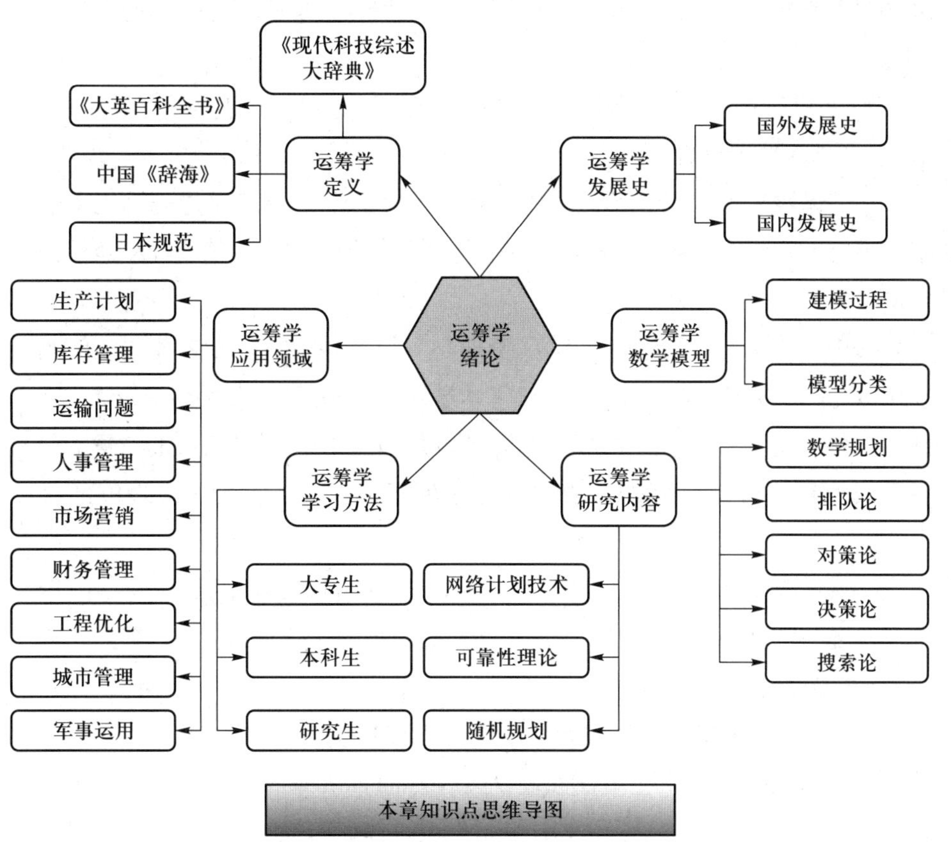

本章知识点思维导图

视频：绪论

1.1 运筹学是什么

1.1.1 运筹学的定义

“运筹学”名词正式诞生于1938年。英国波德塞（Bawdsey）雷达站的负责人罗伊（A. P. Rowe）为解决雷达站合理配置和防空作战系统的协调配合问题而进行了整个防空作战系统的运行研究。罗伊和劳勃·华生-瓦特（Robert Watson Watt）将这一研究命名为Operational Research，简称OR。这就是“运筹学”名词的起源（我国翻译为运筹学），波德塞也被称为运筹学的诞生地。

20世纪三十年代后，运筹学逐渐发展起来，成为一门新兴交叉学科，其定义也有诸多版本。

——运筹学在《大英百科全书》中的释义为[1]:“运筹学是一门应用于管理有组织系统的学科，运筹学为掌管这类系统的人提供决策目标和数量分析的工具。”

——运筹学在《现代科技综述大辞典》中的定义为[2]:“运筹学是一门诞生于20世纪30年代的新兴学科，运筹学是用数学方法研究各种系统最优化问题的学科，应用运筹学解决问题的动机是为决策者提供科学决策的依据，目的是求解系统最优化问题，即制定合理地运用人力、物力、财力的最优方案。”

——运筹学在我国《辞海》（1979年版）中有关条目的释义为[3]:“运筹学主要研究经济活动与军事活动中能用数量来表达的有关应用、筹划与管理方面的问题，它根据问题的要求，通过数学的分析与运算，作出综合性的合理安排，以达到较经济较有效地使用人力和物力。”

运筹学这个概念，在英国被称为Operational Research，在美国被叫作Operations Research，直译为“运用研究”或“作业研究”。[4]运筹学在日本规范中的定义为:“采用科学的方法及手段对系统的经营方案作出选择，以便为决策者提供解答的一门技术。”[5]在中国，很多科学家把运筹学（Operations Research）直译为“运作研究”[6]，将其解释为：运用科学的方法，如分析、试验、量化等，对问题进行定量分析，为决策者提供最优方案，以实现最有效的管理。

1.1.2 运筹学的基本属性

运筹学研究的问题多种多样，涉及军事问题、经济问题、管理问题、生产问题等各个方面；运筹学研究的领域非常广阔，包括交通、物流以及供应链、制造业、电力、能源、经济金融、国防安全、自然科学等各个领域；运筹学研究的方法涉及面广，包括数学方法、计算机技术、综合集成等，它与系统分析、未来学、计算机技术相结合，成为现代科学中一种不可或缺的理论与方法。运筹学研究的对象、目的和方法，决定了运筹学本身所具有的一些属性：

（1）数学性。运筹学强调，从实际问题中，着眼决策目标，抽出本质要素，构造数学模型，进而寻求与决策目标相适应的“解”。这个解，就是解决问题的方案。

（2）最优性。运筹学所寻求的解，是从可供选择的诸多方案中，所得到的最优解。

（3）整体性。这样的最优解，满足全局整体的需要，能够从根本上破解问题，形成最终的优化决策。

（4）方法性。运筹学的求解结果，来源于科学智慧的求解过程，这一过程以模型与算法为核心，形成了依靠数学工具解决实际问题的科学方法体系。在计算机技术、网络信息技术、人工智能技术的配合下，这一方法体系得以不断丰富完善。

（5）实践性。运筹学因实际需要而生，也必将在实践应用中不断发展。

总之，运筹学是从系统的观点出发，用科学的方法观察和解释整个问题，力求从空间、时间、资源等方面寻求解决问题的最优方案，即使不能找到精确的最优解，也力图构造特殊的模型和算法，寻找次优解、满意解或非劣解。

1.1.3 运筹学的应用特点

运筹学是一门多学科综合的应用性学科。运筹学从问题的形成，到构造模型、提出解案、进行检验、建立控制，直至付诸实施，都具有强烈的问题指向性。运筹学研究对象的客观普遍性、研究过程的完整性、研究应用的导向性，决定了运筹学这一学科具有区别于其他学科的强烈的应用特点：

（1）运筹学是一种科学方法，广泛应用于军事、生产、经济、社会、文化、环境等部门、领域的统筹协调与科学组织。

（2）运筹学这种科学方法以数学为主要工具，以数学建模为关键环节，依靠数理的方法与技术，更精确地寻求各种实际问题的最优方案。

（3）运筹学这种科学方法融合运用数学、计算机、军事学、经济学、心理学、物理学、化学、大数据、人工智能以及各种工程专业技术的理论及方法，既提供量化数据，也进行定性分析。

（4）运筹学这种科学方法，根本目的是为决策提供具有量化依据的建设性意见，并力求发挥实用、收到实效。运筹学的源起、性质和应用特点，都决定着运筹学研究的目的就是为决策者、管理人员提供科学决策依据。

运筹学在军事指挥领域的应用更加显著，也更为必要。军队指挥管理人员决策能力的提高，一方面可以被动积累，在经验与教训中摔打锤炼；另一方面更需要主动培塑，通过系统学习运筹学的思想和方法，培养在危急关头的系统思维、逻辑思维和计算思维，加速形成基于精密筹算的战争指挥本领与军事决策能力。

现已卸任的美军参联会主席迈克尔·马伦（Michael Mullen）海军上将，曾在2007—2011年两届任期内，先后担任小布什（George Walker Bush）和奥巴马（Barack Hussein Obama）两位总统的首席军事顾问。他于20世纪70年代初从美国海军学院毕业，历经15年军旅生涯后，正当事业蒸蒸日上之时，却不顾人事部门的劝告，毅然决定进入海军研究生院攻读军事运筹学硕士学位。马伦上将说：“军事运筹学教会我一种非常重要的技能，就是如何比我过去更具批判性地审慎思考并真实地构建问题。”

1.2 运筹学从何而来

1.2.1 运筹学思想的缘起

中国的许多古典书籍，如《孙子兵法》《孙膑兵法》《尉缭子》《武经总要》《百战奇略》《武备志》等，研究如何筹划兵力以争取胜利，都是含有军事运筹思想的最早典籍。我国古代农业创造的“轮作制度”“间作制”“绿肥制”等先进的耕作技术，也暗含了现代运筹学中决策问题的雏形。虽然古代中国并不缺乏“博弈、统筹、决策、优化、运输、选址、规划”等运筹思想，甚至在一些方面一定程度上走在世界前列，但由于自然科学尤其是现代数学在古代中国的起步较晚，一直到近代中国，也甚少有人从数学的角度对这些运筹思想进行深入系统的研究与运用。

而近代以来，随着科学技术在西方社会的发展成熟，西方科学家一方面试图利用数学工具去解决实际问题，另一方面又从实践运用中发展新的数学内涵，螺旋上升式地推动形成了现代运筹学的理论与方法体系。

1736 年，欧拉（Leonhard Euler）用图论思想成功地解决了哥尼斯堡七桥问题。

欧拉

哥尼斯堡七桥问题（Konigsberg Bridges Problem）

1738 年，丹尼尔·贝努利（Daniel Bernoulli）首次提出了效用的概念，并以此作为决策的标准。1777 年，蒲丰（George-Louis Leclerc de Buffon）发现了用随机投针试验来计算圆周率的方法，是随机模拟方法（蒙特·卡洛方法，即 Monte Carlo Method）最古老的试验。

丹尼尔·贝努利

蒲丰

1896年，维弗雷多·帕累托（Vilfredo Pareto）引进了最优的概念，首次从数学角度提出多目标优化问题。1909年，丹麦电话工程师爱尔朗（A. K. Erlang）利用概率论，开展了“概率论与电话会话”的研究，开创了排队论研究的先河。1912年，策梅洛（Zermelo Ernst Friedrich Ferdinand）[7]首次用数学方法来研究博弈问题。

维弗雷多·帕累托

策梅洛

现代运筹学思想的萌芽产生于第一次世界大战时期，当时人们开始用数学方法探讨各种运输问题。但在这一时期，由于人力不足、资料有限、经费不宽裕等原因，运筹学的发展处于摸索之中，理论体系不够成熟，未能得到较快的发展。1915年，哈里斯对商业库存问题的研究是库存论模型最早的工作。1916年英国工程师弗雷德里克·威廉姆·兰彻斯特（F. W. Lanchester）开展了战争中兵力部署的研究，提出用常微分方程组描述敌对双方消灭过程，是现代军事运筹最早构建的战争模型。第一次世界大战期间，以英国生理学家阿奇博尔德·维维安·希尔（Hill Archibald Vivian）为首的英国国防部防空试验小组开展了高射炮利用研究。1928年，冯·诺依曼（J. von Neumann）提出了二人零和对策的理论。

兰彻斯特

希尔

1.2.2 运筹学在国外的发展[8][9]

运筹学成为一门独立而成熟的科学体系，是在社会生产迅猛发展、新技术武器装备广泛应用、技术手段日趋复杂之后为适应需要而发展起来的。

1935 年到 1938 年这个时期，被视作运筹学的基本概念酝酿期。英国为解决空袭的早期预警，做好反侵略战争准备，积极进行雷达的研究。但随着雷达性能的改善和配置数量的增多，出现了来自不同雷达站的信息以及雷达站同整个防空作战系统的协调配合问题。为此，1938 年 7 月，波德塞雷达站的负责人罗伊提出应立即进行整个防空作战系统的研究，以正确运用新研制的雷达系统来对付德国飞机的空袭。英国于是在皇家空军中组织了一批科学家，进行新战术实验和战术效率的研究，并取得了满意的效果。他们把自己从事的这项工作叫作 Operational Research（我国将其翻译为“运筹学”），简称 OR，波德塞也被称为运筹学的诞生之地。该项研究的展开标志着现代运筹学有了一个良好的开端。

莫尔斯

1938 年到 1945 年，是运筹学的迅速崛起期。这个时期高技术武器装备广泛应用、技术日趋复杂，各国相继成立了运筹研究小组。1942 年，美国大西洋舰队主持反潜战的官员贝克（W. D. Baker）请求成立的反潜战运筹小组，请来麻省理工学院（Massachusetts Institute of Technology）的物理学家莫尔斯（P. W. Morse）主持计划与监督工作。英军在前期研究的基础上，每一个大的指挥部都成立了运筹研究小组。美国和加拿大的军事部门也成立了若干个运筹研究小组，他们称之为 Operations Research。

第二次世界大战时期运筹小组的总人数远远超过 700，他们活动种类繁多，相继开展了：① 优化护航编队，减少运输船只损失；② 优化侦察方法，提高搜索敌军潜艇效率；③ 改进深水炸弹的起爆深度，提高毁伤率；④ 安排飞机合理维修，提高利用率等工作。这些运筹小组不仅广泛研究战果评价、战术革新等问题，还把这部分知识应用于技术援助、战术计划、战略决策等工作。随之产生了包括线性规划、整数规划、图论、网络流、几何规划、非线性规划、大型规划、随机服务理论、随机模拟技术、存储理论及最优控制等理论成果，运筹学也从概念的初步酝酿逐渐发展成为一门学科。

从1945年到19世纪50年代初期，是运筹学的创建时期。在英国、美国，最早一批军事运筹学研究工作者开始积极讨论如何将运筹学方法应用于民用部门。于是在1948年，英国成立了“运筹学俱乐部”，逐步将运筹学思想运用到煤炭、电力等生产领域。1949年美国成立了著名的兰德公司，推动了运筹学的广泛应用。1948年美国麻省理工学院开设“运筹学”课程，1950年英国伯明翰大学（University College Birmingham）正式开设“运筹学”课程。世界上第一本运筹学杂志《运筹学季刊》（*O. R. Quarterly*）也于1950年在英国创刊。

20世纪50年代初期到20世纪末期，是运筹学的成熟时期。此阶段电子计算机技术的迅速发展，使得运筹学中的一些方法（如线性规划中的单纯形法、整数规划中的分支定界法、动态规划方法等）得以用来解决实际生活、生产、经营活动中的一些优化问题，促进了运筹学的推广应用。同时更多的刊物和学会相继出现，1956—1959年就有法国、印度、日本、荷兰、比利时等10个国家成立了运筹学会，有6种运筹学刊物问世。1957年在英国牛津大学召开了第一次国际运筹学会议，1959年成立国际运筹学会（International Federation of Operations Research Societies，IFORS）。此外，还有一些地区性组织相继创办，如成立于1976年的欧洲运筹学协会（EURO）、成立于1985年的亚太运筹协会（APORS）。

进入21世纪，随着社会发展，科学技术日新月异，军事和经济建设呈现出更加系统、更为复杂的特点。可以预测，运筹学将形成新的发展领域和学科增长点。著名数学家波利亚（George Polya）曾经说过：“数学就是解决问题的艺术。”随着一个又一个运筹学难题的解决、一个又一个运筹学领域的应用，新的难题将会不断从新的土壤中破土而出，运筹学也将伴随着重大问题的研究解决而不断创新发展。

1.2.3 运筹学在中国的发展[10]

1955年我国从《史记》中“运筹帷幄之中，决胜千里之外”这句话摘取“运筹”二字，将OR正式译作运筹学。

从这一时期到20世纪60年代，运筹学在我国普遍被理解为与工程有着密切联系的学科。1956年，在钱学森、许国志先生的推动下，我国第一个运筹学研究小组在中国科学院力学研究所成立。1957年，我国将运筹学应用于建筑业和纺织业，1958 年开始，陆续应用于交通运输、工业、农业、水利、邮电等行业。1958 年，我国建立了专门的运筹学研究室。由于在应用单纯形法解决粮食合理运输问题时遇到了困难，我国运筹学工作者创立了运输问题的图上作业法；管梅谷教授则提出了中国邮路问题模型的解法。1959 年，第二个运筹学部门在中国科学院数学研究所成立。1960 年力学所小组与数学所小组合并成为数学研究所的一个研究室，当时的主要研究方向有排队论、非线性规划和图论等，也研究运输理论、动态规划和经济分析等。

自 20 世纪 60 年代以来，运筹学在中国迅速发展并开始普及。此阶段的特点是运筹学进一步细分为各个分支，专业学术团体迅速增多，更多期刊得以创办，运筹学书籍大量出版，更多学校将运筹学课程纳入教学计划之中。第三代电子计算机的出现，促使运筹学用于研究一些大型复杂系统，如城市交通、环境污染、国民经济计划等，使运筹学被广泛应用于政府机构、国有企业。至 1963 年，飞机和导弹制造、玻璃、金属、矿业、包装、造纸、炼油、照相器材、印刷和出版、造鞋、纺织、烟草业、运输、木材加工、餐饮业和调查统计等各个行业都广泛依靠运筹学方法解决实际问题。至 70 年代，运筹学的思想与方法几乎被所有政府部门和机构接纳。

许国志

管梅谷

1991 年，中国运筹学会成立。中国运筹学会积极组织广大运筹学工作者，广泛开展国内外学术交流活动。中国运筹学会还负责组织及管理亚太地区运筹学研究中心的日常学术活动，组织过十次国际学术会议，受到国内外学术界的青睐。近年来，中国运筹学工作者继续坚持把运筹学研究与国家建设重大问题紧密结合起来。例如，在各大城市发展规划的制定、高铁运行的优化安排、中外合资经营项目的经济评价、国家重大工程中的综合风险评估等领域，都发挥了积极有效的作用。

1.3 运筹学研究什么

运筹学在研究和解决复杂实际问题中不断发展和壮大，至今已发展成为一个庞大的、包含多个分支学科的系统理论体系，如图 1-1 所示。

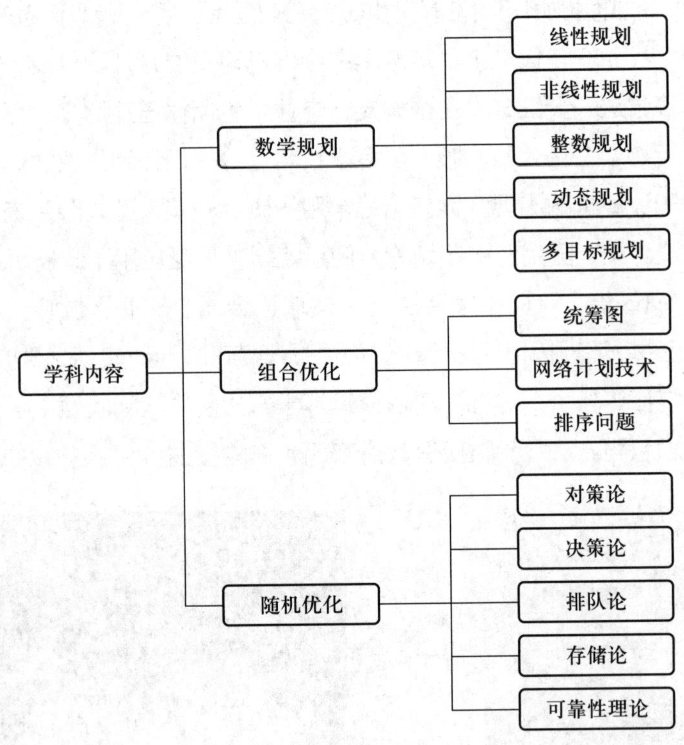

图 1-1　运筹学学科分支树状图

研究的具体内容[6]包括：线性规划、非线性规划、整数规划、动态规划、多目标规划、统筹图、网络计划技术、排队论、决策论、对策论、存储论、排序与统筹方法、可靠性理论等。

1.3.1　线性规划

线性规划是运筹学中非常重要的一个分支。它是求解目标函数和约束条件为线性函数的最优化问题的方法。线性规划的研究对象，主要包含两个方面：一是在一项任务确定后，如何以最低的成本（如人力、物力、资金和时间等）去完成这项任务；二是如何在现有资源条件下进行组织和安排，以产生最大收益。苏联数学家康托洛维奇（L. V. Kantorovich）和美国的希奇柯克（F. L. Hitchcock）等学者，在生产组织管理和制订交通运输方案方面，首先研究和应用了线性规划方法。1939 年，康托洛维奇根据对彼得格勒胶合板厂计划任务建立的线性规划模型，编著出版了《生产组织和计划中的数学方法》一书，做出了开创性的工作。1947 年丹兹格（G. B. Dantzig）提出了求解线性规划问题的单纯形方法，为线性规划的理论与计算奠定了基础。计算机技术的出现和快速发展，更使线性规划的方法与手段得以迅速发展。Matlab、Excel、Lingo、Lindo 等软件可以处理具有成千上万个约束条件和变量的大规模线性规划问题。

康托洛维奇

丹兹格

1.3.2 非线性规划

非线性规划是线性规划的进一步发展和继续。它是求解目标函数或约束条件中有一个或几个非线性函数的最优化问题的方法。1951 年，哈罗德·库恩（Harold W. Kuhn）和阿尔伯特·塔克（Albert W. Tucker）等人提出了非线性规划的基本定理，为非线性规划研究奠定了理论基础。1959 年非线性规划拟牛顿法的引入和 1964 年非线性共轭梯度法的出现，吸引了许多学者研究非线性规划问题。到了 70 年代，非线性规划无论是在理论和方法上，还是在应用的深度和广度上都得到了进一步发展，广泛应用于工业、交通运输、经济管理和军事等领域。尤其在“最优设计”方面，非线性规划提供了数学基础和计算方法。非线性规划扩大了数学规划的应用范围，同时也给数学工作者提出了许多基本理论问题，使数学中的如凸分析、数值分析等得到了进一步发展。随着最近几十年计算机技术的快速发展，非线性规划方法取得了长足进步，在信赖域法、稀疏拟牛顿法、并行计算、内点法和有限存储法等领域取得了丰硕成果。

哈罗德·库恩

阿尔伯特·塔克

1.3.3 库存论

阿罗

库存论作为运筹学中发展较早的分支，是研究如何确定合理的储存量及相应的订货周期、生产批量和生产周期，以保证供应且使总费用支出最小的一种数学方法。物质存储是工业生产和经济运转的必然现象。如果物质存储过多，则会占用大量仓储空间，增加保管费用，或因物质过时报废而造成经济损失；如果物质存储过少，则会因失去销售时机而减少利润，或因原料短缺而造成停产。因而如何寻求一个恰当的采购与存储方案，必然成为运筹学关注的重要现实问题。库存论正是由此而生。1915 年，哈李斯（F. Harris）针对银行货币的储备问题进行了详细的研究，建立了早期的确定性存贮费用模型，并求得了最佳批量公式。1934 年威尔逊（R. H. Wilson）重新推导出经济订购批量公式，简称为 EOQ 公式。这些均为早期的库存论研究工作，而库存论真正作为一门科学理论发展起来是在 20 世纪 50 年代。1958 年威汀（T. M. Whitin）出版了《存贮管理的理论》一书，随后阿罗（K. J. Arrow）等出版了《存贮和生产的数学理论研究》，毛恩（P. A. Moran）在 1959 年出版了《存贮理论》。

1.3.4 图论

图论作为数学的一个分支和计算机网络技术的基础，是以图为研究对象而发展起来的一种科学理论与方法。图论的实质，是将复杂庞大的工程系统和管理问题用图描述，用以解决工程设计和管理决策的最优化问题。图论的创始人是瑞典数学家欧拉。1736 年欧拉解决了著名的哥尼斯堡七桥难题。有意思的是，此后的 200 多年里，图论并不被视作数学研究的内容，而是被当作一类智力工具，用以解决与实际生活相联系的问题，例如，比较著名的“四色猜想”问题。1847 年基尔霍夫（Kirchhoff）第一次应用图论原理分析电网，从而把图论引入工程技术领域。1859 年，英国数学家哈密尔顿（W. R. Hamiltom）发明了“绕行世界”的无向图：哈密尔顿图，即由指定的起点前往指定的终点，经过图中所有点且只经过一次。研究发现，哈密尔顿图可以解决运筹学中的中国邮路问题、旅行售货员问题、排座位问题，以及计算机科学和编码理论等问题。20 世纪 30 年代，图论开始通过其广泛的应用及与数学其他分支的紧密联系而愈显重要。至 50 年代，图论的理论得到进一步发展，受到数学研究、工程技术、经营管理等越来越多领域的重视，成为军事、航天等领域一种新的计划管理和系统分析方法。

基尔霍夫

1.3.5 排队论

排队论又被称作随机服务系统理论，是研究系统随机聚散现象和随机服务系统工作过程的数学理论和方法。它主要研究各种系统的排队队长、排队的等待时间及所提供的服务等各种参数，以便实现更好的服务。排队论的应用非常广泛，适用于一切服务系统，尤其在通信系统、交通系统、计算机网络、半导体生产加工与设计等行业应用最多。20 世纪初，丹麦电话工程师爱尔朗（A. K. Erlang）针对电话交换机的工作效率问题，开始了最早的排队论研

爱尔朗

究。1930年以后，排队论的研究对象被拓展到更为通常的情况，取得了一些重要成果。第二次世界大战中，为了对机场跑道的容纳量进行估算，排队论得到了进一步的发展。1949年前后，排队论开始了对机器管理、陆空交通等方面的研究。1951年以后，排队论的研究工作取得新的进展，逐渐奠定了现代随机服务系统的理论基础。

1.3.6 可靠性理论

可靠性是指系统或设备在规定条件下、规定时间内，完成规定功能的能力。可靠性理论则是可靠性研究的最重要的基础理论之一，为解决各种可靠性问题提供数学方法和数学模型。可靠性理论产生于第二次世界大战，而对其进行系统研究则开始于20世纪50年代。到了60年代，它已广泛应用于诸多技术领域，并形成了自己的理论与方法。它研究的系统一般分为两类：一是不可修系统，如导弹等，这种系统的参数是寿命、可靠度等；二是可修复系统，如一般的机电设备等，这种系统的重要参数是有效度，也就是系统的正常工作时间与正常工作时间加上事故修理时间之比。可靠性研究具有非常重要的意义，通过提高系统或产品的可靠性，可以防止故障和事故发生，提高设备的使用率，降低生产的总成本，维护产品和企业的声誉，确保更高的经济效益。

1.3.7 对策论

对策论也被称作博弈论，是研究对策行为中竞争各方是否存在最合理的行动方案，以及如何找到这个最合理的行动方案的数学理论和方法。博弈论作为运筹学的一个分支，发展也只有几十年的历史。最初用数学方法研究博弈论是在国际象棋中，旨在确定取胜的算法。冯·诺依曼（John von Neumann）系统地创建了这门学科，被称为博弈论的鼻祖。由于博弈论主要用于研究双方冲突、制胜对策的问题，所以在军事领域有着十分重要的应用。数学家还对水雷和舰艇、歼击机和轰炸机之间的作战、追踪等问题进行研究，提出了追逃双方都能自主决策的数学理论。人工智能研究的进一步发展，对博弈论提出了更多新的要求。

冯·诺依曼

1.3.8 决策论

决策，是根据问题的客观可能性，借助一定的理论、方法和工具，科学地选择最优方案的过程。决策理论体系的形成，是由以诺贝尔经济学奖得主赫伯特·西蒙（Herbert Simon）为代表的决策理论学派实现的。1944 年西蒙在《决策与行政组织》一文中提出了决策理论的轮廓。3 年后，他出版了《管理行为——管理组织决策过程的研究》，这成为决策理论方面最早的专著。决策理论是有关决策概念、原理、学说的总称。按决策者所面临的自然状态是否确定，可将决策问题区分为确定型决策、不确定型决策和风险型决策；按决策所指向的目标个数，可将决策问题区分为单目标决策与多目标决策；按决策的影响范围，可将其区分为战略决策与策略决策；按其他准则，还可划分出其他决策问题的类型。不同类型的决策问题应采用不同的决策方法。

赫伯特·西蒙

1.3.9 搜索论

搜索论是关于寻找目标的计划与实施过程的理论与方法，旨在以最大的可能或最短的时间找到特定目标。第二次世界大战期间，盟军为了满足军事上有效使用飞机和军舰来寻找敌方潜艇的紧迫需要，建立了反潜战运筹小组，专门从事搜索水下潜艇的数学分析，由此推动了搜索论的形成。相关研究成果于 1951 年发表在 P. M. 莫尔斯和 G. E. 金布尔合著的《运筹学方法》一书中。1953—1957 年，B. O. 库普曼斯在美国《运筹学》杂志上专题撰文，对搜索论进行了较系统的理论梳理。常用的搜索方法有随机搜索、马尔可夫搜索、最优一致搜索、滞后搜索、箱盒搜索等。搜索一般由三个要素组成：一是目标的特征，如目标的几何形状，尺寸大小、个数及位置等；二是探测特征，如探测手段所获得的信息和概率特征；三是搜索力的分配形式，如数量、时间、空间的分配等。依据搜索获得的有关信息和概率特征，构造相应的模型和策略，从而实现搜索目标。20 世纪 60 年代，美国在大西洋寻找失踪的核潜艇“天蝎号”，以及在地中海寻找丢失的氢弹，都是运用搜索论的成功范例。除此之外，搜索论还应用到资源勘探、海上捕鱼、边防巡逻、搜捕逃犯、检索、排障等多个领域。

可以看出，运筹学各个分支的产生，都是源自实际的需要，而实际需要也必将对运筹学各个分支今后的发展产生方向性的影响。

本教材针对运筹学教学特点、实际应用需求，以及各类读者的不同特点，将线性规划、对偶理论、运输问题、整数规划、动态规划、网络计划技术、对策论、决策论八个模块列为重点内容，如图 1-2 所示。其中每一个模块都有着丰富的内涵，在学习过程中要结合实际应用，对各章节内容进行深入理解、灵活掌握与融会贯通。

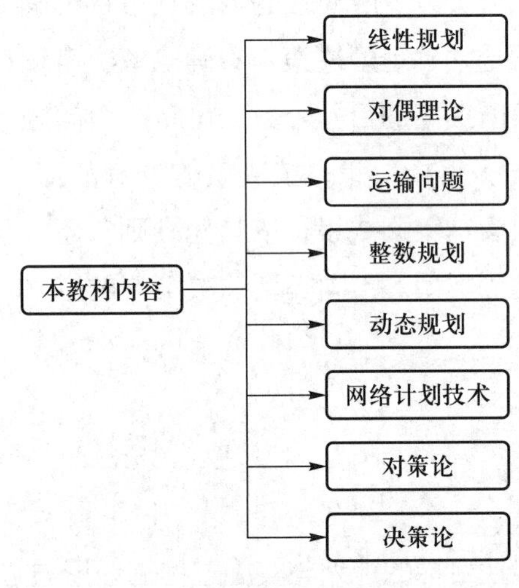

图 1-2　本教材的知识结构

1.4　运筹学的关键：数学模型

现代运筹学经过 80 余年的发展，解决了不计其数的现实问题，形成了自己独特的研究解决实际问题的理论与方法。运筹学解决实际问题，一般需要经历以下几个步骤[6]：① 提出和形成问题。即从复杂现实中抽象出需要解决的问题，将一个实际问题表示描述为一个运筹学问题，并弄清问题的目标、可能的约束条件等。② 建立模型。根据问题的本质要素构造出数学模型。③ 求解。分析问题，寻找合适的求解方法，对模型求解。解可以是最优解、次优解、满意解、非劣解等。④ 解的检验。检查求解步骤和程序是否有错误，与现实问题是否相符合。⑤ 解的控制。通过控制解的变化过程决定对解是否要做一定的改变。⑥ 解的实施。将解应用到实际问题中，并根据实施中可能产生的问题对解进行修正。

上述步骤中的第二步，即构造数学模型，是运筹学工作的关键。

模型是经过思维抽象后，用文字、图表、符号、关系式以及实体模样等，对客观现实所进行的科学描述。模型有形象模型、模拟模型、数学模型三种基本形式，其中的数学模型尤为重要，是运筹学工作的前提与基础。

数学模型，就是用含有逻辑关系的数学方程来描述决策问题的实际关系（技术关系、物理定律、外部环境等）。数学模型可以是定量的，也可以是定性的，但定性的也必须以定量的方式体现出来。数学模型偏向于定量形式。

按照不同的分类方式，可以将数学模型区分为不同的种类，如图 1-3 所示。按呈现和表达方式，可以区分为实物模型、符号模型和计算机模型；按系统各量之间的关系是否随时间变化，可以区分为静态模型和动态模型；按模型中时间变量在某一区间内是否变化，可以区分为连续时间模型和离散时间模型；按各变量之间的关系是否线性，可以区分为线性模型和非线性模型；按变量之间的关系是否确定，可以区分为确定性模型和随机性模型。

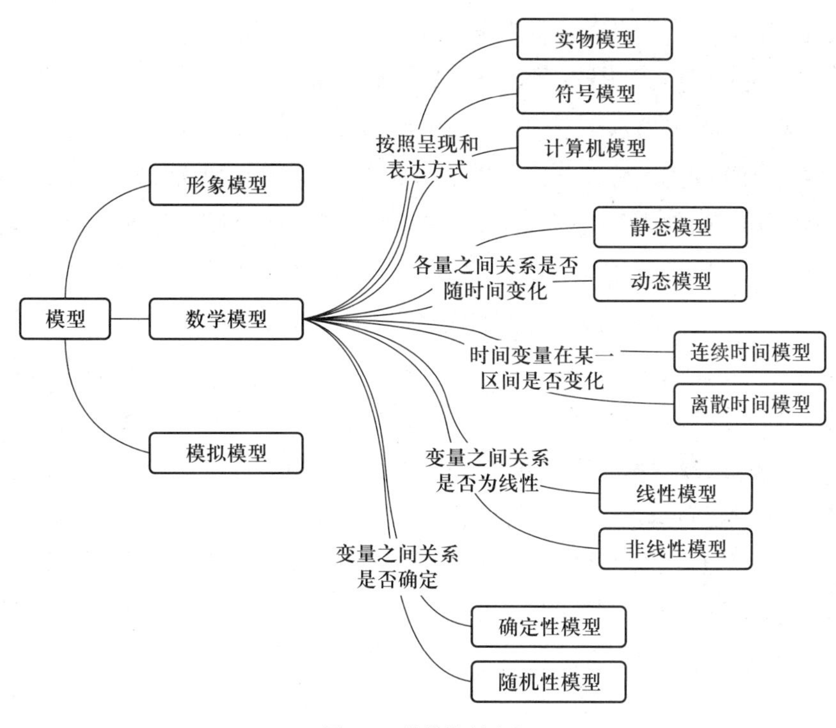

图 1-3 数学模型分类

自现代运筹学诞生以来，国内外运筹学工作者针对不同应用对象和实际情况，已经创建了数以千计的运筹学数学模型，例如，规划模型、分配模型、运输模型、选址模型、网络模型、计划排序模型、存储模型、排队模型、概率决策模型、马尔科夫模型、最短路径模型、博弈模型、指派模型、决策模型等。这些运筹学数学模型有的属于静态模型，也有的属于动态模型；有的属于确定性模型，也有的属于随机性模型；有的属于线性模型，也有的属于非线性模型。不同的模型种类，对应着不同的求解算法、不同的求解流程、不同的运筹理论。

运筹学数学模型的主要优点在于：① 模型是对问题的抽象表达，可以更好揭示问题的本质；② 模型可为观察问题提供一个参考轮廓，给出不能直接看出的结果；③ 通过模型，可使人们依靠过去和现在的信息，对未来进行预测，用于模拟性的决策与决策训练；④ 将现实问题模型化，便于计算机处理，从而将运筹学的思想与理论快速应用于大数据、工程性的实际问题。

运筹学数学模型本身也存在一些不足：① 模型可能过于简单化、理想化，因而不能真实反映实际问题的复杂性；② 模型是设计人员的产物，无法超越设计人员对问题的理解；③ 正因为模型是人为设计的，可能带有一定的主观色彩，因而会对客观决策造成不确定性影响。

在一定程度上，数学模型的建立，是一项带有艺术性的工作。应用对象不同，建模者的能力水平不同，建立的数学模型可能不尽相同。但从根本上看，建立数学模型，可以遵循一些最基本的规律与法则。例如，对于目标规划问题，建立数学模型的一般规律是“假设决策变量，建立目标函数，寻找约束条件”；对于对策问题，建立数学模型的法则是“找出问题中的局中人，确立每个局中人的策略集，构建每个局中人的赢得矩阵”。

正因为建模工作具有科学性与艺术性相结合的属性，因此要注重将理想化的数学模型与复杂化的现实问题紧密结合起来，通过对模型的反复检验和调控，不断修正模型，使之更好贴近现实问题，为科学决策提供最优依据。正如邦德（S. Bonder，美国工程院院士，曾任美国军事运筹学会主席和美国运筹学会主席）在谈到他几十年建模研究工作的体会时指出：对于模型的开发，应该是一种连续的研究、开发、分析、改进的过程，是一个原型化和呈螺旋状发展的过程，而不是一个单个事件。

总之，运筹学的主要工作，就是利用数学语言和数理逻辑方法，把现实中的复杂关系表达成数学模型，再通过定量分析的方法为决策者提供定量依据。因此“描述问题、建立模型、寻找算法”构成了运筹学解决现实问题的主要流程，而建立数学模型则是这一流程中的关键所在。正是依靠数学模型,“运筹帷幄”才能从凭经验、靠感觉决策，上升为凭数理、靠计算决策；运筹学本身，也才得以具备精确解决现实复杂问题的非凡能力。

1.5 运筹学的应用领域

现代运筹学的应用领域十分广泛，触及各个领域，包括生产计划、库存管理、运输问题、人事管理、市场营销、财政和会计、工程优化设计、城市管理和军事等各个方面[11]，如图 1-4 所示。

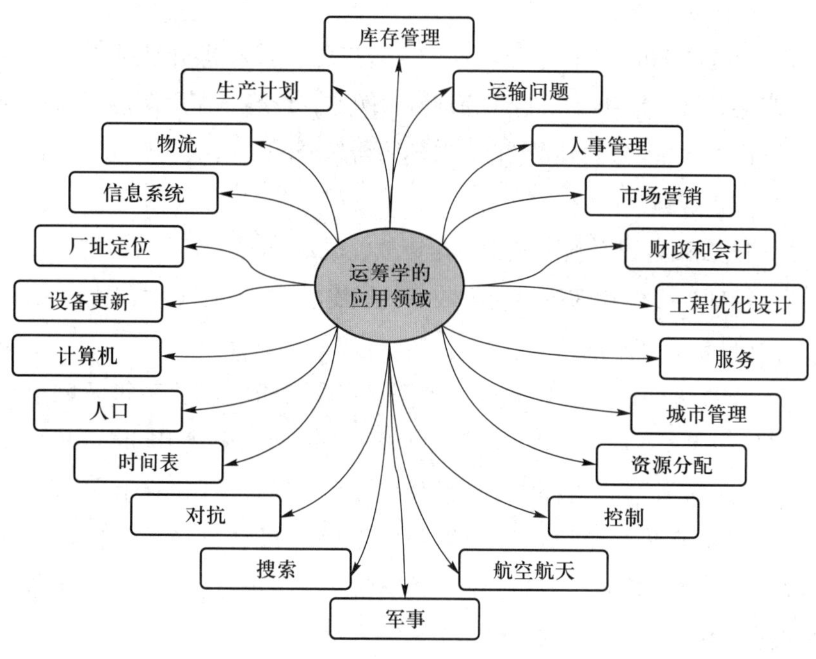

图 1-4 运筹学的应用领域

（1）生产计划。运用运筹学的理论与方法，从总体上确定生产任务的计划和对产品生产进度的安排，求取最大的利润或最小的成本，例如，某工厂生产某些产品，如何安排生产计划等。主要用线性规划、整数规划以及模拟方法来解决此类问题。此外，还可应用于合理下料、配料问题，物料管理等方面。

（2）库存管理。主要应用于多种物资库存量的管理，确定某些设备的合理的能力或容量以及适当的库存方式和库存量，例如，停车场的大小，合理的水库、油库容量等。目前，新的应用动向是将库存理论与计算机物资管理信息系统相结合，可使企业节省大量存储费用。

（3）运输问题。用运筹学中关于运输问题的方法，可以确定最小成本的运输线路、物资调拨、运输工具调度以及建厂地址选择等，涉及空运、水运、铁路运输、公路运输、管道运输等。国际运筹学会专设了航空公司专业组用于研究空运中的运输问题。

（4）人事管理。涉及人员的获得和需求的管理、人才的开发（教育和训练）、人员的分配、人员的合理利用、人才的评价、工资和津贴的确定等。可以用运筹学方法对人员的需求和获得情况进行预测；确定适合需要的人员编制；用指派问题确定人员合理分配；用层次分析法等确定人才评价体系等。

（5）市场营销。可把运筹学方法用于广告预算和媒介选择、竞争性定价、新产品开发、销售计划制订等领域。例如，运筹学可以解决媒体选择问题，帮助市场营销经理将固定的广告预算合理分配到报纸、杂志、电台、电视等各种广告媒体。

（6）财政和会计。涉及预算、存贷款、成本分析、定价、投资、现金管理、证券管理、股票管理等。使用较多的运筹学方法为：数学规划、统计分析、决策分析、价值分析等。

（7）工程优化设计。在建筑、电子、光学、机械和化工等领域都有应用。例如，利用运筹学可以解决建筑施工过程的计划和费用问题，机械设备更新问题，化工厂生产过程中的系统优化设计问题、操作控制问题等。

（8）城市管理。涉及各种紧急服务系统的设计与应用。例如，救火站、救护车、警车等分布点的设立。美国曾用排队论方法确定纽约市紧急电话站的值班人员数量，加拿大曾研究警车人员的配置和负责范围，以及事故后的行进路线等。

（9）军事。深入涉及军事战略、国防建设、作战指挥、军事训练、武器装备、军队管理、后勤保障、武器系统选择、作战模拟等诸多领域。

另外，运筹学的理论与方法，还成功应用于设备维修、更新和可靠性控制，项目的选择与评价，信息系统的设计与管理等。

运筹学的作用如此之大，源于它与生俱来的“应用本性”。运筹学及其各个分支，从诞生之日起，要么直接针对实际需要，要么以实际问题为背景，可以说无不自带“应用”属性，也必将在广泛深入的实践应用中不断创新突破、发展完善。

1.6 如何学习使用本教材

本教材内容共包括九章，分别是绪论、线性规划、对偶理论、运输问题、整数规划、动态规划、网络计划技术、对策论、决策论。每章内容自成体系，各章之间又具有一定的联系，如图 1-5 所示。

——“线性规划”是基础，在计划管理中应用较多，同时对于后面分支模型的求解有一定的辅助作用。

——“对偶理论”是线性规划问题的另一种表达方式，不仅可以揭示事物之间奇妙的对应关系，而且具有重要的应用价值，广泛应用于经济学中。

——“运输问题”是线性规划的应用特例，因其在国内的应用较多，中国学者在单纯形法的基础上创造了图上作业法，所以单独成章。

——“整数规划”是线性规划中比较特殊的分支，其决策变量的取值有着特殊要求，虽属于线性规划类型，但又不能仅仅依靠线性规划的单纯形法求出最优解，还需要依靠分支定界法和割平面法，而任务分配或指派问题的解决则需要依靠 0-1 整数规划。

——“动态规划”是求解多阶段决策模型的一种优化方法，既可用于求解生产计划问题，也可用于求解非线性规划问题。

——“网络计划技术”相对独立，与其他章节关联不大，主要用于技术组织和生产管理中对时间、资源、费用的优化。

——“对策论”在求解过程中，需要用到图解法、线性方程组解法、线性规划等，与其他章节有着紧密联系。

——“决策论”力求从宏观视角分析运筹学问题，涉及各章内容，对各章内容起着统领作用，例如，确定型决策问题需要用到线性规划、非线性规划、动态规划、网络计划技术等解法，不确定型决策和风险型决策问题又有其独自的解法。

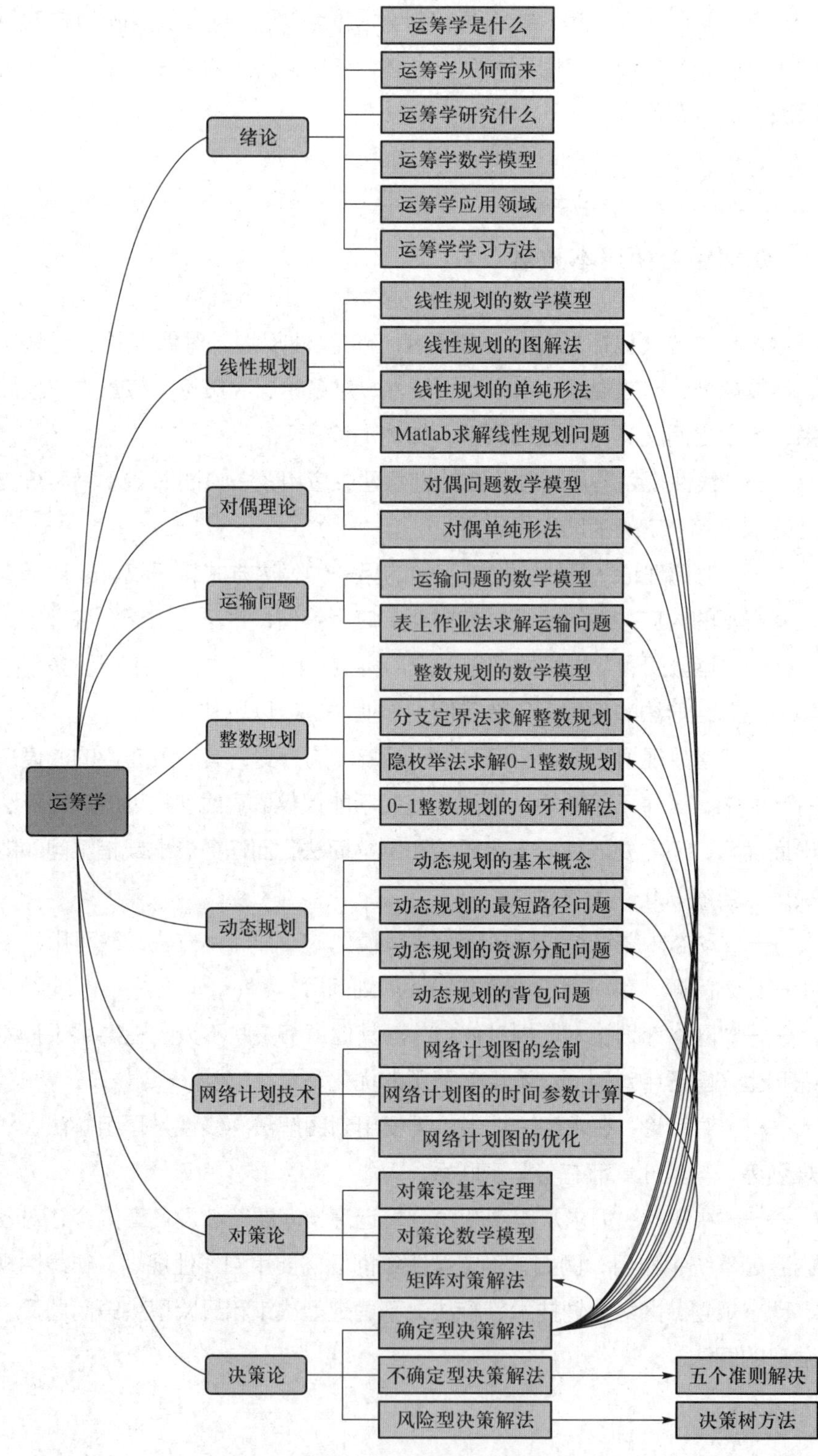

图 1–5　本教材各章知识体系图

虽然本教材的总体内容如上，但因学习目的不同，学习者需要掌握的内容要求不完全一样。大专层次以下的学习者，需要了解每个运筹学分支的发展脉络，了解基本概念和建立数学模型的基本方法，了解应用的范围，重点培养系统思维和逻辑思维的能力。本科层次的学习者，需要在了解知识发展渊源的基础上，掌握基本概念和基本理论，能利用运筹学基本理论知识建立数学模型，并简单应用到生活、经济、工程、军事等实际问题中，培养系统思维、逻辑思维、计算思维，以及数学建模与实际应用能力。研究生层次的学习者，需要在本科学习目标的基础上，通过实践应用培养创新能力。一般管理专业的学习者需要重点掌握线性规划、非线性规划、决策论等章节的知识内容，经济专业的学习者需要重点掌握线性规划、对策论、决策论等章节的知识内容，从事项目组织管理的学习者需要掌握网络计划技术知识。

学习运筹学，需要具有一定的知识基础，例如，初步的高等数学知识，但正确的学习方法更为重要。学习者应着重加强对运筹学基本概念的理解，扎实掌握基本原理，积极应用基本方法，在此基础上，有效借助计算机技术，运用运筹学的思想、原理、方法去分析解决工作、生活中的实际问题，将学习的重心放在“吃透原理、领会真谛、学以致用、活学活用”上。为此，本教材针对 MOOC 学习的特点，定位于重点介绍运筹学的基本概念、基本原理、基本方法。希望学习者通过本教材的学习，面对实际问题时，学会“筹算思维”，即“具有基于计算的筹划决策的意识与能力”；学会“看准问题”，即知道这是“哪一类问题”；学会“认清问题”，即知道“这类问题怎么求解”；学会“理清问题”，即“为什么选择某一类解法”，以及“解法的运用要求与规则”等。

本章小结

本章主要介绍运筹学的定义、发展史、研究内容、数学模型、应用领域，以及学习本教材的方法，使读者能从总体上对运筹学有个宏观的把握、微观的了解和较为清晰的认知。本章知识点及学习者需要掌握的程度如下图所示。

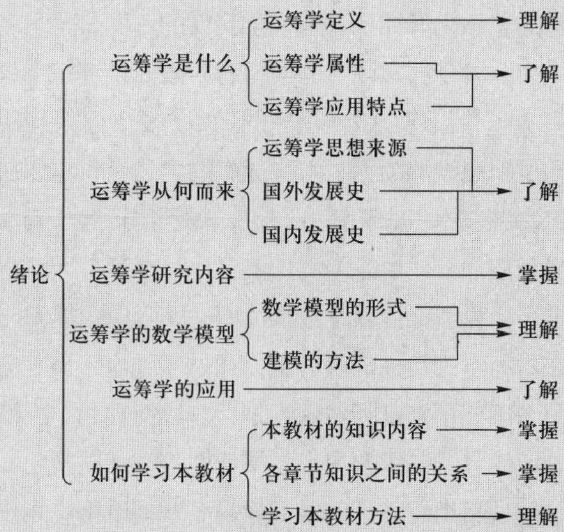

关键术语

运筹学（Operational Research）

运筹学发展史（The Development History of Operational Research）

运筹学模型（The Model of Operational Research）

运筹学应用（Operational Research for Application）

运筹学研究内容（The Contents of Operational Research）

运筹学学习方法（The Learning Methods of Operational Research）

复习思考题

1. 运筹学的工作往往按照以下步骤：

① 提出和形成问题；

② 解的检验；

③ 建立模型；

④ 求解（最优解、次优解、近似最优解、满意解、非劣解）；

⑤ 解的控制；

⑥ 解的实施。

以上步骤的正确顺序是（　　）。

A. ①③②④⑤⑥　　B. ①③②⑤④⑥

C. ①②③④⑤⑥　　D. ①③④②⑤⑥

2. 下述说法正确的是（　　）。

A. 出版了《科学管理原理》一书的泰勒，被称为“科学管理之父”

B. 丹兹格提出了求解线性规划问题的单纯形方法，被称为“线性规划之父”

C. 对策论是研究对策行为中竞争各方是否存在最合理的行动方案的数学理论和方法

D. 实物模型不应该属于运筹学模型

3. 下列内容中属于运筹学研究内容的是（　　）。

A. 对策论　　B. 决策论

C. 非线性规划　　D. 搜索论

4. 下列说法正确的是（　　）。

A. 线性规划的创始人为苏联数学家康托洛维奇（L. V. Kantorovich）

B. 冯·诺依曼（John von Neumann）被称为博弈论的鼻祖

C. 西蒙出版的《管理行为——管理组织决策过程的研究》一书为决策理论方面最早的专著

D. 非线性规划的基本理论工作是由哈罗德·库恩（Harold W. Kuhn）和阿尔伯特·塔克（Albert W. Tucker）等人完成的

5. 下列说法正确的是（　　）。

A. 运筹学源于实践、为了实践、服务于实践

B. 运筹学研究领域非常广阔，包括经济、管理、数学、工程等各个领域

C. 运筹学研究方法涉及面广，包括数学方法、计算机技术、综合集成等

D. 运筹学将来的发展与新技术、其他学科结合性更强

延伸阅读

[1] 徐惟诚. 大英百科全书 [M]. 北京：中国大百科全书出版

社，1998.

［2］《现代科技综述大辞典》编委会. 现代科技综述大辞典［M］. 北京：北京出版社，1998.

［3］《辞海》编辑委员会. 辞海（1979年版增补本）［M］. 上海：上海辞书出版社，1983.

［4］胡运权. 运筹学教程［M］. 2版. 北京：清华大学出版社，2003.

［5］［日］君祚洋司. 运筹学（OR）［J］. 国外管理，1995（1）.

［6］《运筹学》教材编写组. 运筹学［M］. 3版. 北京：清华大学出版社，2005.

［7］Paul R. Halmos. Naive Set Theory（朴素集合论）. 北京：世界图书出版公司，2008.

［8］韩中庚. 实用运筹学模型方法与计算［M］. 北京：清华大学出版社，2007.

［9］中国运筹学会. 中国运筹学发展研究报告［J］. 运筹学报，2012，16（3）：1-36.

［10］焦宝聪，陈兰平. 运筹学的思想方法及应用［M］. 北京：北京大学出版社，2008.

［11］中国运筹学会. 纪念中国运筹学会成立25周年文集［M］. 北京，2005.

［12］胡晓东，袁亚湘，章祥荪，等. 运筹学发展的回顾与展望［J］. 学科发展（中国科学院院刊），2012，27（2）：145-159.

［13］章祥荪，刘德刚，章璟，等（编辑）. Operations Research 50周年纪念特刊中文译本［J］. 运筹与管理（增刊），2004.

［14］诺贝尔奖官方网站.

［15］章祥荪，方伟武. 中国运筹学发展史［J］. 中外管理导报，2002（9）.

［16］王元，文兰，陈木法（编辑）. 数学大辞典［M］. 北京：科学出版社，2010.

［17］张照贵，鲁万波. 管理决策模型方法与应用［M］. 成都：西南财经大学出版社，2006.

［18］张宏斌，葛娟. 运筹学方法及其应用［M］. 北京：清华大学出版社，2008.

参考文献

[1] 徐惟诚. 大英百科全书 [M]. 北京：中国大百科全书出版社，1998.

[2]《现代科技综述大辞典》编委会. 现代科技综述大辞典 [M]. 北京：北京出版社，1998.

[3]《辞海》编辑委员会. 辞海（1979 年版增补本）[M]. 上海：上海辞书出版社，1983.

[4] [日] 君祚洋司. 运筹学（OR）[J]. 国外管理，1995（1）.

[5] 胡运权. 运筹学教程 [M]. 2 版. 北京：清华大学出版社，2003.

[6]《运筹学》教材编写组. 运筹学 [M]. 3 版. 北京：清华大学出版社，2005.

[7] Paul R. Halmos. Naive Set Theory（朴素集合论）. 北京：世界图书出版公司，2008.

[8] 中国运筹学会. 中国运筹学发展研究报告 [J]. 运筹学报，2012，16（3）：1-36.

[9] 中国运筹学会. 纪念中国运筹学会成立 25 周年文集 [M]. 北京，2005.

[10] 胡晓东，袁亚湘，章祥荪，等. 运筹学发展的回顾与展望 [J]. 学科发展（中国科学院院刊），2012，27（2）：145-159.

[11] 章祥荪，刘德刚，章璟，等（编辑）. Operations Research 50 周年纪念特刊中文译本 [J]. 运筹与管理（增刊），2004.

第二章　线性规划

【本章导读】 线性规划（Linear Programming，LP）作为运筹学的一个重要分支，是研究较早、理论较完善、应用最广泛的一个学科。它广泛应用于军事作战、经济分析、经营管理和工程技术等各个领域，为合理利用有限的人力、装备、物资、财力等资源做出最优决策提供科学依据。

线性规划研究的问题可以归结为两个方面：一是在一项任务确定后，如何以最低的成本（如人力、物力、资金和时间等）去完成这项任务；二是如何在现有资源条件下进行组织和安排，以产生最大收益。

本章知识点之间的逻辑关系可见思维导图。

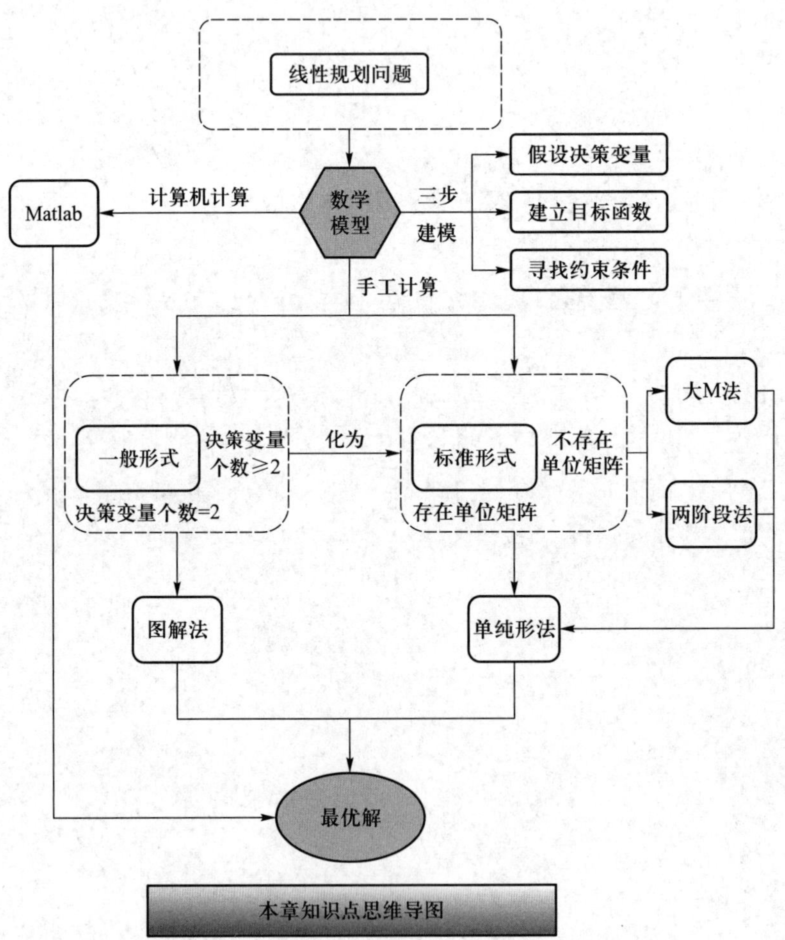

本章知识点思维导图

2.1 线性规划的发展史

线性规划是运筹学研究较早、发展较快、应用广泛、发展较成熟的一个重要分支，是辅助人们进行科学管理的一种数学方法。

1832 年和 1911 年，法国数学家约瑟夫·傅立叶（Joseph Fourier）和瓦莱·普森（Vallee Pson）分别独立提出线性规划的想法，但未引起注意。[1]

1939 年，苏联数学家利奥尼德·康托洛维奇（L. V. Kantorovich）提出线性规划问题，并出版了《生产组织和计划中的数学方法》一书，但也未引起重视。1947 年，美国数学家乔治·伯纳德·丹兹格（G. B. Dantzig）提出了线性规划问题的单纯形求解方法，为这门学科奠定了重要基础。

1947 年，冯·诺依曼（John von Neumann）提出对偶理论，开创了线性规划许多新的领域，扩大和提高了线性规划的应用范围和解决实际问题的能力。1951 年，美籍荷兰经济学家库恰林·库普曼斯（T. C. Koopmans）出版了《生产与配置的活动分析》一书，把线性规划的理论与方法应用到经济领域。

20 世纪 50 年代后，线性规划得到较大发展，涌现出一批新的算法[2]，诸如仿射变换法、势函数方法、对数罚函数法、路径跟踪法、原始对偶法、不可行内点法等。1954 年 S. 加斯和 T. 萨迪等人解决了线性规划的灵敏度分析和参数规划问题；1956 年塔克（Albert W. Tucker）提出了互补松弛定理；1960 年丹兹格和沃尔夫（P. Wolfe）提出了求解线性规划问题的分解算法；1979 年苏联数学家哈奇扬（L. G. Khachian）提出了求解线性规划问题的多项式椭球算法；1984 年美国印度裔数学家卡玛卡（N. Karmarkar）提出了求解线性规划问题的多项式时间算法，其计算效率可与单纯形法相媲美，而且可以处理非线性优化问题。后来各式各样的算法大量涌现，但单纯形法至今仍是理论较完善、应用最广、实用性最强的算法。

随着电子计算机的迅速发展，许多科学家利用单纯形法原理编制了大量处理线性规划问题的程序（如 Matlab、Lingo、Lindo 等），能够处理具有成千上万个约束条件和决策变量的复杂问题，使线性规划的应用领域更加广泛，成为帮助管理者做出科学决策的非常有效的数学手段之一。

值得一提的是，在推动线性规划发展的众多大师中，康托洛维奇和丹兹格是其中两位贡献非凡的重要级人物，为线性规划理论与方法的建立发展做出了开创性贡献。

利奥尼德·康托洛维奇[3]-[5]（1912—1986 年），苏联数学家，出生于圣彼得堡的一个医生家庭。1930 年毕业于列宁格勒大学，1934 年成为该校最年轻的数学教授，1964 年当选苏联科学院院士。曾于 1949 年获斯大林数学奖，1965 年获列宁经济学奖。康托洛维奇建立和发展了线性规划方法，并运用于经济分析。他把资源最优利用这一传统的经济学问题，由定性研究和一般的定量分析推进到现实计量阶段，对于在企业范围内如何科学地组织生产和在国民经济范围内怎样最优地利用资源等问题做出了独创性研究。1975 年，因在创建和发展线性规划方法，以及在革新、推广和发展资源最优利用理论方面做出的杰出贡献，康托洛维奇与库普曼斯分享了当年的诺贝尔经济学奖。

乔治·伯纳德·丹兹格[1]（1914—2005 年），美国数学家，因创造了单纯形法，被称为“线性规划之父”。他在去世之前拥有国家科学院、国家工程院和美国科学院三个院士头衔。丹兹格出生在美国，他的父亲托比阿斯·丹兹格是俄罗斯数学家，曾在巴黎师从著名数学家亨利·庞加莱（J. H. Poincare）。1946 年，丹兹格在美国空军管理部工作期间，他的上司要他解决如何使计划过程流程化的问题。具体任务是：寻找一个方法，以更快编制出分时间段的调度、训练与后勤供给计划。当时编制这些计划，大都依靠经验。丹兹格经过深入研究，提出目标函数概念，并于 1947 年提出单纯形求解方法。除了在线性规划单纯形法上的杰出工作，丹兹格还推进了分解论、灵敏度分析、互补主元法、大系统最优化、非线性规划和不确定规划等很多方向的发展。为表彰丹兹格，国际数学规划协会设立丹兹格奖，从 1982 年开始，每三年颁给一至两位数学规划领域的突出贡献者。

2.2 线性规划模型的建立

线性规划问题总是与有限资源的合理利用相联系。这里的有限资源，是一个广义的概念，它可以是劳动力、原材料、机器设备、资本、空间等有形的事物，也可以是时间、技术等无形的事物。这里的合理利用，通常是指费用最小或利润最大。如何利用有限资源，得到最好的经济效果，是线性规划研究的主要问题。

例 2-1 （资源问题）：某工厂在某一计划期内准备生产甲、乙、丙三种产品，生产三种产品需要 A、B 两种资源，其单位需求量及利润由表 2-1 给出。问每天生产甲、乙、丙三种产品各多少，可使总利润最大？

表 2-1

资源＼产品	甲	乙	丙	资源的最大量
A	2	3	1	100 个单位
B	3	3	2	120 个单位
利润	40 元	45 元	24 元	

分析：设决策变量 x_1，x_2，x_3 分别表示在计划期内生产甲、乙、丙三种产品的量，此模型的约束条件为两种资源对生产的限制，即在确定甲、乙、丙三种产品产量时，要考虑对两种资源的消耗不超过其拥有量。资源 A 的拥有量是 100 个单位，生产一件甲、乙、丙产品需要资源 A 分别为 2 个、3 个和 1 个单位，那么生产 x_1 件甲产品、x_2 件乙产品、x_3 件丙产品消耗资源 A 的总数为 $2x_1+3x_2+x_3$。

因此资源 A 的约束可用下述不等式表示：

$$2x_1+3x_2+x_3\leqslant 100$$

同理，B 资源的约束可用下述不等式表示：

$$3x_1+3x_2+2x_3\leqslant 120$$

通过分析，可以分以下三步建立该问题的数学模型：

第一步，假设每天生产甲、乙、丙三种产品分别为 x_1，x_2，x_3 件，可使总利润最大。

第二步，建立目标函数：总利润最大。

$$\max z=40x_1+45x_2+24x_3$$

第三步，寻找约束条件：

$$\text{s. t.}\begin{cases}2x_1+3x_2+x_3\leqslant 100\\3x_1+3x_2+2x_3\leqslant 120\\x_1\geqslant 0,\ x_2\geqslant 0,\ x_3\geqslant 0\end{cases}$$

例 2-2 （营养问题）某学校需要购买 A、B 两种食品，已知每种食品含有的人体每日必需的营养成分元素 1、2、3 的多少及该三种营养成分每日必需量如表 2-2 所示。试问：该学校应如何制定选购食品的计划，使得在满足人体营养成分需求的情况下总的费用最少？

表 2-2 单位：毫克

元素 \ 食品	A	B	每日该元素最低摄入量
元素 1	10	4	20
元素 2	5	5	20
元素 3	2	6	12
食品价格	0.6 元	1 元	

分析：设决策变量 x_1，x_2 分别表示购买 A、B 两种食品的量，此模型的约束条件为三种营养元素对食品 A、B 的影响，即在确定购买 A、B 两种食品的量时，要考虑食品中营养元素的含量不能低于人体的最低需求量。元素 1 的最低需求量是 20 毫克，即 1 个单位的食品 A 和 1 个单位的食品 B 含有元素 1 的含量分别是 10 毫克和 4 毫克，那么购买 x_1 个单位 A 食品、x_2 个单位的 B 食品含有营养元素 1 的量为 $10x_1+4x_2$。

因此，含有元素 1 的约束可用下述不等式表示：

$$10x_1+4x_2\geqslant 20$$

同理，含有元素 2 的约束可用下述不等式表示：

$$5x_1+5x_2\geqslant 20$$

含有元素 3 的约束可用下述不等式表示：

$$2x_1+6x_2\geqslant 12$$

通过分析，可以分以下三步建立该问题的数学模型：

第一步，假设计划购买食品 A、B 的量分别为 x_1，x_2 个单位，可以满足人体营养成分需求，又使总的费用最少。

第二步，建立目标函数：总的费用最少。

$$\min z=0.6x_1+1.0x_2$$

第三步，寻找约束条件：

$$\text{s.t.}\begin{cases}10x_1+4x_2\geqslant 20\\5x_1+5x_2\geqslant 20\\2x_1+6x_2\geqslant 12\\x_1\geqslant 0,\ x_2\geqslant 0\end{cases}$$

从以上两例可以看出，它们有共同的特征，都属于同一类优化问题：① 每一个问题都有一组变量，称为决策变量，一般记为（x_1，x_2，…，x_n）。决策变量的每一组值($x_1^{(0)}$，$x_2^{(0)}$，…，$x_n^{(0)}$)^{T}代表着一种决策方案。通常要求决策变量取值非负，即$x_j\geqslant 0$，（$j=1$，2，…，n）。② 存在一定数量（m 个）的约束条件，这些约束条件可以用关于决策变量的一组线性等式或线性不等式来表示。③ 都有一个关于决策变量的线性函数，在满足约束条件下实现最大化或最小化。

满足以上三个条件的数学模型，就是线性规划问题的数学模型。其一般形式可表示为：

$$\max(\min)z=c_1x_1+c_2x_2+\cdots+c_nx_n \tag{2-1}$$

$$\text{s.t.}\begin{cases}a_{11}x_1+a_{12}x_2+\cdots+a_{1n}x_n\geqslant(=,\ \leqslant)b_1\\a_{21}x_1+a_{22}x_2+\cdots+a_{2n}x_n\geqslant(=,\ \leqslant)b_2\\\qquad\vdots\\a_{m1}x_1+a_{m2}x_2+\cdots+a_{mn}x_n\geqslant(=,\ \leqslant)b_m\\x_1,\ x_2,\ \cdots,\ x_n\geqslant 0\end{cases} \tag{2-2}$$

在线性规划数学模型中，式 2-1 称为目标函数，目标函数的系数 c_j 称为价值系数。式 2-2 称为约束条件，约束条件的系数 a_{ij}称为技术系数，b_i 称为限额系数。$x_j\geqslant 0$，（$j=1$，2，…，n）称为决策变量的非负约束条件。

因此，将目标函数为线性函数、约束条件为线性等式或不等式的规划问题称为线性规划问题，其数学模型为式 2-1 和式 2-2。

通过以上案例可以总结出，建立线性规划的数学模型需要分为三个步骤：第一步，假设问题的决策变量；第二步，建立问题的目标函数；第三步，寻找问题的约束条件。

2.3 线性规划的图解法

求解含有两个决策变量 x_1，x_2 的线性规划问题，可以采用图解法。图解法就是在平面上作图求解线性规划最优解的方法。图解法只能求解含有两个决策变量的线性规划问题。它不但简单直观，而且揭示了线性规划问题解的一些基本性质，有助于了解线性规划问题求解的基本原理，并为解决大规模线性规划问题提供原则性指导。

2.3.1 可行解与最优解的概念

掌握图解法，需先了解什么是可行解和最优解。

如前节所述，线性规划的一般形式为：

$$\max(\min) z=c_1x_1+c_2x_2+\cdots+c_nx_n \tag{2-1}$$

$$\text{s.t.}\begin{cases}a_{11}x_1+a_{12}x_2+\cdots+a_{1n}x_n\geqslant(=,\ \leqslant)b_1\\a_{21}x_1+a_{22}x_2+\cdots+a_{2n}x_n\geqslant(=,\ \leqslant)b_2\\\qquad\vdots\\a_{m1}x_1+a_{m2}x_2+\cdots+a_{mn}x_n\geqslant(=,\ \leqslant)b_m\\x_1,\ x_2,\ \cdots,\ x_n\geqslant0\end{cases} \tag{2-2}$$

（1）可行解。满足约束条件式 2-2 的解 $X=(x_1,\ x_2,\ \cdots,\ x_n)^T$ 称为线性规划问题的可行解。所有可行解构成的集合称为线性规划问题的可行域。

（2）最优解。使目标函数式 2-1 达到最大值（最小值）的可行解称为最优解。最优解所对应的目标函数值称为最优值。

2.3.2 图解法的求解步骤

图解法求解线性规划最优解的步骤为：

（1）在平面上建立直角坐标系 x_1ox_2。

（2）图示约束条件，即找出可行域。由于 $x_1\geqslant0$，$x_2\geqslant0$，可行域必位于第一象限。

（3）图示目标函数，即画出目标函数等值线。

（4）对 max z（或 min z）问题，朝着增大（或减少）纵截距的方向平行移动目标函数等值线，至与可行域的边界相切时为止，切点（某个边界点）就是代表最优解的点。

（5）确定该点的坐标得到最优解。

例 2-3　求解如下的线性规划问题。

$$\max\ z=0.4x_1+0.6x_2$$

$$\begin{cases}4x_1+3x_2\leqslant 24\\2x_1+6x_2\leqslant 30\\x_1\leqslant 5\\x_1,\ x_2\geqslant 0\end{cases}$$

第一步，建立平面直角坐标系。

以 x_1 为横坐标，x_2 为纵坐标建立直角坐标系（所有决策变量非负，所以只取第一象限）。如图 2-1 所示。

第二步，画出约束条件可行域。

为了在图上表示可行域，需将各个约束条件都绘制出来（不等式约束先绘制其对应的等式直线，然后判断其不等号方向并用箭头方向代表所选定的半平面）。

约束条件 $4x_1+3x_2\leqslant 24$ 代表位于直线 $4x_1+3x_2=24$ 左下方的区域，如图 2-1 所示区域。直线 $4x_1+3x_2=24$ 可先通过两个点绘制出来，如（6，0）和（0，8）两点。

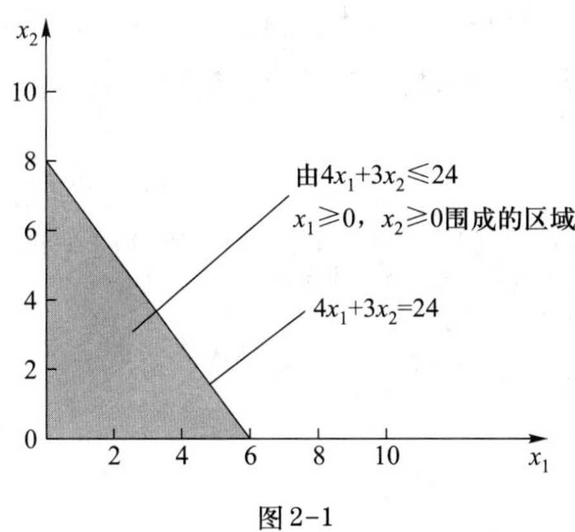

图 2-1

同理，约束条件 $2x_1+6x_2\leqslant 30$ 代表位于直线 $2x_1+6x_2=30$ 左下方的区域。$x_1\leqslant 5$ 代表位于直线 $x_1=5$ 左方的区域。

图 2-2 中的阴影部分交集即为例 2-3 中满足所有约束条件的可行域。

显然，在可行域内的每一个点（有无数多个）都是一个可行解。我们的目标是确定使目标函数 $z=0.4x_1+0.6x_2$ 达到最大值的可行解，即寻找最优解。

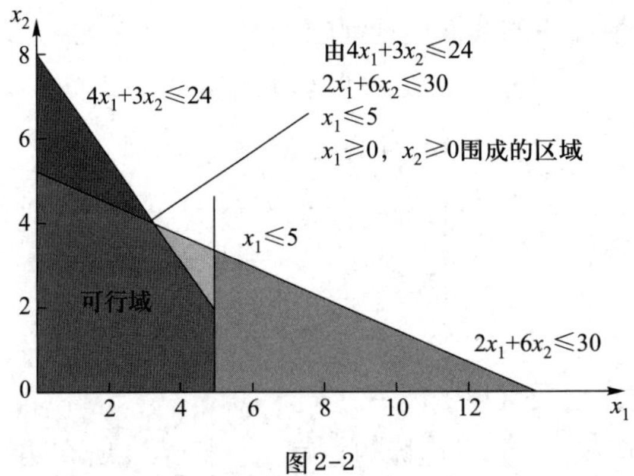

图 2-2

第三步，画出目标函数等值线。

选取一个方便的 z 值，使得此 z 值所对应的目标函数的直线通过可行域的某一点或一些点。

目标函数 $z=0.4x_1+0.6x_2$ 可以表示为斜截式 $x_2=-\dfrac{2}{3}x_1+\dfrac{5z}{3}$。不妨令 $z=0$，于是有 $x_2=-\dfrac{2}{3}x_1$，它是一条通过坐标原点的直线。

第四步，找出最优解。

为寻求最优解，朝使 z 值得到优化的方向平行移动目标函数直线，当目标函数直线平移到极限状态时，其与可行域的交点即为最优解点。如图 2-3 所示。

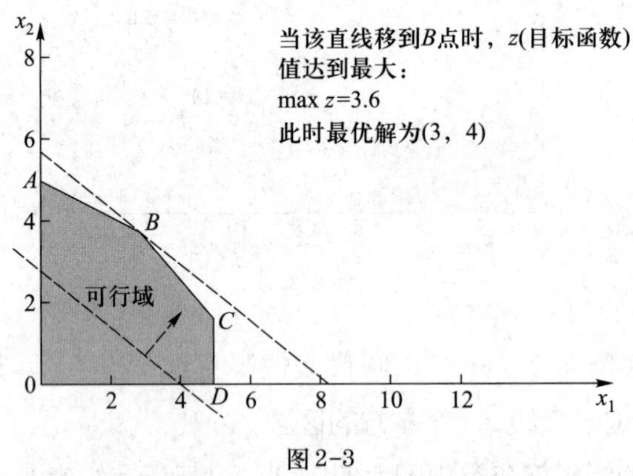

图 2-3

对于本例，向右上方平行移动目标函数直线 $x_2=-\dfrac{2}{3}x_1+\dfrac{5z}{3}$，得到一族使 z 值（截距）不断增加的平行线（如图 2-3 虚线所示）。目标函数直线向右上方移动使目标函数值增加，而这样的移动是受到一定限制的，那就是必须保持直线与可行域至少有一个公共点。显然，可行域的顶点 B 就是目标函数直线脱离可行域前经过的最后一点，即 $B=(3,\ 4)$ 就是最优解点，其最优值 $Z=0.4\times3+0.6\times4=3.6$。

由例 2-3 可见：① 线性规划的可行域是一个凸集。集合内任意二点的连线在这个集合内，称这个集合为凸集。② 最优解在可行域的顶点达到。

2.3.3 线性规划解的其他几种情况

上例中求得的最优解是唯一的。但对一般线性规划问题而言，最优解可能不唯一，可能有无穷多最优解、无界解、无可行解等情况。

1. 有无穷多最优解

将例 2-3 中目标函数换为 $\max\ z=0.4x_1+0.3x_2$，则表示目标函数中带参数 z 的这族平行直线与约束条件 $4x_1+3x_2\leqslant24$ 的边界线平行。当 z 值由小变大时，目标函数直线将与线段 BC 重合（见图 2-4），线段 BC 上的任一点，都可使 z 取得最大值，故这个线性规划问题有无穷多最优解。

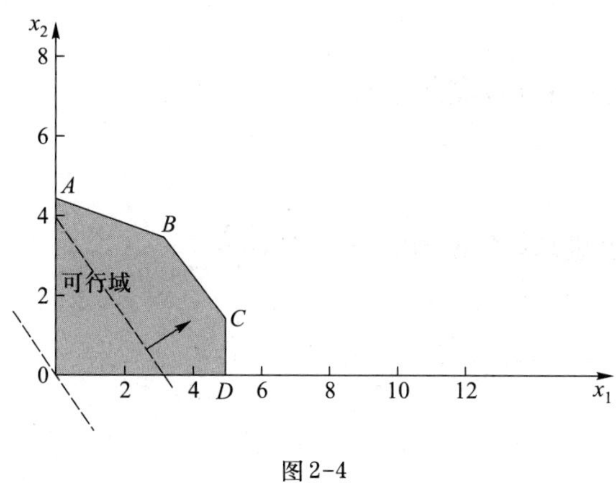

图 2-4

2. 无界解

如下述线性规划问题：

$$\max\ z=x_1+x_2$$

$$\begin{cases}-2x_1+x_2\leqslant4\\2x_1-2x_2\leqslant4\\x_1,\ x_2\geqslant0\end{cases}$$

其可行域无界，目标函数值可以增大到无穷大，称这种情况为无界解。

3. 无可行解

在例 2-3 中，增加一个约束条件 $x_2 \geqslant 6$，即：

$$\max z = 0.4x_1 + 0.6x_2$$

$$\begin{cases} 4x_1 + 3x_2 \leqslant 24 \\ 2x_1 + 6x_2 \leqslant 30 \\ x_1 \leqslant 5 \\ x_2 \geqslant 6 \\ x_1, \ x_2 \geqslant 0 \end{cases}$$

该问题的可行域为空集，即无可行解，也就是不存在最优解。

需要说明的是：① 在实践应用中，当求解结果出现无界解、无可行解两种情况时，一般表示线性规划问题的数学模型有错误。前者缺乏必要的约束条件，后者存在矛盾的约束条件。在建立数学模型时，对此要加以注意。② 图解法计算方便、简单直观，但只能解决二维问题，当决策变量在三个及三个以上时就无能为力了。

2.4 线性规划问题的标准形式

2.4.1 线性规划数学模型的一般形式

线性规划的一般形式式 2-1 和式 2-2，可以简写为：

$$\max(\min)\ z = \sum_{j=1}^{n} c_j x_j$$

$$\text{s.t.} \begin{cases} \sum_{j=1}^{n} a_{ij} x_j \leqslant (=, \geqslant) b_i & (i = 1, 2, \cdots, m) \\ x_j \geqslant 0 & (j = 1, 2, \cdots, n) \end{cases}$$

若令：

$$C = (c_1, \ c_2, \ \cdots, \ c_n);$$

$$X=\begin{pmatrix}x_1\\x_2\\\vdots\\x_n\end{pmatrix};\ b=\begin{pmatrix}b_1\\b_2\\\vdots\\b_m\end{pmatrix};\ A=\begin{pmatrix}a_{11}&a_{12}&\cdots&a_{1n}\\a_{21}&a_{22}&\cdots&a_{2n}\\\cdots&\cdots&\cdots&\cdots\\a_{m1}&a_{m2}&\cdots&a_{mn}\end{pmatrix}=(P_1,\ P_2,\ \cdots,\ P_n)$$

用向量表示时，上述模型可写为：

$$\max(\min)\ z=CX$$

$$\text{s. t.}\begin{cases}\sum\limits_{j=1}^{n}P_jx_j\leqslant(=,\ \geqslant)b\\ X\geqslant 0\end{cases}$$

线性规划问题也可记为矩阵和向量的形式：

$$\max(\min)\ z=CX$$

$$\text{s. t.}\begin{cases}AX\leqslant(=,\geqslant)b\\X\geqslant 0\end{cases}$$

从上可知，线性规划的一般形式有多种。目标函数有的要求“max”，有的要求“min”；约束条件可以是“≥”或“≤”的不等式，也可以是等式。决策变量要求非负。

2.4.2　线性规划数学模型的标准形式

为便于利用单纯形法求解，需将线性规划多种形式的数学模型化为统一的标准形式。面对各种实际的线性规划问题，都应将其数学模型化为标准形式后求解。

现定义标准形式为：

$$\max\ z=c_1x_1+c_2x_2+\cdots+c_nx_n$$

$$\text{s. t.}\begin{cases}a_{11}x_1+a_{12}x_2+\cdots+a_{1n}x_n=b_1\\a_{21}x_1+a_{22}x_2+\cdots+a_{2n}x_n=b_2\\\qquad\vdots\\a_{m1}x_1+a_{m2}x_2+\cdots+a_{mn}x_n=b_m\\x_j\geqslant 0,\ (j=1,\ 2,\ \cdots,\ n)\end{cases}$$

简写形式为：

$$\max\ z=\sum_{j=1}^{n}c_jx_j$$

$$\text{s. t.}\begin{cases}\sum_{j=1}^{n} a_{ij}x_j = b_i & (i=1,\ 2,\ \cdots,\ m)\\ x_j \geqslant 0 & (j=1,\ 2,\ \cdots,\ n)\end{cases}$$

其中常数项 $b_i \geqslant 0$（$i=1，2，\cdots，m$）。

用向量表示时，上述模型可写为：

$$\max z = CX$$

$$\text{s. t.}\begin{cases}\sum_{j=1}^{n} P_j x_j = b\\ X \geqslant 0 & j=1,\ 2,\ \cdots,\ n\end{cases}$$

其中：

$$C=(c_1,\ c_2,\ \cdots,\ c_n);$$

$$X=\begin{pmatrix}x_1\\x_2\\\vdots\\x_n\end{pmatrix};\ P_j=\begin{pmatrix}a_{1j}\\a_{2j}\\\vdots\\a_{mj}\end{pmatrix};\ b=\begin{pmatrix}b_1\\b_2\\\vdots\\b_m\end{pmatrix}$$

向量 P_j 对应的决策变量为 x_j。用矩阵描述为：

$$\max z = CX$$

$$AX = b$$

$$X \geqslant 0$$

$$A=\begin{pmatrix}a_{11} & a_{12} & \cdots & a_{1n}\\ a_{21} & a_{22} & \cdots & a_{2n}\\ \vdots & \vdots & \vdots & \vdots\\ a_{m1} & a_{m2} & \cdots & a_{mn}\end{pmatrix}=(P_1,\ P_2,\ \cdots,\ P_n);\ 0=\begin{bmatrix}0\\0\\\vdots\\0\end{bmatrix}$$

其中：A 为约束条件的 $m \times n$ 维系数矩阵，一般 $m<n$；

b 为资源向量；

C 为价值向量；

X 为决策变量向量。

由上可见，线性规划数学模型的标准形式具有以下性质：① 求目标函数的最大值；② 约束条件为线性的等式；③ 决策变量取值满足非负性；④ 方程组中右端常数项皆非负。

2.4.3 将线性规划一般形式化为标准形式的方法

（1）若目标函数为 min $z=c_1x_1+c_2x_2+\cdots+c_nx_n$，可引进新的目标函数 $z'=-z$，得到 max $z'=-CX$，因 z 的最小值即为 z'的最大值（min $z=$max z'），故目标函数变换为 max $z'=-c_1x_1-c_2x_2-\cdots-c_nx_n$。

例 2-4 将下列线性规划问题化为标准形式。

$$\min z=2x_1+x_2+x_3$$

$$\text{s. t.}\begin{cases}2x_1-x_2+x_3=2\\x_1+x_3=2\\x_i\geqslant 0\ (i=1,\ 2,\ 3)\end{cases}$$

转化思路如下：

引进新的目标函数：$z'=-z$，于是原线性规划问题化为标准形式：

$$\max z'=-2x_1-x_2-x_3$$

$$\text{s. t.}\begin{cases}2x_1-x_2+x_3=2\\x_1+x_3=2\\x_i\geqslant 0\ (i=1,\ 2,\ 3)\end{cases}$$

（2）若约束条件右端的常数项 $b_i<0$，等式两端同时乘以“-1”即可。

（3）若约束方程为不等式。有两种情况：① 约束方程为“≤”不等式，则可在“≤”不等式的左端加入非负松弛变量，把原不等式变为等式。② 约束方程为“≥”不等式，则可在“≥”不等式的左端减去非负剩余变量（也可称松弛变量），把原不等式变为等式。

例 2-5 将下列线性规划问题化为标准形式。

$$\min z=-x_1+2x_2-3x_3$$

$$\text{s. t.}\begin{cases}x_1+x_2+x_3\leqslant 7\\x_1-x_2+x_3\geqslant 2\\-3x_1+x_2+2x_3=5\\x_1,\ x_2,\ x_3\geqslant 0\end{cases}$$

转化思路如下：

（1）在第一个约束不等式“≤”号的左端加入松弛变量 x_4，使不等式变为等式。

（2）在第二个约束不等式“≥”号的左端减去剩余变量 x_5，使不等式变为等式。

（3）令 $z'=-z$，把目标函数最小化变为最大化。

所加松弛变量 x_4，x_5 表示没有被利用的资源，当然没有利润，因此在目标函数中的价值系数为零，即 c_4，$c_5=0$。

于是原线性规划问题化为标准形式：

$$\max z'=x_1-2x_2+3x_3+0x_4+0x_5$$

$$\text{s. t.}\begin{cases}x_1+x_2+x_3+x_4=7\\x_1-x_2+x_3-x_5=2\\-3x_1+x_2+2x_3=5\\x_1,\ x_2,\ x_3,\ x_4,\ x_5\geqslant 0\end{cases}$$

（4）若变量为无约束，可令决策变量 $x_k=x_k'-x_k''$，$x_k'\geqslant 0$，$x_k''\geqslant 0$。

例 2-6　将线性规划问题化为标准形式。

$$\min z=-x_1+2x_2-3x_3$$

$$\text{s. t.}\begin{cases}x_1+x_2+x_3\leqslant 7\\x_1-x_2+x_3\geqslant 2\\-3x_1+x_2+2x_3=5\\x_1,\ x_2\geqslant 0,\ x_3\ \text{无约束}\end{cases}$$

转化思路如下：

（1）用 x_4-x_5 代替 x_3，其中 x_4，$x_5\geqslant 0$。

（2）在第一个约束不等式“≤”号的左端加入松弛变量 x_6。

（3）在第二个约束不等式“≥”号的左端减去剩余变量 x_7。

（4）令 $z'=-z$，把目标函数最小化变为最大化。

于是原线性规划问题化为标准形式：

$$\max z'=x_1-2x_2+3(x_4-x_5)+0x_6+0x_7$$

$$\text{s. t.}\begin{cases}x_1+x_2+(x_4-x_5)+x_6=7\\x_1-x_2+(x_4-x_5)-x_7=2\\-3x_1+x_2+2(x_4-x_5)=5\\x_1,x_2,x_4,x_5,x_6,x_7\geqslant 0\end{cases}$$

2.5 线性规划问题的解

图解法只能求解二维的线性规划问题，对于求解二维以上线性规划问题需要采用单纯形法。在介绍单纯形法前，先要对线性规划问题解的概念进行规定。

由本章2.4节知，线性规划的标准形式为：

$$\max z=CX \tag{2-3}$$

$$AX=b$$

$$X\geqslant 0 \tag{2-4}$$

由本章2.2节可知：

1. 可行解

满足约束条件式2-4，$AX=b\quad X\geqslant 0$ 的解 X，称为线性规划问题标准形式的可行解。使式2-3，$z=CX$ 达到最大值的可行解称为最优解。

2. 基

设：

$$A_{m\times n}=\begin{bmatrix} a_{11} & a_{12} & \cdots & a_{1n} \\ a_{21} & a_{22} & \cdots & a_{2n} \\ \cdots & \cdots & \cdots & \cdots \\ a_{m1} & a_{m2} & \cdots & a_{mn} \end{bmatrix}=(P_1\quad P_2\quad \cdots\quad P_n)$$

为约束方程组的系数矩阵，其秩为 m。若 $B_{m\times m}$ 是 $A_{m\times n}$ 中的一个非奇异子矩阵（$|B|\neq 0$），则称 B 是线性规划问题的一个基。也就是说，矩阵 B 是由 m 个线性独立的列向量构成的，不失一般性，可设：

$$B=\begin{pmatrix} a_{11}, & \cdots, & a_{1m} \\ \vdots & \vdots & \vdots \\ a_{m1}, & \cdots, & a_{mm} \end{pmatrix}=(P_1,\ \cdots,\ P_m)$$

视频：线性规划问题的解（收费资源）

构成矩阵 B 的每一个列向量 $P_j(j=1,\ 2,\ \cdots,\ m)$ 称为基向量，与每一个基向量 P_j 对应的决策变量 $x_j(j=1,\ 2,\ \cdots,\ m)$ 称为基变量。线性规划中基变量以外的决策变量称为非基变量。

下面介绍 $AX=b$ 的求解问题。假设该方程组系数矩阵 $A_{m\times n}$ 的秩为 m，因

为总可以使 $n>m$（因为针对每一个约束条件都可以加入一个松弛变量、剩余变量或人工变量，所以总可以使变量个数多于方程个数），故它有无穷多个解。假设前 m 个变量的系数列向量是线性独立的，这时 $AX=b$ 可以写成：

$$\begin{pmatrix} a_{11} \\ \vdots \\ a_{m1} \end{pmatrix} x_1 + \cdots + \begin{pmatrix} a_{1m} \\ \vdots \\ a_{mm} \end{pmatrix} x_m = \begin{pmatrix} b_1 \\ \vdots \\ b_m \end{pmatrix} - \begin{pmatrix} a_{1,m+1} \\ \vdots \\ a_{m,m+1} \end{pmatrix} x_{m+1} - \cdots - \begin{pmatrix} a_{1n} \\ \vdots \\ a_{mn} \end{pmatrix} x_n \tag{2-5}$$

或

$$\sum_{j=1}^{m} P_j x_j = b - \sum_{j=m+1}^{n} P_j x_j$$

方程组式 2-5 的一个基是：

$$B = \begin{pmatrix} a_{11}, & \cdots, & a_{1m} \\ & \vdots & \\ a_{m1}, & \cdots, & a_{mm} \end{pmatrix} = (P_1, \ \cdots, \ P_m)$$

设 X_B 为对应于这个基的基变量 $X_B=(x_1, \ x_2, \ \cdots, \ x_m)^T$，若令式 2-5 中的非基变量 $x_{m+1}=x_{m+2}=\cdots=x_n=0$，这时线性方程组中的变量个数与线性方程个数相等，根据线性代数中的克莱姆法或者高斯消去法，可求出一个解：

$$X=(b_1', \ b_2', \ \cdots, \ b_m', \ 0, \ \cdots, \ 0)^T$$

该解的非零分量的数目不大于方程的个数 m，则称 X 为基解。由求解过程可知，有一个基就可求出一个基解。

3. 基可行解

满足非负条件的基解称为基可行解。约束方程组式 2-5 具有的基解的数目最多为 C_n^m 个，一般基可行解的数目小于基解的数目。

4. 可行基

与基可行解对应的基称为可行基。

上述几种解之间的关系可用图 2-5 加以说明。

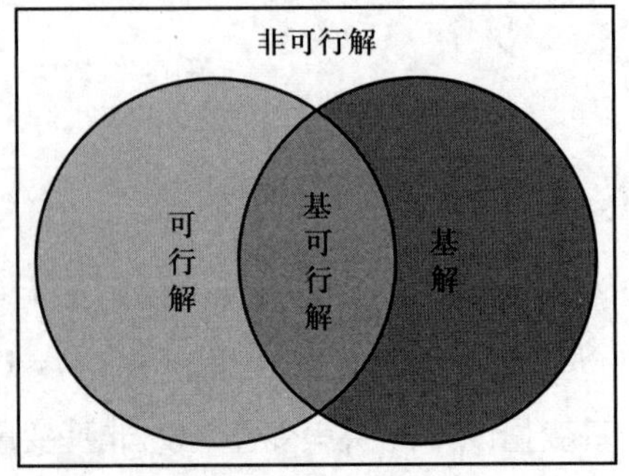

图 2-5 解集关系示意图

另外需要注意的是，基解中的非零分量的个数小于 m 时，该基解是退化解。退化解出现的原因是数学模型中存在多余的约束条件，使多个基可行解对应同一顶点，这时可能出现单纯形法的迭代循环。因此在以下讨论时，假设不出现退化情况。

例 2-7　根据下述线性规划问题，举例说明什么是基、基变量、基解、基可行解和可行基。

$$\max z=2x_1+3x_2+x_3$$

$$\begin{cases} x_1+x_3=5 \\ x_1+2x_2+x_4=10 \\ x_2+x_5=4 \\ x_i\geqslant 0,\ i=1,\ 2,\ \cdots,\ 5 \end{cases}$$

分析：把上面线性规划问题写成矩阵的形式为：

$$\max z=2x_1+3x_2+x_3$$

$$\text{s. t.} \begin{cases} \begin{bmatrix} 1 & 0 & 1 & 0 & 0 \\ 1 & 2 & 0 & 1 & 0 \\ 0 & 1 & 0 & 0 & 1 \end{bmatrix} \cdot \begin{bmatrix} x_1 \\ x_2 \\ x_3 \\ x_4 \\ x_5 \end{bmatrix} = \begin{bmatrix} 5 \\ 10 \\ 4 \end{bmatrix} \\ x_i\geqslant 0,\ i=1,\ 2,\ \cdots,\ 5 \end{cases}$$

约束方程组的系数矩阵：

$$A=\begin{bmatrix} 1 & 0 & 1 & 0 & 0 \\ 1 & 2 & 0 & 1 & 0 \\ 0 & 1 & 0 & 0 & 1 \end{bmatrix}$$

矩阵 A 的秩不大于 3。

$$B=(P_3,\ P_4,\ P_5)=\begin{bmatrix} 1 & 0 & 0 \\ 0 & 1 & 0 \\ 0 & 0 & 1 \end{bmatrix}$$

是 3 阶满秩矩阵，故 B 是此线性规划的一个基。

P_3，P_4，P_5 是基向量，与其相对应的 x_3，x_4，x_5 为基变量，x_1 和 x_2 为非基变量。由式 2-5，把基变量移到等式左侧，非基变量移到等式右侧，得：

$$\begin{bmatrix} 1 \\ 0 \\ 0 \end{bmatrix} x_3+\begin{bmatrix} 0 \\ 1 \\ 0 \end{bmatrix} x_4+\begin{bmatrix} 0 \\ 0 \\ 1 \end{bmatrix} x_5=\begin{bmatrix} 5 \\ 10 \\ 4 \end{bmatrix}-\begin{bmatrix} 1 \\ 1 \\ 0 \end{bmatrix} x_1-\begin{bmatrix} 0 \\ 2 \\ 1 \end{bmatrix} x_2$$

令非基变量 $x_1=x_2=0$，可求得关于 x_3，x_4，x_5 的一组解 $X=(0,\ 0,\ 5,\ 10,\ 4)^T$，此组解即为线性规划问题的一个基解。又因该基解的所有分量均为非负，故它同时又是一个基可行解。

当然，与此基可行解对应的基 B 是一个可行基。

5. **凸集**[6]

设 K 是 n 维欧氏空间的一点集，若任意两点 $X^{(1)}\in K$ 和 $X^{(2)}\in K$ 的连线上所有点 $\alpha X^{(1)}+(1-\alpha)X^{(2)}\in K$（$0\leqslant\alpha\leqslant 1$），则称 K 为凸集。图 2-6（a)、（b）所表示的集合为凸集，（c)、（d）所表示的集合为非凸集。

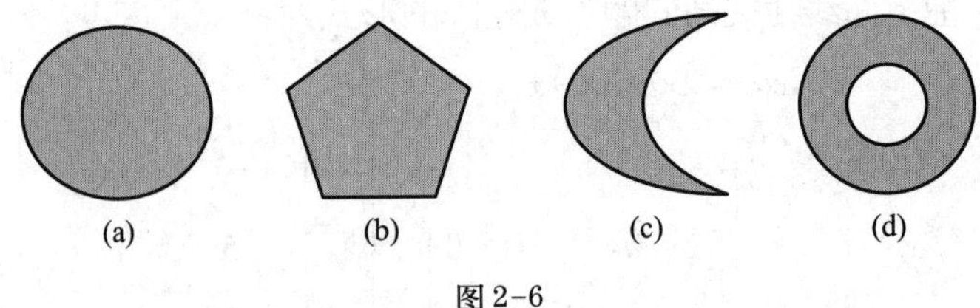

图 2-6

6. **顶点**[6]

若 K 是凸集，$X\in K$；若 X 不能用不同的两点 $X^{(1)}\in K$ 和 $X^{(2)}\in K$ 的线性组合表示为：$X=\alpha X^{(1)}+(1-\alpha)X^{(2)}$（$0<\alpha<1$），则称 X 为 K 的一个顶点。

2.6 单纯形法的基本原理

美国数学家丹兹格发明的单纯形法是求解线性规划问题的一种通用方法。该方法是一种迭代算法，其求解的基本思路就是从可行域中的某一基可行解开始，转换到另一个基可行解，使目标函数逐渐趋优，直至得到最优解。

需要注意的是，单纯形是指零维空间中的点，或一维空间中的线段，或二维空间中的三角形，或三维空间中的四面体，或 n 维空间中的有 $n+1$ 个顶点的多面体（见参考文献 【6】 第 20 页)。

下面举例介绍单纯形法求解线性规划问题的基本原理，并将迭代结果与图解法做对比，以利于考察基可行解的几何意义。

例 2-8 讨论以下线性规划问题如何利用单纯形法进行求解[6]。

$$\max z=2x_1+3x_2$$

$$\begin{cases} x_1+2x_2\leqslant 8 \\ 4x_1\leqslant 16 \\ 4x_2\leqslant 12 \\ x_1,\ x_2\geqslant 0 \end{cases}$$

分析：首先把上述线性规划问题化为标准形式。

$$\max z=2x_1+3x_2+0x_3+0x_4+0x_5 \tag{2-6}$$

$$\begin{cases} x_1+2x_2+x_3=8 \\ 4x_1+x_4=16 \\ 4x_2+x_5=12 \\ x_1,\ x_2,\ x_3,\ x_4,\ x_5\geqslant 0 \end{cases} \tag{2-7}$$

第一步，构造初始可行基，求出初始基可行解。

约束方程式 2-7 的系数矩阵

$$A=(P_1,\ \cdots,\ P_5)=\begin{pmatrix} 1 & 2 & 1 & 0 & 0 \\ 4 & 0 & 0 & 1 & 0 \\ 0 & 4 & 0 & 0 & 1 \end{pmatrix}$$

从系数矩阵中可以看出，x_3，x_4，x_5 的系数列向量是线性独立的，可以构成一个基。

$$B=(P_3,\ P_4,\ P_5)=\begin{pmatrix} 1 & 0 & 0 \\ 0 & 1 & 0 \\ 0 & 0 & 1 \end{pmatrix}$$

对应于 B 的变量 x_3，x_4，x_5 为基变量，从式 2-7 可以得到：

$$\begin{cases} x_3=8-x_1-2x_2 \\ x_4=16-4x_1 \\ x_5=12-4x_2 \end{cases} \tag{2-8}$$

将式 2-8 代入式 2-6 可以得到：

$$Z=0+2x_1+3x_2 \tag{2-9}$$

令非基变量 $x_1=x_2=0$，代入式 2-8 可直接得到一个初始基可行解 $X^{(0)}$。

$$X^{(0)}=(0,\ 0,\ 8,\ 16,\ 12)^T$$

代入目标函数值得：

$$z^{(0)}=0$$

第二步，最优性检验，确定换入变量和换出变量。

分析目标函数式 2-9 可以看出，非基变量 x_1，x_2 的系数都是正数，只要把非基变量变为基变量，目标函数值就有可能增大。所以，只要在目标函数表达式中，还存在有正系数的非基变量，目标函数值就还有增加的可能，就需要将非基变量与基变量进行对换。一般选择目标函数中正系数最大的非基变量 x_2 作为换入变量，将它换到基变量中去。同时，还要确定将哪一个基变量作为换出基变量，使其成为非基变量。

可按如下思路确定换出变量：

分析式 2-8，当将 x_2 确定为换入变量后，必须从 x_3，x_4，x_5 中确定一个换出变量，并保证 x_3，x_4，x_5 非负。由于 x_1 为非基变量，令：

$$x_1=0$$

得

$$\begin{cases} x_3=8-2x_2\geqslant 0 \\ x_4=16\geqslant 0 \\ x_5=12-4x_2\geqslant 0 \end{cases} \tag{2-10}$$

从式 2-10 可以看出，只有选择 $x_2=\min(8/2,\ -,\ 12/4)=3$ 时，才能使式 2-10 成立。因当 $x_2=3$ 时，基变量 $x_5=0$，这就决定用 x_2 去替换 x_5。即换出变量的检验数：

$$\theta=\min\left\{\frac{b_1'}{a_{12}'},\ \frac{b_2'}{a_{22}'},\ \frac{b_3'}{a_{32}'}\ \middle|\ a_{k2}'>0,\ k=1,\ 2,\ 3\right\}=\min(8/2,\ -,\ 12/4)=3。$$

因此，基由 $B=(P_3,\ P_4,\ P_5)$ 变为 $B=(P_3',\ P_4,\ P_2)$。

第三步，求出另一个基可行解。

为了得到另一个基可行解，需要将式 2-8 中 x_2，x_3 和 x_4 用非基变量 x_1，x_5 来表达，得到：

$$\begin{cases} x_3+2x_2=8-x_1 \\ x_4=16-4x_1 \\ 4x_2=12-x_5 \end{cases} \tag{2-11}$$

化简式 2-11 得到：

$$\begin{cases} x_3=2-x_1+\dfrac{1}{2}x_5 \\ x_4=16-4x_1 \\ x_2=3-\dfrac{1}{4}x_5 \end{cases} \tag{2-12}$$

代入目标函数式 2-6 得到：

$$z=9+2x_1-\frac{3}{4}x_5 \tag{2-13}$$

令非基变量 $x_1=x_5=0$，代入式 2-12 可直接得到另一个基可行解 $X^{(1)}$。

$$X^{(1)}=(0,\ 3,\ 2,\ 16,\ 0)^T$$

代入目标函数值得：

$$z^{(1)}=9$$

分析目标函数式 2-13 可以看出，非基变量 x_1的系数是正数，说明目标函数值还有可能增大，于是用上述方法继续迭代。

第四步，继续迭代。

选择目标函数中正系数最大的非基变量 x_1 作为换入变量，将它换到基变量中去，然后确定将哪一个基变量换出来，使其成为非基变量。

分析式 2-12，当将 x_1 确定为换入变量后，必须从 x_3，x_4，x_2 中确定一个换出变量，并保证 x_3，x_4，x_2 非负。由于 x_5 为非基变量，令：

$$x_5=0$$

得：

$$\begin{cases} x_3=2-x_1\geqslant 0 \\ x_4=16-4x_1\geqslant 0 \\ x_2=3\geqslant 0 \end{cases} \tag{2-14}$$

从式 2-14 可以看出，只有选择 $x_1=\min(2,\ 16/4,\ -)=2$ 时，才能使式 2-14 成立。因当 $x_1=2$ 时，基变量 $x_3=0$，这就决定用 x_1 去替换 x_3。因此，基由 $B=(P_3,\ P_4,\ P_2)$ 变为 $B=(P_1,\ P_4,\ P_2)$。

为了求基可行解，需要将式 2-8 中 x_1、x_4 和 x_2 用非基变量 x_3 和 x_5 来表达，得到：

$$\begin{cases} x_1=2+\dfrac{1}{2}x_5-x_3 \\ x_4=8+4x_3-2x_5 \\ x_2=3-\dfrac{1}{4}x_5 \end{cases} \tag{2-15}$$

代入目标函数式 2-6 得到：

$$z=13+\frac{1}{4}x_5-2x_3 \tag{2-16}$$

令非基变量 $x_3=x_5=0$，代入式 2-15 可直接得到一个基可行解 $X^{(2)}$。

$$X^{(2)}=(2,\ 3,\ 0,\ 8,\ 0)^T$$

代入目标函数值得：

$$z^{(2)}=13$$

分析目标函数式 2-16 可以看出，非基变量 x_5 的系数是正数，说明目标函数值还有可能增大，于是用上述方法继续迭代。

选择目标函数中正系数最大的非基变量 x_5 作为换入变量，将它换到基变量中去，然后确定将哪一个基变量换出来，使其成为非基变量。

分析式 2-15，当将 x_5 确定为换入变量后，必须从 x_1，x_4，x_2 中确定一个换出变量，并保证 x_1，x_4，x_2 非负。由于 x_3 为非基变量，令：

$$x_3=0$$

得

$$\begin{cases} x_1=2+\dfrac{1}{2}x_5\geqslant 0 \\ x_4=8-2x_5\geqslant 0 \\ x_2=3-\dfrac{1}{4}x_5\geqslant 0 \end{cases} \tag{2-17}$$

从式 2-17 可以看出，只有选择 $x_5=\min(-,\ 4,\ 12)=4$ 时，才能使式 2-17成立。因当 $x_5=4$ 时，基变量 $x_4=0$，这就决定用 x_5 去替换 x_4。因此，基由 $B=(P_1,\ P_4,\ P_2)$ 变为 $B=(P_1,\ P_5,\ P_2)$。

为了求基可行解，需要将式 2-8 中 x_1、x_5 和 x_2 用非基变量 x_3 和 x_4 表达，得到：

$$\begin{cases} x_1=4-\dfrac{1}{4}x_4 \\ x_2=2+\dfrac{1}{8}x_4-\dfrac{1}{2}x_3 \\ x_5=4-\dfrac{1}{2}x_4+2x_3 \end{cases} \tag{2-18}$$

代入目标函数式 2-6 得到目标函数：

$$z=14-1.5x_3-0.125x_4 \tag{2-19}$$

令非基变量 $x_3=x_4=0$，代入式 2-18 可直接得到一个基可行解 $X^{(3)}$。

$$X^{(3)}=(4,\ 2,\ 0,\ 0,\ 4)^T$$

代入目标函数值得：

$$z^{(3)}=14$$

检查式 2-19，所有非基变量的系数都是负数，说明目标函数没有再增加的可能，这时取得了最优解 $X^*=X^{(3)}=(4，2，0，0，4)$，最优值是 14。

从例 2-8 的求解过程可以看出，单纯形法的求解是从某一基可行解开始，转换到另一个基可行解，使目标函数逐渐趋优，也即仅靠搜索基可行解，就可完成线性规划的寻优工作。

从图 2-7 可以观察到，线性规划约束条件的可行域所组成的集合 *OABCD* 是一个凸多边形。这个凸多边形的顶点，就是线性规划问题的基可行解。其中：

初始基可行解 $X^{(0)}=(0，0，8，16，12)^T$ 相当于图 2-7 中的原点 *O*；

$X^{(1)}=(0，3，2，16，0)^T$ 相当于图 2-7 中的 *A* 点；

$X^{(2)}=(2，3，0，8，0)^T$ 相当于图 2-7 中的 *B* 点；

最优解 $X^{(3)}=(4，2，0，0，4)^T$ 相当于图 2-7 中的 *C* 点。

基可行解的迭代过程是从图形中的 *O* 点开始迭代，依次迭代到 *A* 点、*B* 点，以及最优解 *C* 点。

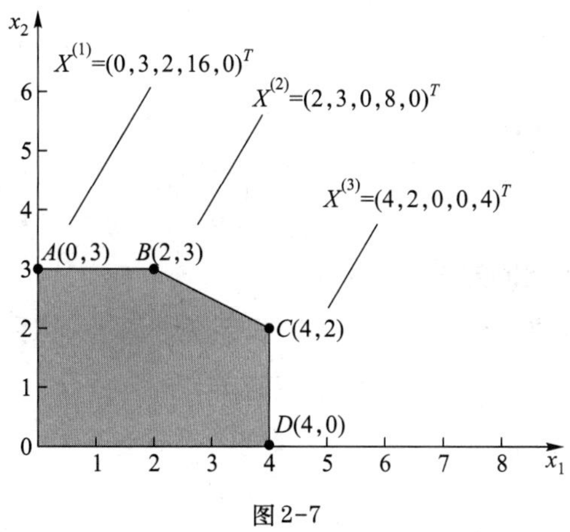

图 2-7

这与图解法揭示的结论一致，即“若线性规划问题存在最优解，它一定能在可行域的顶点上得到”。

因此，引入如下命题：

定理 1：线性规划问题的基可行解与其可行域的顶点一一对应。其定理证明见参考文献 【6】 第 17 页。

将定理 1 和图解法所揭示的结论加以对照，不难得到：

定理 2：若线性规划问题存在最优解，它一定能在其可行域的顶点上达到最优。

上述是单纯形法求解最优解的基本过程。其求解的步骤可归纳为：① 构造一个初始可行基；② 求出一个基可行解（顶点）；③ 进行最优性检验，判断是否最优解；④ 基变换，转第二步，要保证目标函数值比原来更优。

从上述步骤可以看出，初始可行基的确定非常关键。一般情况下可以采取如下方法确定初始可行基。

1. 观察的方法

对于约束条件是"="形式，且存在单位矩阵的情况，如线性规划问题：

$$\max z = CX$$

$$\text{s.t.}\begin{cases}\sum_{j=1}^{n} P_j x_j = b \\ X \geqslant 0 \quad j=1,2,\cdots,n\end{cases}$$

一般可从 P_j 中直接观察存在一个初始可行基：

$$B=(P_1, P_2, \cdots, P_m)=\begin{bmatrix}1 & 0 & \cdots & 0\\ 0 & 1 & \cdots & 0\\ \vdots & \vdots & \cdots & \vdots\\ 0 & 0 & \cdots & 1\end{bmatrix}$$

2. 化为标准形式的方法

对于约束条件是"≤"形式的不等式情况，可以利用化为标准形式的方法，在每个不等式左端加上一个松弛变量。

经过整理，可以重新得到下列方程组：

$$\begin{cases}x_1+a_{1,m+1}x_{m+1}+\cdots+a_{1n}x_n=b_1\\ x_2+a_{2,m+1}x_{m+1}+\cdots+a_{2n}x_n=b_2\\ \qquad\cdots\\ x_m+a_{m,m+1}x_{m+1}+\cdots+a_{mn}x_n=b_m\\ x_1, x_2, \cdots, x_n \geqslant 0\end{cases} \tag{2-20}$$

显然，可以得到一个初始可行基：

$$B=(P_1, P_2, \cdots, P_m)=\begin{bmatrix} 1 & 0 & \cdots & 0 \\ 0 & 1 & \cdots & 0 \\ \vdots & \vdots & \cdots & \vdots \\ 0 & 0 & \cdots & 1 \end{bmatrix}$$

对式 2-20 化简可以得到

$$\begin{cases} x_1=b_1-a_{1,m+1}x_{m+1}-\cdots-a_{1n}x_n \\ x_2=b_2-a_{2,m+1}x_{m+1}-\cdots-a_{2n}x_n \\ \cdots \\ x_m=b_m-a_{m,m+1}x_{m+1}-\cdots-a_{mn}x_n \end{cases}$$

令非基变量 $x_{m+1}=\cdots=x_n=0$，得：

$$x_i=b_i\ (i=1, 2, \cdots, m)$$

因 $b_i \geqslant 0\ (i=1, 2, \cdots, m)$，得一个初始基可行解为：

$$X=(b_1, b_2, \cdots, b_m, 0, 0, \cdots, 0)$$

3. 构造人造基的方法

对于约束条件是“≥”形式的不等式及等式情况，若不存在单位矩阵，则采用构造人造基方法。即对不等式约束减去一个非负的剩余变量后，再加上一个非负的人工变量；对于等式约束加上一个非负的人工变量，总能得到一个单位矩阵。

关于这个方法将在本章 2.8 节（大 M 法和两阶段法）中进一步讨论。

2.7　单纯形表格法

2.7.1　单纯形表

为了便于理解计算关系，现设计一种表，称为单纯形表。其功能与线性代数里的增广矩阵相似。

将线性规划的式 2-20 与目标函数式组成 $n+1$ 个变量，$m+1$ 个方程的方程组。

$$\begin{cases} x_1+a_{1,m+1}x_{m+1}+\cdots+a_{1n}x_n=b_1 \\ x_2+a_{2,m+1}x_{m+1}+\cdots+a_{2n}x_n=b_2 \\ \qquad\vdots \\ x_m+a_{m,m+1}x_{m+1}+\cdots+a_{mn}x_n=b_m \\ -z+c_1x_1+c_2x_2+\cdots+c_mx_m+c_{m+1}x_{m+1}+\cdots+c_nx_n=0 \end{cases} \tag{2-21}$$

为了便于迭代运算，将式 2-21 方程组写成增广矩阵的形式。

$$\begin{array}{ccccccccc} -z & x_1 & x_2 & \cdots & x_m & x_{m+1} & \cdots & x_n & b \end{array}$$

$$\left[\begin{array}{cccccccc|c} 0 & 1 & 0 & \cdots & 0 & a_{1,m+1} & \cdots & a_{1n} & b_1 \\ 0 & 0 & 1 & \cdots & 0 & a_{2,m+1} & \cdots & a_{2n} & b_2 \\ \vdots & \vdots & \vdots & & \vdots & \vdots & & \vdots & \vdots \\ 0 & 0 & 0 & \cdots & 1 & a_{m,m+1} & \cdots & a_{mn} & b_m \\ 1 & c_1 & c_2 & \cdots & c_m & c_{m+1} & \cdots & c_n & 0 \end{array}\right]$$

若将 z 看作不参与基变换的变量，它与 x_1，x_2，…，x_m 的系数构成一个基，这时采用行初等变换，可将 c_1，c_2，…，c_m 变换为零，使其对应的系数矩阵变为单位矩阵。得到：

$$\begin{array}{ccccccccc} -z & x_1 & x_2 & \cdots & x_m & x_{m+1} & \cdots & x_n & b \end{array}$$

$$\left[\begin{array}{cccccccc|c} 0 & 1 & 0 & \cdots & 0 & a_{1,m+1} & \cdots & a_{1n} & b_1 \\ 0 & 0 & 1 & \cdots & 0 & a_{2,m+1} & \cdots & a_{2n} & b_2 \\ \vdots & \vdots & \vdots & & \vdots & \vdots & & \vdots & \vdots \\ 0 & 0 & 0 & \cdots & 1 & a_{m,m+1} & \cdots & a_{mn} & b_m \\ 1 & 0 & 0 & \cdots & 0 & c_{m+1}-\sum_{i=1}^{m}c_ia_{i,m+1} & \cdots & c_n-\sum_{i=1}^{m}c_ia_{in} & -\sum_{i=1}^{m}c_ib_i \end{array}\right]$$

根据上述增广矩阵设计计算表，见表 2-3。

X_B 列填入基变量，这里是 x_1，x_2，…，x_m。

C_B 列填入基变量的价值系数（基变量在目标函数中的系数值），这里是 c_1，c_2，…，c_m；它们是与基变量相对应的。

b 列填入约束方程右端的常数。

c_j 行中填入基变量的价值系数 c_1，c_2，…，c_n。

θ_i 列的数字在确定换入变量后，按照 θ 规则计算后填入。

最后一行是检验数行，对应各非基变量 x_j 的检验数是：

$$\sigma_j = c_j - \sum_{i=1}^{m} c_i a_{ij}\ (j=1,\ 2,\ \cdots,\ n)$$

表 2-3

$c_j \longrightarrow$			c_1	$\cdots$	c_m	c_{m+1}	$\cdots$	c_n	θ
C_B	X_B	b	x_1	$\cdots$	x_m	x_{m+1}	$\cdots$	x_n	
c_1	x_1	b_1	1	$\cdots$	0	$a_{1,m+1}$	$\cdots$	a_{1n}	θ_1
c_2	x_2	b_2	0	$\cdots$	0	$a_{2,m+1}$	$\cdots$	a_{2n}	θ_2
$\vdots$	$\vdots$	$\vdots$	$\vdots$		$\vdots$	$\vdots$	$\cdots$	$\vdots$	$\vdots$
c_m	x_m	b_m	0	$\cdots$	1	$a_{m,m+1}$	$\cdots$	a_{mn}	θ_m
$c_j - z_j$			0	$\cdots$	0	$\sigma_{m+1} = c_{m+1} - \sum_{i=1}^{m} c_i a_{i,m+1}$	$\cdots$	$\sigma_n = c_n - \sum_{i=1}^{m} c_i a_{in}$	

表 2-3 是初始单纯形表，每迭代一步构造一个新的单纯形表。

2.7.2 计算步骤

例 2-9 利用单纯形表格法求解以下线性规划问题[6]。

$$\max\ z = 2x_1 + 3x_2 + 0x_3 + 0x_4 + 0x_5$$

$$\begin{cases} x_1 + 2x_2 + x_3 = 8 \\ 4x_1 + x_4 = 16 \\ 4x_2 + x_5 = 12 \\ x_1,\ x_2,\ x_3,\ x_4,\ x_5 \geqslant 0 \end{cases}$$

第一步，列出初始单纯形表。

将有关数字填入表中。取松弛变量 x_3，x_4，x_5 为基变量，它所对应的单位矩阵为基。这就得到初始基可行解：

$$X^{(0)} = (0,\ 0,\ 8,\ 16,\ 12)^T$$

将有关数字填入表中，得到初始单纯形表，见表 2-4。

表2-4

c_j			2	3	0	0	0	θ
C_B	X_B	b	x_1	x_2	x_3	x_4	x_5	
0	x_3	8	1	2	1	0	0	4
0	x_4	16	4	0	0	1	0	—
0	x_5	12	0	[4]	0	0	1	**3**
c_j-z_j			2	**3**	0	0	0	检验数行

表中左上角 c_j 是表示目标函数中各变量的价值系数。C_B 列填入初始基变量的价值系数，它们都为零。X_B 列填入初始基变量。

第二步，判定其是否为最优解。

方法是看检验数是否全小于等于 0。如果全小于等于 0，则已得最优解。否则转下一步。各非基变量的检验数为：

$$\sigma_1=c_1-z_1=2-(0\times1+0\times4+0\times0)=2$$

$$\sigma_2=c_2-z_2=3-(0\times2+0\times0+0\times4)=3$$

因为检验数都大于零，转入下一步。

第三步，选换入基变量和换出基变量。

$\max(\sigma_1,\ \sigma_2)=\max(2,\ 3)=3$ 对应的 x_2 为换入基变量，计算 θ。

$$\theta=\min\left(\frac{b_i}{a_{i2}}\middle|a_{i2}>0\right)=\min\left\{\frac{8}{2}\quad-\quad\frac{12}{4}\right\}=3$$

它所在的行对应的 x_5 为换出基变量。

x_2 所在的列和 x_5 所在行交叉处［4］称为主元素。

以［4］为主元素进行初等行变换（旋转运算），使 P_2 变换为 $(0,\ 0,\ 1)^T$，在 X_B 列中将 x_2 替换 x_5，于是得到表2-5。

b 列的数字是 $x_3=2$，$x_4=16$，$x_2=3$。

于是得到新的基可行解为 $X^{(1)}=(0,\ 3,\ 2,\ 16,\ 0)^T$，目标函数值 $z=9$。

表2-5

$c_j\longrightarrow$			2	3	0	0	0	θ
C_B	X_B	b	x_1	x_2	x_3	x_4	x_5	
0	x_3	2	[1]	0	1	0	−1/2	**2**
0	x_4	16	4	0	0	1	0	4

续表

$c_j \longrightarrow$			2	3	0	0	0	θ
C_B	X_B	b	x_1	x_2	x_3	x_4	x_5	
3	x_2	3	0	1	0	0	1/4	—
c_j-z_j			**2**	**0**	0	0	-3/4	检验数行

第四步，转回第二步。

表2-5中，检验数行有一个数为正，故该基本可行解不是最优解。显然，x_1 取正值会使目标函数增加。对应的 x_1 为换入基变量，计算 θ 。

$$\theta = \min\left(\frac{b_i}{a_{i1}}\middle| a_{i1}>0\right) = \min\left\{\frac{2}{1} \quad \frac{16}{4} \quad -\right\} = 2$$

它对应的 x_3 为换出基变量。

x_1 所在的列和 x_3 所在行交叉处［1］称为主元素。

以［1］为主元素进行初等行变换，使 P_1 变换为$(1, 0, 0)^T$，在 X_B 列中将 x_1 替换 x_3，于是得到表2-6。

表2-6

$c_j \longrightarrow$			2	3	0	0	0	θ
C_B	X_B	b	x_1	x_2	x_3	x_4	x_5	
2	x_1	2	1	0	1	0	-1/2	—
0	x_4	8	0	0	-4	1	[2]	**4**
3	x_2	3	0	1	0	0	1/4	12
c_j-z_j			0	**0**	-2	0	**1/4**	检验数行

b 列的数字是 $x_1=2$，$x_4=8$，$x_2=3$。

于是得到新的基可行解为 $X^{(2)}=(2, 3, 0, 8, 0)^T$，目标函数值 $z=13$。

表2-6中，检验数有一个数为正，故该基本可行解不是最优解。显然，x_5 取正值使目标函数有增加的可能。对应的 x_5 为换入基变量，计算 θ 。

$$\theta = \min\left(\frac{b_i}{a_{i5}}\middle| a_{i5}>0\right) = \min\left\{-, \frac{8}{2}, \frac{3}{\frac{1}{4}}\right\} = 4$$

它对应的 x_4 为换出基变量。

x_5 所在的列和 x_4 所在行交叉处［2］称为主元素。

以［2］为主元素进行初等行变换，使 P_5 变换为 $(0, 1, 0)^T$，在 X_B 列中将 x_5 替换 x_4，于是得到表 2-7。

表 2-7

$c_j \longrightarrow$			2	3	0	0	0	θ
C_B	X_B	b	x_1	x_2	x_3	x_4	x_5	
2	x_1	4	1	0	0	1/4	0	—
0	x_5	4	0	0	−2	1/2	1	**4**
3	x_2	2	0	1	1/2	−1/8	0	12
c_j-z_j			0	0	−3/2	−1/8	**0**	检验数行

b 列的数字是 $x_1=4$，$x_5=4$，$x_2=2$。

得到新的基可行解为 $X^{(3)}=(4, 2, 0, 0, 4)^T$，目标函数值 $z=14$。

表 2-7 中，检验数都为非正，故该基本可行解 $(4, 2, 0, 0, 4)^T$ 为最优解。目标函数值 $z^*=14$。

上述单纯形法（目标函数求 max 的线性规划问题）的计算步骤，可用程序框图 2-8 表示。

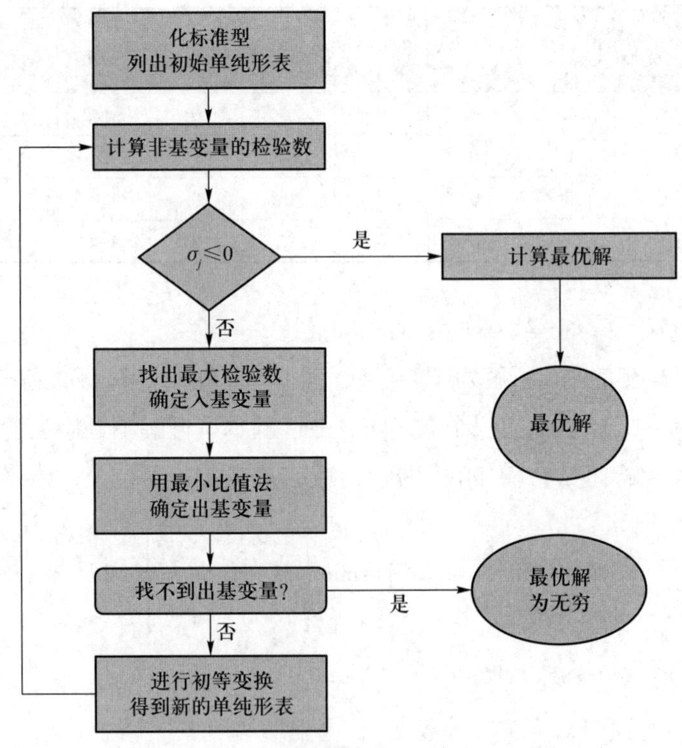

图 2-8　单纯形表格法计算步骤（目标函数求最大）

2.8 线性规划的大 M 法和两阶段法

单纯形法要求必须有初始基可行解，如果没有初始基可行解，初始单纯形表就无法形成。在前面的讨论中，初始基为单位矩阵，这就很容易找到初始基可行解。若线性规划问题化为标准形式时，约束条件的系数矩阵中不存在单位矩阵，应如何寻找初始基可行解呢？ 实际上，在许多实际问题中，情况可能更加不理想，甚至难以知道是否存在约束条件的可行解。

如线性规划标准形式为：

$$\max z=c_1x_1+c_2x_2+\cdots+c_nx_n$$

$$\begin{cases} a_{11}x_1+a_{12}x_2+\cdots+a_{1n}x_n=b_1 \\ a_{21}x_1+a_{22}x_2+\cdots+a_{2n}x_n=b_2 \\ \cdots\cdots\cdots\cdots\cdots\cdots\cdots\cdots \\ a_{m1}x_1+a_{m2}x_2+\cdots+a_{mn}x_n=b_m \\ x_1,\ x_2,\ \cdots,\ x_n\geqslant 0 \end{cases}$$

当系统本身无初始单位矩阵时，人工变量法是构造可行基并获得初始基可行解的有效方法。即每个约束条件加上变量 x_{n+1}，x_{n+2}，…，x_{n+m}，得到：

$$\begin{cases} a_{11}x_1+a_{12}x_2+\cdots+a_{1n}x_n+x_{n+1} \qquad\qquad =b_1 \\ a_{21}x_1+a_{22}x_2+\cdots+a_{2n}x_n+ \qquad x_{n+2} \qquad =b_2 \\ \cdots\cdots\cdots\cdots\cdots\cdots\cdots\cdots\cdots \\ a_{m1}x_1+a_{m2}x_2+\cdots+a_{mn}x_n+ \qquad\qquad x_{n+m}=b_m \\ x_1,\ x_2,\ \cdots,\ x_n,\ x_{n+1},\cdots,\ x_{n+m}\geqslant 0 \end{cases}$$

这些新变量仅仅是为了建立初始单纯形表而引入的，为了把它们与原问题的决策变量加以区别，称为人工变量。

这样就使得每个约束均有了基变量。以 x_{n+1}，x_{n+2}，…，x_{n+m} 为基变量，可得到一个 m 阶的单位矩阵。令非基变量 x_1，x_2，…，x_n 为零，便可得到一个初始基可行解。

$$X^{(0)}=(0,\ 0,\ \cdots,\ 0,\ b_1,\ b_2\cdots,\ b_m)^T$$

因为人工变量是后来加入原约束条件的，在引入人工变量之前各约束已为等式，所以为保持各等式的平衡，人工变量最终的取值必须为零。即要求

视频：线性规划问题的大 M 法和两阶段法（收费资源）

经过基的变换，将人工变量从基变量中逐个替换出来。基变量中不再含有非零的人工变量，表示原问题有解。若在最终单纯形表中，所有检验数符合要求，而基变量中还有某个非零的人工变量，则表示无可行解。

2.8.1 大M法

在线性规划的约束条件中加入人工变量后，要求人工变量对目标函数取值不受影响，为此在目标函数中添加“罚因子”M（M是任意大的正数），这样目标函数要实现最大化时，必须把人工变量从基变量中换出。否则，目标函数不可能实现最大化。

例2-10 用单纯形表求解下述线性规划问题[6]

$$\min w=-3x_1+x_2+x_3$$

$$\text{s. t.}\begin{cases}x_1-2x_2+x_3\leqslant 11\\-4x_1+x_2+2x_3\geqslant 3\\2x_1-x_3=-1\\x_1,\ x_2,\ x_3\geqslant 0\end{cases}$$

分析：首先把线性规划模型转化为标准形式：

$$\max z=3x_1-x_2-x_3$$

$$\text{s. t.}\begin{cases}x_1-2x_2+x_3+x_4=11\\-4x_1+x_2+2x_3-x_5=3\\-2x_1+x_3=1\\x_1,\ x_2,\ x_3,\ x_4,\ x_5\geqslant 0\end{cases}\tag{2-22}$$

x_4，x_5为添加的松弛变量，在目标函数中系数为0。

观察式2-22，第一个约束条件中松弛变量x_4可以作为基变量，而在其他两个约束中均不存在基变量。因此可以在没有基变量的约束条件中分别加入非负的人工变量x_6、x_7，可得如下的约束条件：

$$\text{s. t.}\begin{cases}x_1-2x_2+x_3+x_4=11\\-4x_1+x_2+2x_3-x_5+x_6=3\\-2x_1+x_3+x_7=1\\x_1,\ x_2,\ x_3,\ x_4,\ x_5,\ x_6,\ x_7\geqslant 0\end{cases}\tag{2-23}$$

由于在约束条件中有人工变量x_6，x_7，因此在目标函数中添加“罚因子”M，M 为人工变量系数，可为任意大的正数。只要人工变量>0，则目标函数不可能实现最大化。目标函数变为：

$$\max z=3x_1-x_2-x_3+0x_4+0x_5-Mx_6-Mx_7$$

这一约束条件的一个基可行解为 $X^{(0)}=(0,\ 0,\ 0,\ 11,\ 0,\ 3,\ 1)^T$，但此解并非原线性规划问题的一个可行解，因为在此解中人工变量 x_6、x_7 不为零。

表 2-8 给出了以 x_4、x_6、x_7 为基变量的初始单纯形表。表 2-9 给出了利用单纯形法求解线性规划问题的整个过程。

表 2-8

c_j			3	−1	−1	0	0	−M	−M	θ
C_B	X_B	b	x_1	x_2	x_3	x_4	x_5	x_6	x_7	
0	x_4	11	1	−2	1	1	0	0	0	11
−M	x_6	3	−4	1	2	0	−1	1	0	3/2
−M	x_7	1	−2	0	[**1**]	0	0	0	1	1
c_j-z_j			3−6M	−1+M	−1+3M	0	−M	**0**	0	

表 2-9

c_j			3	−1	−1	0	0	−M	−M	θ
C_B	X_B	b	x_1	x_2	x_3	x_4	x_5	x_6	x_7	
0	x_4	10	3	−2	0	1	0	0	−1	负的
−M	x_6	1	0	[**1**]	0	0	−1	1	−2	1
−1	x_3	1	−2	0	1	0	0	0	1	—
c_j-z_j			1	−1+M	0	0	−M	**0**	1−3M	
0	x_4	12	[3]	0	0	1	−2	2	−5	4
−M	x_2	1	0	1	0	0	−1	1	−2	—
−M	x_3	1	−2	0	**1**	0	0	0	1	负的
c_j-z_j			1	0	0	0	−1	**1−M**	−1−M	
0	x_1	4	1	0	0	1/3	−2/3	2/3	−5/3	
−M	x_2	1	0	1	0	0	−1	1	−2	
−M	x_3	9	0	0	1	2/3	−4/3	4/3	−7/3	
c_j-z_j			0	0	0	−1/3	−1/3	**−M+1/3**	−M+2/3	

表 2-9 的第二步，人工变量 x_6、x_7 都已经成了非基变量，即已经得到

了原始系统的一个可行解。由于此时 x_1 的检验数（$\sigma_1=1$）大于零，所以此解只是原始系统的一个基可行解，而非最优解。继续迭代一步，得到原始系统的最优解。

$$X^{(*)}=(4,\ 1,\ 9,\ 0,\ 0)^T$$

目标函数值 $z^*=2$。

需要说明的是：在问题中引入人工变量只是为了构造基变量，所以对本身存在基变量的约束条件绝对不要引入人工变量。

用大 M 法求解线性规划问题，如果在所有变量的检验数均为非正时，存在某个或多个人工变量仍然为基变量，这说明存在一个或多个人工变量恒不为零，即存在一个或多个约束条件恒不成立，此时线性规划问题无可行解。

2.8.2 两阶段法

手工计算大 M 法不会出现任何问题，但对于电子计算机来说 M 确实可能带来麻烦，为避免 M 可能带来的麻烦，便出现了两阶段法。顾名思义，两阶段法是把线性规划问题的求解分为两个阶段来进行，先求初始基可行解，再求最优解。

第一阶段：在原约束条件下，先求解一个目标函数只包含人工变量的人造线性规划问题，即令极小值目标函数中人工变量的系数取某个正的常数（通常取为 1），而其他变量的系数取为 0。

构造如下的线性规划问题：

$$\min\ \omega=x_{n+1}+x_{n+2}+\cdots+x_{n+m}$$

$$\begin{cases} a_{11}x_1+a_{12}x_2+\cdots+a_{1n}x_n+x_{n+1} & =b_1 \\ a_{21}x_1+a_{22}x_2+\cdots+a_{2n}x_n+\quad x_{n+2} & =b_2 \\ \cdots\cdots\cdots\cdots\cdots\cdots\cdots\cdots\cdots\cdots & \\ a_{m1}x_1+a_{m2}x_2+\cdots+a_{mn}x_n+\quad x_{n+m} & =b_m \\ x_1,\ x_2,\ \cdots,\ x_n,\ x_{n+1},\cdots,\ x_{n+m}\geqslant 0 & \end{cases}$$

显然，如果第一阶段对人造问题优化的最小目标函数值是 0，说明所有的人工变量都已不在基中，得到了原始问题的一个基可行解，求解转入第二阶段；若其最优解的目标函数值不为 0，也即最优解的基变量中含有非零的人工变量，则原线性规划问题无可行解，应停止计算。

第二阶段：从第一阶段得到的基可行解出发，求原问题的最优解。具体办法是在第一阶段的最终单纯形表中，去掉人工变量所在的列并将价值系数换为原问题的价值系数，以便构成第二阶段的初始单纯形表。

各阶段的计算方法及步骤与2.7节单纯形法相同。

例 2–11 用两阶段法求解[6]

$$\min w=-3x_1+x_2+x_3$$

$$\text{s.t.}\begin{cases}x_1-2x_2+x_3\leqslant 11\\-4x_1+x_2+2x_3\geqslant 3\\2x_1-x_3=-1\\x_1,\ x_2,\ x_3\geqslant 0\end{cases}$$

分析：构造第一阶段目标函数：$\min w=x_6+x_7$。

构造第一阶段的单纯形表，见表2–10。第一阶段优化的值是0，求解转入第二阶段，见表2–11。

表 2–10

c_j		b	0	0	0	0	0	−1	−1	θ
C_B	X_B		x_1	x_2	x_3	x_4	x_5	x_6	x_7	
0	x_4	11	1	−2	1	1	0	0	0	11
−1	x_6	3	−4	1	2	0	−1	1	0	3/2
−1	x_7	1	−2	0	[1]	0	0	0	1	1
$\sigma_j=c_j-z_j$			−6	1	3	0	−1	0	0	$\omega=4$
0	x_4	10	3	−2	0	1	0	0	−1	负的
−1	x_6	1	0	[1]	0	0	−1	1	−2	1
0	x_3	1	−2	0	1	0	0	0	1	—
$\sigma_j=c_j-z_j$			0	1	0	0	−1	0	−3	$\omega=1$
0	x_4	12	3	0	0	1	−2	2	−5	11
0	x_2	1	0	1	0	0	−1	1	−2	3/2
0	x_3	1	−2	0	1	0	0	0	1	1
$\sigma_j=c_j-z_j$			0	0	0	0	0	−1	−1	$\omega=0$

在第一阶段中，单纯形表基变量中不含有人工变量 x_6，x_7，且第一阶段目标函数值 ω 为零，因此转入第二阶段。去掉人工变量，还原目标函数系数，做出初始单纯形表。

表 2-11

c_j		b	3	−1	−1	0	0	θ
C_B	X_B		x_1	x_2	x_3	x_4	x_5	
0	x_4	12	[3]	0	0	1	−2	4
−1	x_2	1	0	1	0	0	−1	—
−1	x_3	1	−2	0	1	0	0	负的
$\sigma_j=c_j-z_j$			1	0	0	0	−1	$z=-2$
3	x_1	4	1	0	0	1/3	−2/3	
−1	x_2	1	0	1	0	0	−1	
−1	x_3	9	0	0	1	2/3	−4/3	
$\sigma_j=c_j-z_j$			0	0	0	−1/3	−1/3	$z=2$

从表格中可以看到最优解 $X^{(*)}=(4,\ 1,\ 9,\ 0,\ 0)^T$，目标函数值 $z^*=2$。

从本质上来说，大 M 法和两阶段法是一致的。

2.9 线性规划问题的应用

线性规划的理论和方法在实际应用中，常用于下料问题、优化安排活动问题、生产计划问题等。但一个现实问题只有满足以下条件时，才能建立线性规划的数学模型：① 求解问题的目标函数能用数值指标来反映，且为线性函数；② 存在多种方案；③ 达到的目标是在一定约束条件下实现的，这些约束条件可用线性等式或不等式来描述。

如前所述，建立线性规划模型需要通过以下步骤：① 确定决策变量，即需要做出决策或选择的量。一般情况下，问题要求什么就设什么为决策变量。② 建立目标函数，即问题所要达到的目标，并明确是 max 还是 min。③ 寻找约束条件，即决策变量受到的所有约束。

例 2-12 某兵工厂要做 1 000 套训练装备，每套需用长为 2.9 m、2.1 m、1.5 m 的圆钢各一根。圆钢原料每根长 7.4 m，问应如何下料，可使所用原料最省？[6]

分析：共可设计下列 5 种下料方案，见表 2-12。

表 2-12

长度＼方案	方案 1	方案 2	方案 3	方案 4	方案 5
2.9 m	1	2	0	1	0
2.1 m	0	0	2	2	1
1.5 m	3	1	2	0	3
合计	7.4	7.3	7.2	7.1	6.6
剩余料头	0	0.1	0.2	0.3	0.8

假设 x_1，x_2，x_3，x_4，x_5 分别为上面 5 种方案下料的原材料根数。这样可以建立如下的数学模型。

目标函数：

$$\min z=0x_1+0.1x_2+0.2x_3+0.3x_4+0.8x_5$$

约束条件：

$$\begin{cases} x_1+2x_2+x_4=1\ 000 \\ 2x_3+2x_4+x_5=1\ 000 \\ 3x_1+x_2+2x_3+3x_5=1\ 000 \\ x_1,\ x_2,\ x_3,\ x_3,\ x_5\geqslant 0 \end{cases}$$

利用单纯形法求解，解得 $x_1=300$，$x_2=100$，$x_3=0$，$x_4=500$，$x_5=0$。得到最优下料方案：按方案 1 下料 300 根；按方案 2 下料 100 根；按方案 4 下料 500 根。即只需 900 根原材料就可制造出 1 000 套训练装备。

例 2-13 医院每天各时间段内所需医生和护士人数如表 2-13 所示。假设医生和护士分别在各时间段一开始时上班，并连续工作 8 小时，问该医院怎样安排医生和护士，既能满足工作需要，又配备最少医生和护士？

表 2-13

班次	时间	所需人数
1	6：00—10：00	60
2	10：00—14：00	70
3	14：00—18：00	60
4	18：00—22：00	50

续表

班次	时间	所需人数
5	22：00—2：00	20
6	2：00—6：00	30

分析：假设 x_i（$i=1$，2，…，6）表示第 i 班次时开始上班的医生和护士人数，可以建立如下的数学模型。

目标函数：

$$\min z=x_1+x_2+x_3+x_4+x_5+x_6$$

约束条件：

$$\begin{cases} x_1+x_6 \geqslant 60 \\ x_1+x_2 \geqslant 70 \\ x_2+x_3 \geqslant 60 \\ x_3+x_4 \geqslant 50 \\ x_4+x_5 \geqslant 20 \\ x_5+x_6 \geqslant 30 \\ x_1,\ x_2,\ \cdots,\ x_6 \geqslant 0 \end{cases}$$

解得 $x_1=60$，$x_2=10$，$x_3=50$，$x_4=0$，$x_5=30$，$x_6=0$，目标函数值 $z=150$。

得到医生和护士安排方案：第 1 班次时开始上班的医生和护士人数为 60 人；第 2 班次时开始上班的医生和护士人数为 10 人；第 3 班次时开始上班的医生和护士人数为 50 人；第 4 班次时开始上班的医生和护士人数为 0 人；第 5 班次时开始上班的医生和护士人数为 30 人；第 6 班次时开始上班的医生和护士人数为 0 人。每天最少配备医生和护士人数为 150 人。

例 2-14 某企业生产 A、B、C 三种药物，三种药物需要从甲、乙、丙、丁四种原材料中提取。表 2-14 给出了单位原材料价格及可提取的药物量。要求：生产 A 种药物至少 160 单位，B 种药物恰好 200 单位，C 种药物不超过 180 单位。该企业如何安排生产，使原材料总成本最小？

表 2-14

原材料 \ 药物	A	B	C	单位成本（元／单位）
甲	1	2	3	5
乙	2	0	1	6
丙	1	4	1	7
丁	1	2	2	8

分析：假设 x_1，x_2，x_3，x_4 为四种原料的使用量，可建立如下数学模型。

目标函数：

$$\min z=5x_1+6x_2+7x_3+8x_4$$

约束条件：

$$\begin{cases} x_1+2x_2+x_3+x_4\geqslant 160 \\ 2x_1+4x_3+2x_4=200 \\ 3x_1+x_2+x_3+2x_4\leqslant 180 \\ x_1,\ x_2,\ x_3,\ x_4\geqslant 0 \end{cases}$$

解得 $x_1=0$，$x_2=55$，$x_3=50$，$x_4=0$，目标函数值 $z=680$。

得到生产最优方案：需要使用甲原材料 0 单位、乙原材料 55 单位、丙原材料 50 单位、丁原材料 0 单位，才能满足生产需求。原材料总成本为 680 元。

例 2-12 至例 2-14 的求解，既可依靠单纯形法进行手工计算，也可用计算机进行自动计算。当线性规划问题中决策变量的数量较多时，沿用手工计算已经不太现实。可以根据单纯形法原理，可以利用 Fortran、C++等程序语言编制小程序进行求解，也可以利用 Lingo、Lindo、Excel、Matlab 等来求解。利用这些软件求解线性规划问题，将使求解过程变得准确高效，但其依赖的计算原理，仍然是单纯形法。

Matlab 是美国 MathWorks 公司出品的商业数学软件。Matlab 求解线性规划问题非常方便，因其本身带有求解线性规划问题的库函数，不需要使用者自己编程。下面介绍其使用方法。

第一步，把线性规划数学模型化为 Matlab 语言下的求解形式。

线性规划问题的数学模型如式 2-24 所示：

$$\max(\min)\ \ z=CX$$

$$\text{s.t.}\quad AX=(\leqslant,\ \geqslant)b \qquad (2-24)$$
$$X\geqslant 0$$

其中：

$$C=(c_1,\ c_2,\ \cdots,\ c_n)$$

$$X=\begin{pmatrix} x_1 \\ x_2 \\ \vdots \\ x_n \end{pmatrix};\ b=\begin{pmatrix} b_1 \\ b_2 \\ \vdots \\ b_m \end{pmatrix};\ A=\begin{pmatrix} a_{11} & a_{12} & \cdots & a_{1n} \\ a_{21} & a_{22} & \cdots & a_{2n} \\ \vdots & \vdots & \cdots & \vdots \\ a_{m1} & a_{m2} & \cdots & a_{mn} \end{pmatrix}$$

在 Matlab 求解中所有的线性规划问题均化为如下的形式：

$$\begin{aligned} &\min z=f^T x \\ &\text{s.t. } A\cdot x\leqslant b \\ &A_{eq}\cdot x=b_{eq} \\ &lb\leqslant x\leqslant ub \end{aligned} \qquad (2-25)$$

利用 Matlab 自动求解与利用单纯形法手工计算的基本规则有所区别：

（1）Matlab 是对目标函数求极小。如果遇到对目标函数求极大的问题，在使用 Matlab 求解时，则需要在目标函数前面加负号，使其转化为对目标函数求极小的问题。

（2）Matlab 调用过程中的不等式约束形式为“≤”。如果在线性规划问题中出现“≥”形式的不等式约束，则需要在约束条件两边乘以“-1”，使其转化为“≤”的形式。如果在线性规划问题中出现“<”或者“>”的约束形式，则需要添加松弛变量，使不等式约束变为等式约束。

第二步，调用 Matlab 求解线性规划的库函数。

Matlab 求解线性规划函数有以下调用格式。

库函数 1：$X=linprog(f,\ A,\ b)$

该库函数调用格式解决的是含有线性不等式约束的线性规划问题，即：

$$\begin{cases} \min z=f^T x \\ \text{s.t. } Ax\leqslant b \end{cases}$$

库函数 2：$X=linprog(f,\ A,\ b,\ A_{eq},\ b_{eq})$

该库函数调用格式解决的是既含有线性等式约束，又含有线性不等式约束的线性规划问题。如果在线性规划问题中无线性不等式约束，则可以设 $A=[\ ]$ 以及 $b=[\ ]$。即：

$$\begin{cases}\min\ z=f^T x \\ \text{s. t.}\ \ Ax\leqslant b \\ \qquad A_{eq}x=b_{eq}\end{cases}$$

库函数 3：$x=linprog(f,\ A,\ b,\ A_{eq},\ b_{eq},\ lb,\ ub)$

该库函数在线性规划问题的求解过程中进一步考虑了对决策变量的约束，其中 lb 和 ub 均是下界和上界取值。如果问题中没有等式约束，则可以设 $A_{eq}=[\ ]$ 以及 $b_{eq}=[\ ]$。即：

$$\begin{cases}\min\ z=f^T x \\ \text{s. t.}\ \ Ax\leqslant b \\ \qquad A_{eq}x=b_{eq} \\ \qquad lb\leqslant x\leqslant ub\end{cases}$$

例 2-15 用 Matlab 求解线性规划问题。

$$\max\ z=x_1+x_2$$

$$\begin{cases}x_1-2x_2\leqslant 4 \\ x_1+2x_2\leqslant 8 \\ x_1,\ x_2\geqslant 0\end{cases}$$

分析：把线性规划问题转换为式 2-25 的形式。

$$\min\ z'=-x_1-x_2$$

$$\begin{cases}x_1-2x_2\leqslant 4 \\ x_1+2x_2\leqslant 8 \\ x_1,\ x_2\geqslant 0\end{cases}$$

在 Matlab 中输入：

f=[-1；-1]；（目标函数，为转化为极小，故取目标函数中决策变量的相反数）

A=[1 -2；1 2]；（线性不等式约束）

b=[4；8]；（右端常数项）

lb=[0；0]；（边界约束，由于无上界，故设置 *ub*=[*inf*；*inf*]，*inf* 在 Matlab 里表示无穷大）

ub=[*inf*；*inf*]；

[*X*，*fval*]=*linprog*(*f*，*A*，*b*，[ ]，[ ]，*lb*，*ub*)

Matlab 运行后，得出求解结果：

Optimization terminated.

$X=$

6.000 0

1.000 0

$fval=$

-7.000 0

即得：

最优解 $X^*=(6,\ 1)^T$

最优值 $z=7$

例 2-16　用 Matlab 求解线性规划问题。

$$\max z=3x_1-x_2-x_3$$

$$\begin{cases}x_1-2x_2+x_3\leqslant 11\\4x_1-x_2-2x_3\leqslant 3\\-2x_1+x_3=1\\x_j\geqslant 0\ (j=1,\ 2,\ 3)\end{cases}$$

分析：把线性规划问题转换为式 2-25 的形式。

$$\min z'=-3x_1+x_2+x_3$$

$$\begin{cases}x_1-2x_2+x_3\leqslant 11\\4x_1-x_2-2x_3\leqslant 3\\-2x_1+x_3=1\\x_j\geqslant 0\ (j=1,\ 2,\ 3)\end{cases}$$

在 Matlab 中输入：

f=[-3；1；1]；（目标函数，为转化为极小，故取目标函数中决策变量的相反数）

A=[1　-2　1；4　-1　-2]；（线性不等式约束）

b=[11；3]；

A_{eq}=[-2　0　1]；（线性等式约束）

b_{eq}=[1]；

lb=[0；0；0]；（变量的边界约束，由于无上界，故设置 ub=[inf；inf；inf]）

ub=[inf；inf；inf]；

$[X, fval] = linprog(f, A, b, A_{eq}, b_{eq}, lb, ub)$

Matlab 运行后，得出求解结果：

Optimization terminated.

$X=$

4.000 0

1.000 0

9.000 0

$fval=$

-2.000 0

即得：

最优解 $X^* = (4, 1, 9)^T$

最优值 $z=2$

本章小结

线性规划是运筹学研究较早、发展较快、应用广泛、发展较成熟的一个重要分支。它主要研究一项工作任务确定后，如何以最低成本完成任务，或是如何在现有资源条件下进行组织和安排，以产生最大效益。本章知识点及学习者需要掌握的程度如下图所示。

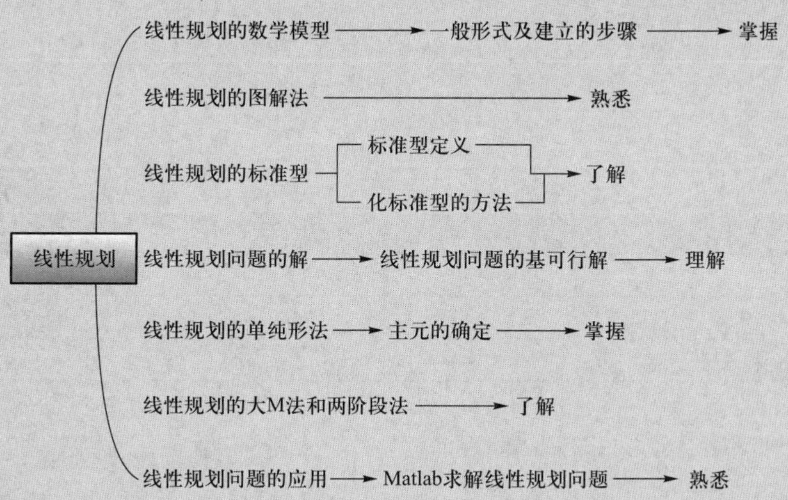

关键术语

线性规划（Linear Programming）

图解法（Graphic Method）

可行解（Feasible Solution）

初始基可行解（Initial Basic Feasible Solution）

最优解（Optimum Solution）

单纯形法（Simplex Algorithm）

大 M 法（Big M Method）

两阶段法（Two-stage Method）

复习思考题

1. 对于线性规划问题的标准形式，min $z=C^TX$，$AX=b$，$X\geqslant 0$，利用单纯形法求解时每作一次换基迭代，都能保证它相应的目标函数值 Z 必（　　）。

A. 增大　　B. 不减少　　C. 减小　　D. 不增大

2. 某厂生产 A、B、C 三种产品，需要 E、F 两种资源，其资源的需求量及产生利润如表 2-15 所示。如何确定产品生产计划，使产生的利润最大，列出线性规划模型，并用单纯形法进行求解，画出最终单纯形表。

表 2-15

资源＼生产产品	A	B	C	供应量（单位）
E	6	3	5	45
F	3	4	5	30
产品利润（元/件）	3	1	4	

3. 采用单纯形法求解线性规划问题的具体解题步骤往往包括：

① 将线性规划转化为标准型，求初始基可行解

② 非最优解时，确定换入变量

③ 检验、判断是否为最优解

④ 采用初等行变换，转化标准型

⑤ 非最优解时，确定换出变量

⑥ 重复迭代求解

以上步骤的正确顺序是（　　）。

A. ①③②④⑤⑥　　B. ①③②⑤④⑥

C. ①②③④⑤⑥　　D. ①②④③⑤⑥

4. 若线性规划问题的最优解唯一，则在最终单纯形表上（　　）。

A. 所有基变量的检验数为零

B. 所有变量的检验数为非负

C. 所有变量的检验数为非正

D. 以上答案全不正确

5. 线性规划问题的大 M 法和两阶段法在求解线性规划问题时，引入人工变量的目的是（　　）。

A. 使该模型存在可行解

B. 确定一个初始可行解

C. 使该模型标准化

D. 以上说法均不正确

6. 用图解法求解如下线性规划问题：

$$\max z = x_1 + 3x_2$$

$$\text{s. t.} \begin{cases} x_1 + x_2 \leqslant 6 \\ -x_1 + 2x_2 \leqslant 8 \\ x_1 \geqslant 0 \quad x_2 \geqslant 0 \end{cases}$$

7. 用单纯形法求解如下线性规划问题：

$$\max z = x_1 + x_2$$

$$\begin{cases} -2x_1 + x_2 \leqslant 4 \\ 2x_1 - 2x_2 \leqslant 4 \\ x_1,\ x_2 \geqslant 0 \end{cases}$$

8. 用 Matlab 求解下列线性规划问题：

$$\max z = 4x_1 - 2x_2 + x_3$$

$$\begin{cases} 2x_1-x_2+x_3\leqslant 12 \\ -8x_1+2x_2-2x_3\geqslant 8 \\ -2x_1+x_3=3 \\ x_1+x_2=7 \\ x_1,\ x_2,\ x_3\geqslant 0 \end{cases}$$

延伸阅读

［1］《运筹学》 教材编写组. 运筹学［M］. 3 版. 北京：清华大学出版社，2005.

［2］ Narendra Karmarkar at the Mathematics Genealogy Project.

［3］ 张干宗. 线性规划［M］. 2 版. 武汉：武汉大学出版社，2007.

［4］ Luenberger，D. G. Linear and Nonlinear Programming［M］. 北京：世界图书出版公司北京公司，2015.

［5］ 潘平奇. 线性规划计算［M］. 北京：科学出版社，2016.

［6］《数学辞海》 编辑委员会. 数学辞海［M］. 第五卷. 北京：中国科学出版社，2002.

［7］ 世界经济编辑部. 荣获诺贝尔奖经济学家［M］. 成都：四川人民出版社，1985.

［8］ 经济学动态编辑部. 当代外国著名经济学家［M］. 北京：中国社会科学出版社，1984.

［9］ 伯纳德・卡茨. 诺贝尔经济学奖获得者传记词典［M］. 北京：中国财政经济出版社，1991.

［10］ http：www. mathworks. com.

参考文献

［1］《数学辞海》 编辑委员会. 数学辞海［M］. 第五卷. 北京：中国科学出版社，2002.

[2] http://wiki.mbalib.com/（线性规划-MBA智库百科）.

[3] 世界经济编辑部. 荣获诺贝尔奖经济学家［M］. 成都：四川人民出版社，1985.

[4] 经济学动态编辑部. 当代外国著名经济学家［M］. 北京：中国社会科学出版社，1984.

[5] 伯纳德·卡茨. 诺贝尔经济学奖获得者传记词典［M］. 北京：中国财政经济出版社，1991.

[6]《运筹学》教材编写组. 运筹学［M］. 3版. 北京：清华大学出版社，2005：8-45.

[7] http://www.mathworks.com.

第三章　对偶理论

【本章导读】 对偶理论是以对偶问题为基础而产生的。何谓对偶问题？顾名思义，对同一问题（事物）从不同的立场（角度）进行观察所得的一对

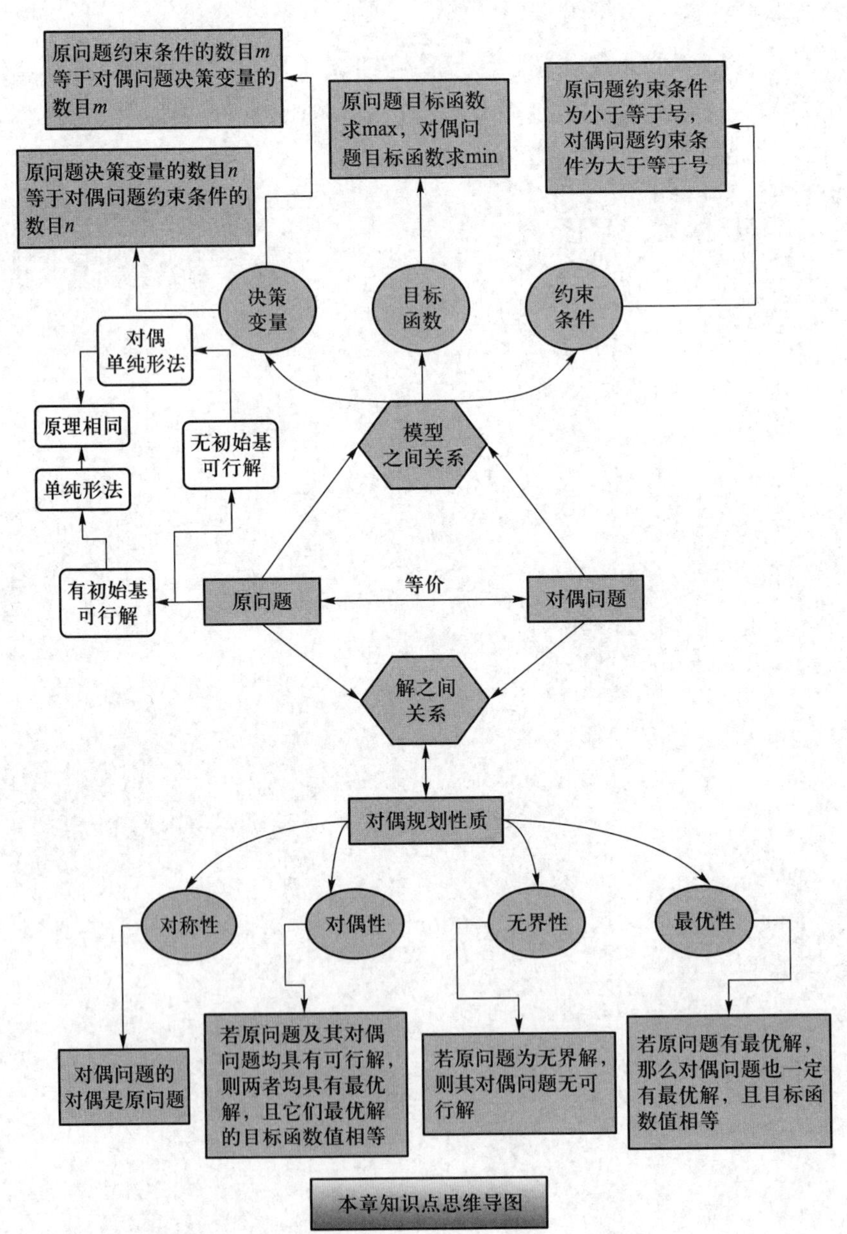

本章知识点思维导图

问题，则互称为对偶问题。例如，可以问：当四边形的周长一定时，什么形状的面积最大？答案是正方形。也可以这样问：当四边形的面积一定时，什么形状的周长最短？答案同样是正方形。科学中的对偶现象相当普遍，广泛存在于数学、物理、经济等诸多领域。

对偶问题是 1928 年美籍匈牙利数学家冯 · 诺依曼提出的，是线性规划早期发展中最重要的发现。实际生活中，每一个线性规划问题都有和它相伴随的另一个线性规划问题，如果其中一个问题被称为原问题（Primal Problem），则另一个问题可称为原问题的对偶问题（Dual Problem）。原问题与对偶问题之间有着非常密切的关系，以至于可以根据一个问题的最优解，得出另一个问题最优解的全部信息。当然，对偶理论不仅仅是揭示事物之间奇妙的对应关系，最主要的是它具有重要的应用价值。如它广泛应用于经济学中，研究经济学中相互确定的关系，例如，产出与成本的对偶关系、效用与支出的对偶关系等，涉及经济学中诸多方面。

本章知识点之间的逻辑关系可见思维导图。

3.1 对偶问题的提出

对偶问题是线性规划早期发展中最重要的发现。1928 年，冯 · 诺依曼在研究对策论时发现，对策论与线性规划之间存在密切联系，二人有限零和对策可表达成线性规划的原问题与对偶问题形式。1947 年，冯 · 诺依曼又提出对偶理论的概念，专门研究线性规划中原问题与对偶问题之间的关系。后来，库恩和塔克尔又进一步证明了对偶理论。1951 年，美国数学家丹兹格引用对偶理论求解线性规划的运输问题，研究出线性规划运输问题求解过程中检验数确定的位势法原理。1954 年，美国数学家 C. 莱姆基（C. Lamkey）提出对偶单纯形法（Dual simplex method）求解原问题的最优解问题。1956 年，哥德曼（Goldman A. J.）和塔克尔在前人研究的基础上，又对对偶理论进行了比较系统的梳理阐述，形成了完整的对偶理论体系。

视频：线性规划问题的对偶问题（收费资源）

对偶单纯形法是从满足对偶可行条件出发，通过迭代逐步搜索原始问题的最优解方法。它根据对偶原理和单纯形法原理而设计出来，与单纯形法一样，都是求解线性规划的一种基本方法。但它在求解线性规划最优解时，不像单纯形法在选取初始解时需满足初始解为基可行解的条件，对偶单纯形法只需要保证初始解对偶可行（目标函数为 min 时，检验数全部非负）即可。正是由于对偶单纯形法求解时要求较少，它已经成为管理决策中灵敏度分析的重要工具。

对偶问题可从经济学和数学等不同角度研究，本教材仅限于从经济学角度研究对偶问题。

例 3-1 某工厂拥有三种生产资源，分别是设备 A、B 和原材料 C。利用这些资源，可以生产Ⅰ、Ⅱ两种产品。由表 3-1 可知：每生产一件产品，需消耗多少资源，可获得多少收益，以及可投入的资源总量。

表 3-1

资源 产品	设备 A	设备 B	原材料 C	生产收益
产品Ⅰ	0 台时	6 台时	1 kg	2 元
产品Ⅱ	5 台时	2 台时	1 kg	1 元
资源总量	15 台时	24 台时	5 kg	

显然，生产单位数量的Ⅰ、Ⅱ所消耗的资源各不相同，而工厂的生产资源总量是有限的。在这样的约束条件下，工厂最关心的问题自然是：各应生产多少数量的Ⅰ和Ⅱ，才能使生产收益最大化？

假设，生产 x_1 数量的Ⅰ和 x_2 数量的Ⅱ，可使生产收益最大化，即：

$$\max z = 2x_1 + x_2$$

虽然 x_1、x_2 越大，则生产收益越大，但 x_1、x_2 也不能无限大，因为生产活动要受到资源总量的限制。因此，求解这一最大收益的线性规划模型为：

$$\max z = 2x_1 + x_2$$

$$\begin{cases} 5x_2 \leqslant 15 \\ 6x_1 + 2x_2 \leqslant 24 \\ x_1 + x_2 \leqslant 5 \\ x_1,\ x_2 \geqslant 0 \end{cases} \tag{3-1}$$

下面换个研究问题的角度。倘若工厂不是通过生产产品获利，而是通过转让或出租资源获利，这要考虑每种资源如何定价的问题。设 y_1、y_2 和 y_3 分别代表工厂对资源 A、B、C 的单位转让价，那么总的转让收益 $w = 15y_1 +$

$24y_2+5y_3$。

从工厂决策者来看，w 越大越好，但从接收者来看他的支付越少越好。因此，在转让活动中，工厂决策者最关心的问题是：以什么样的价格转让至少可以确保最低限度的收益？即：

$$\min\ w=15y_1+24y_2+5y_3$$

如何确定资源的最低转让价呢？显然不能简单套用这些资源当初的市场购买价。一个容易被各方认可的估价依据是：由于这些资源可以用于生产，这些资源的转让收益起码不能低于其当前的生产收益。因此：

$$\begin{cases}6y_2+y_3\geqslant 2\\5y_1+2y_2+y_3\geqslant 1\\y_1,\ y_2,\ y_3\geqslant 0\end{cases}$$

这样，就得到了求解最低转让收益的完整线性规划模型：

$$\min\ w=8y_1+16y_2+12y_3$$

$$\begin{cases}6y_2+y_3\geqslant 2\\5y_1+2y_2+y_3\geqslant 1\\y_1,\ y_2,\ y_3\geqslant 0\end{cases}\qquad(3-2)$$

将最大生产收益模型式 3-1 与最低转让收益模型式 3-2 加以比对，可以发现它们的形式是一致的，参数也是一一对应的（下节分析）。依靠建立式 3-1 所需要的信息（见表 3-1），可以充分完整地建立式 3-2，反过来也是如此。

式 3-1 是当资源价值一定，求解生产收益的最大值；式 3-2 是当生产价值一定，求解资源转让收益的最小值。式 3-2 求解的问题，正是从式 3-1 求解问题的不同角度提出的。两个数学模型本质上涉及的都是工厂的收益问题，从不同角度表达而已，实质上是一样的。

对上述分析做进一步的归纳和抽象，可以得出：实质相同但从不同角度提出的一对问题，若将其中一个问题称为线性规划的原问题，则将另一个问题称为原问题的对偶问题。

以上通过一个生产两种产品、消耗三种资源的特定经济案例，阐述了原问题的对偶问题。现将这一特例推广到一般，假设生产 n 种产品、消耗 m 种资源，从不同角度建立的原问题与对偶问题的数学模型表达形式为：

原问题 对偶问题

$$\max z=c_1x_1+c_2x_2+\cdots+c_nx_n \qquad \min w=b_1y_1+b_2y_2+\cdots+b_my_m$$

$$\text{s.t.}\begin{cases}a_{11}x_1+a_{12}x_2+\cdots+a_{1n}x_n\leqslant b_1\\ a_{21}x_1+a_{22}x_2+\cdots+a_{2n}x_n\leqslant b_2\\ \quad\vdots\\ a_{m1}x_1+a_{m2}x_2+\cdots+a_{mn}x_n\leqslant b_m\\ x_j\geqslant 0,\ (j=1,\ 2,\ \cdots,\ n)\end{cases} \qquad \text{s.t.}\begin{cases}a_{11}y_1+a_{21}y_2+\cdots+a_{m1}y_m\geqslant c_1\\ a_{12}y_1+a_{22}y_2+\cdots+a_{m2}y_m\geqslant c_2\\ \quad\vdots\\ a_{1n}y_1+a_{2n}y_2+\cdots+a_{mn}y_m\geqslant c_n\\ y_i\geqslant 0,\ (i=1,\ 2,\ \cdots,\ m)\end{cases} \tag{3-3}$$

写成矩阵形式，则为：

原问题 对偶问题

$$\max z=CX \qquad \min w=Yb$$

$$\text{s.t.}\begin{cases}AX\leqslant b\\ X\geqslant 0\end{cases} \Rightarrow \text{s.t.}\begin{cases}YA\geqslant C\\ Y\geqslant 0\end{cases}$$

需要补充的是：从对偶问题的提出可知，对偶决策变量 y_i，代表的是对第 i 种资源的估价。这种估价不是资源的市场价格，而是根据资源在生产中的贡献所给出的一种价值判断。为了将该估价与市场价格相区别，称其为影子价格（Shadow Price）。

3.2 原问题与对偶问题的关系

原问题的标准形式是：

$$\max z=c_1x_1+c_2x_2+\cdots+c_nx_n$$

$$\begin{bmatrix}a_{11} & a_{12} & \cdots & a_{1n}\\ \vdots & \vdots & & \vdots\\ a_{m1} & a_{m2} & \cdots & a_{mn}\end{bmatrix}\begin{bmatrix}x_1\\ x_2\\ \vdots\\ x_n\end{bmatrix}\leqslant\begin{bmatrix}b_1\\ b_2\\ \vdots\\ b_m\end{bmatrix}$$

$$x_1,\ x_2,\ \cdots,\ x_n\geqslant 0$$

对偶问题的标准形式是：

$$\min \omega=y_1b_1+y_2b_2+\cdots+y_mb_m$$

$$[y_1 \quad y_2 \quad \cdots \quad y_m]\begin{bmatrix} a_{11} & a_{12} & \cdots & a_{1n} \\ \vdots & \vdots & & \vdots \\ a_{m1} & a_{m2} & \cdots & a_{mn} \end{bmatrix} \geqslant [c_1 \quad c_2 \quad \cdots \quad c_n]$$

$$y_1, y_2, \cdots, y_m \geqslant 0$$

原问题与对偶问题之间的关系可以用表 3-2 表示。

表 3-2

x_i / y_j	x_1	x_2	…	x_n	原关系	min ω
y_1	a_{11}	a_{12}	…	a_{1n}	≤	b_1
y_2	a_{21}	a_{22}	…	a_{2n}	≤	b_2
⋮	⋮	⋮		⋮	⋮	⋮
y_m	a_{m1}	a_{m2}	…	a_{mn}	≤	b_m
对偶关系	≥	≥	…	≥	max z=min ω	
max z	c_1	c_2	…	c_m		

表 3-2 将原问题与对偶问题的关系汇总于一个表中，正常看是原问题，转 90 度看是对偶问题。这些对应关系可概括为：

（1）原问题目标函数求 max，对偶问题目标函数求 min；

（2）原问题约束条件的数目 m 等于对偶问题决策变量的数目 m；

（3）原问题决策变量的数目 n 等于对偶问题约束条件的数目 n；

（4）原问题的价值系数 c 成为对偶问题的资源系数 c；

（5）原问题的资源系数 b 成为对偶问题的价值系数 b；

（6）原问题的技术系数矩阵与对偶问题的技术系数矩阵互为转置；

（7）原问题约束条件为小于等于号，对偶问题约束条件为大于等于号；

（8）原问题决策变量大于等于零，对偶问题决策变量大于等于零。

在实际应用中，原问题数学模型肯定不会如此理想，一般都是既含有“≤”不等式，也含有“≥”“=”等形式的线性规划问题。它们的对偶问题应该怎么求?

例 3-2 试求下面线性规划问题的对偶问题：

$$\max z = x_1 + 2x_2 + 3x_3$$

$$\begin{cases} x_1 + x_2 + x_3 \leqslant 4 \\ x_1 - 2x_2 + 3x_3 \geqslant 5 \\ x_1 + 2x_2 - 3x_3 = 6 \\ x_1,\ x_2,\ x_3 \geqslant 0 \end{cases}$$

解：首先将其转化成标准形式，即式 3-1 的形式。

将第二个不等式两边同乘“-1”，可得：

$$-x_1 + 2x_2 - 3x_3 \leqslant -5$$

将第三个等式表示成等价的两个不等式，可得：

$$x_1 + 2x_2 - 3x_3 \leqslant 6$$

$$x_1 + 2x_2 - 3x_3 \geqslant 6$$

将 $x_1 + 2x_2 - 3x_3 \geqslant 6$ 两边同乘“-1”，可得：

$$-x_1 - 2x_2 + 3x_3 \leqslant -6$$

于是此问题的标准形式为：

$$\max z = x_1 + 2x_2 + 3x_3$$

$$\begin{cases} x_1 + x_2 + x_3 \leqslant 4 \\ -x_1 + 2x_2 - 3x_3 \leqslant -5 \\ x_1 + 2x_2 - 3x_3 \leqslant 6 \\ -x_1 - 2x_2 + 3x_3 \leqslant -6 \\ x_1,\ x_2,\ x_3 \geqslant 0 \end{cases}$$

利用上述标准形式的原问题与其对偶问题的对应关系，可写出其对偶问题为：

$$\min w = 4z_1 - 5z_2 + 6z_3 - 6z_4$$

$$\begin{cases} z_1 - z_2 + z_3 - z_4 \geqslant 1 \\ z_1 + 2z_2 + 2z_3 - 2z_4 \geqslant 2 \\ z_1 - 3z_2 - 3z_3 + 3z_4 \geqslant 3 \\ z_1,\ z_2,\ z_3,\ z_4 \geqslant 0 \end{cases}$$

令 $y_1 = z_1$，$y_2 = -z_2$，$y_3 = z_3 - z_4$ 有：

$$\min w = 4y_1 + 5y_2 + 6y_3$$

$$\begin{cases} y_1+y_2+y_3 \geqslant 1 \\ y_1-2y_2+2y_3 \geqslant 2 \\ y_1+3y_2-3y_3 \geqslant 3 \\ y_1 \geqslant 0,\ y_2 \leqslant 0,\ y_3\ \text{无约束} \end{cases}$$

此例反映出原问题约束条件不等号的方向，决定了对偶决策变量取值的正负。原问题约束条件取等号，那么与之对应的对偶变量取值无约束；原问题（max）约束条件取小于等于号，那么与之对应的对偶变量取值非负；原问题（max）约束条件取大于等于号，那么与之对应的对偶变量取值非正。这些对应关系虽然体现在这一特例中，但它们具有普遍的意义，这将在后续章节中加以证明。

例 3-3 试求下面线性规划问题的对偶问题：

$$\max\ z=x_1+2x_2+3x_3$$

$$\begin{cases} x_1+x_2+x_3 \leqslant 4 \\ x_1-2x_2+3x_3 \leqslant 5 \\ x_1+2x_2-3x_3 \leqslant 6 \\ x_1 \geqslant 0,\ x_2 \leqslant 0,\ x_3\ \text{无约束} \end{cases}$$

解：首先将其转化成标准形式，即式 3-1 的形式。

令 $x_1=z_1$，$x_2=-z_2$，$x_3=z_3-z_4$（$z_3 \geqslant 0$，$z_4 \geqslant 0$）有：

$$\max\ w=z_1-2z_2+3z_3-3z_4$$

$$\begin{cases} z_1-z_2+z_3-z_4 \leqslant 4 \\ z_1+2z_2+3z_3-3z_4 \leqslant 5 \\ z_1-2z_2-3z_3+3z_4 \leqslant 6 \\ z_1,\ z_2,\ z_3,\ z_4 \geqslant 0 \end{cases}$$

利用标准形式的对偶关系，可写出其对偶问题：

$$\min\ w=4y_1+5y_2+6y_3$$

$$\begin{cases} y_1+y_2+y_3 \geqslant 1 \\ -y_1+2y_2-2y_3 \geqslant -2 \\ y_1+3y_2-3y_3 \geqslant 3 \\ -y_1-3y_2+3y_3 \geqslant -3 \\ y_1,\ y_2,\ y_3 \geqslant 0 \end{cases}$$

将第二个不等式两边同乘“-1”得：

$$y_1-2y_2+2y_3\leqslant 2$$

将第三和第四个不等式合并成等价的约束：

$$y_1+3y_2-3y_3=3$$

于是原问题的对偶问题为：

$$\min w=4y_1+5y_2+6y_3$$

$$\begin{cases} y_1+y_2+y_3\geqslant 1 \\ y_1-2y_2+2y_3\leqslant 2 \\ y_1+3y_2-3y_3=3 \\ y_1,\ y_2,\ y_3\geqslant 0 \end{cases}$$

此例反映出原问题决策变量的取值，决定其对偶约束条件不等号的方向。原问题决策变量取值无约束，其相应的对偶约束条件取等号；原问题（max）决策变量取值非负，那么与之对应的对偶约束条件取大于等于号；原问题（max）决策变量取值非正，那么与之对应的对偶约束条件取小于等于号。这些对应关系也同样具有普遍意义，后面将加以证明。

前面讨论的都是 $AX\leqslant b$ 的情形，下面讨论 $AX\geqslant b$ 的情形。

原问题为：

$$\begin{cases} \max\ z=CX \\ \text{s. t. }\ AX\geqslant b \\ \qquad X\geqslant 0 \end{cases}$$

通过证明，可以得到对偶问题为：$\begin{cases} \min\ w=Yb \\ \text{s. t. }\ YA\geqslant C \\ \qquad Y\leqslant 0 \end{cases}$

证明：把原问题化为标准形式，即可写出其对偶问题。

$$\begin{cases} \max\ z=CX \\ \text{s. t. }\ AX\geqslant b \\ \qquad X\geqslant 0 \end{cases} \Rightarrow \begin{cases} \max\ z=CX \\ \text{s. t. }\ -AX\leqslant -b \\ \qquad X\geqslant 0 \end{cases} \Rightarrow \begin{cases} \min\ w=-Y'b \\ \text{s. t. }\ -Y'A\geqslant C \\ \qquad Y'\geqslant 0 \end{cases}$$

令 $Y=-Y'$，得到原问题的对偶问题，即：

原问题　　　　对偶问题

$$\begin{cases} \max\ z=CX \\ \text{s. t. }\ AX\geqslant b \\ \qquad X\geqslant 0 \end{cases} \Rightarrow \begin{cases} \min\ w=Yb \\ \text{s. t. }\ YA\geqslant C \\ \qquad Y\leqslant 0 \end{cases}$$

上述原问题与对偶问题，约束条件只含有不等式，可称之为对称形式对偶问题，而约束条件是等式的，可称之为非对称形式对偶问题。下面简要讨论非对称形式对偶问题。

原问题为：

$$\max z = CX$$
$$AX = b$$
$$X \geqslant 0$$

通过证明，可以得到对偶问题为：

$$\min w = Yb$$
$$\begin{cases} YA \geqslant C \\ Y \text{ 无约束} \end{cases}$$

证明：

$$\begin{matrix} \max z = CX \\ AX = b \\ X \geqslant 0 \end{matrix} \Leftrightarrow \begin{cases} \max z = CX \\ AX \leqslant b \\ AX \geqslant b \\ X \geqslant 0 \end{cases} \Rightarrow \begin{cases} \max z = CX \\ \begin{bmatrix} A \\ -A \end{bmatrix} X \leqslant \begin{bmatrix} b \\ -b \end{bmatrix} \\ X \geqslant 0 \end{cases}$$

根据对称形式的对偶模型，可直接写出上述问题的对偶问题。

$$\begin{matrix} \min w = (Y_1,\ Y_2) \cdot \begin{bmatrix} b \\ -b \end{bmatrix} \\ \begin{cases} (Y_1,\ Y_2) \cdot \begin{bmatrix} A \\ -A \end{bmatrix} \geqslant C \\ Y_1 \geqslant 0,\ Y_2 \geqslant 0 \end{cases} \end{matrix} \Rightarrow \begin{cases} \min w = (Y_1 - Y_2) \cdot b \\ (Y_1 - Y_2) \cdot A \geqslant C \\ Y_1 \geqslant 0,\ Y_2 \geqslant 0 \end{cases}$$

令 $Y = Y_1 - Y_2$，得对偶问题为：

$$\Rightarrow \begin{cases} \min w = Yb \\ YA \geqslant C \\ Y \text{ 无约束} \end{cases}$$

综上所述，线性规划的原问题与对偶问题的对应关系与变换形式可归纳为表 3-3。

表 3-3

<table>
<tr><th colspan="2">原问题</th><th colspan="2">对偶问题</th></tr>
<tr><th colspan="2">目标函数 max z</th><th colspan="2">目标函数 min ω</th></tr>
<tr><td rowspan="4">约束条件</td><td>m 个</td><td>m 个</td><td rowspan="4">决策变量</td></tr>
<tr><td>$\leqslant$</td><td>$\geqslant 0$</td></tr>
<tr><td>$\geqslant$</td><td>$\leqslant 0$</td></tr>
<tr><td>=</td><td>无约束</td></tr>
<tr><td rowspan="4">决策变量</td><td>n 个</td><td>n 个</td><td rowspan="4">约束条件</td></tr>
<tr><td>$\geqslant 0$</td><td>$\geqslant$</td></tr>
<tr><td>$\leqslant 0$</td><td>$\leqslant$</td></tr>
<tr><td>无约束</td><td>=</td></tr>
<tr><td colspan="2">约束条件右端项 b</td><td colspan="2">目标函数变量的价值系数 b^T</td></tr>
<tr><td colspan="2">目标函数变量的价值系数 C</td><td colspan="2">约束条件右端项 C^T</td></tr>
<tr><td colspan="2">约束条件系数矩阵 A</td><td colspan="2">约束条件系数矩阵 A^T</td></tr>
</table>

3.3 对偶问题的基本性质

通过以下例子讨论对偶问题的基本性质。

例 3-4 原问题为：

$$\max z = 2x_1 + 3x_2$$

$$\begin{cases} x_1 + 2x_2 \leqslant 8 \\ 4x_1 \leqslant 16 \\ 4x_2 \leqslant 12 \\ x_1,\ x_2 \geqslant 0 \end{cases}$$

解：将数学模型转化为单纯形法的标准形式。

$$\max z = 2x_1 + 3x_2 + 0x_3 + 0x_4 + 0x_5$$

$$\begin{cases} x_1 + 2x_2 + x_3 = 8 \\ 4x_1 + x_4 = 16 \\ 4x_2 + x_5 = 12 \\ x_1,\ x_2,\ x_3,\ x_4,\ x_5 \geqslant 0 \end{cases}$$

得出最终单纯形表为表 3-4。

视频：对偶问题的基本性质（收费资源）

表 3-4

$C_j\longrightarrow$			2	3	0	0	0	θ
C_B	X_B	b	x_1	x_2	x_3	x_4	x_5	
2	x_1	4	1	0	0	1/4	0	—
0	x_5	4	0	0	−2	1/2	1	**4**
3	x_2	2	0	1	1/2	−1/8	0	12
c_j-z_j			0	0	−3/2	−1/8	**0**	检验数行

上述模型，写出对偶问题并转化为标准形式为：

$$\min\ w=8y_1+16y_2+12y_3$$

$$\begin{cases}y_1+4y_2-y_4=2\\2y_1+4y_3-y_5=3\\y_1,\ y_2,\ y_3,\ y_4,\ y_5\geqslant 0\end{cases}$$

分别将第一、第二个约束条件方程两端乘“−1”得：

$$-y_1-4y_2+y_4=-2$$

$$-2y_1-4y_3+y_5=-3$$

y_4，y_5 为单位列向量，分别以 y_4，y_5 为基变量构造初始单纯形表，见表 3-5。

表 3-5

c_j		8	16	12	0	0	b
C_B	Y_B	y_1	y_2	y_3	y_4	y_5	
0	y_4	−1	−4	0	1	0	−2
0	y_5	−2	0	−4	0	1	−3
σ_j		8	16	12	0	0	

利用对偶单纯形法（下一节将作详细介绍）求解一步可得表 3-6。

表 3-6

c_j		8	16	12	0	0	b
C_B	Y_B	y_1	y_2	y_3	y_4	y_5	
0	y_4	−1	−4	0	1	0	−2
12	y_3	1/2	0	1	0	−1/4	3/4
σ_j		2	16	0	0	3	

再利用对偶单纯形法求解一步可得表 3-7。

表 3-7

c_j		8	16	12	0	0	b
C_B	Y_B	y_1	y_2	y_3	y_4	y_5	
8	y_1	1	4	0	−1	0	2
12	y_3	0	−2	1	1/2	−1/4	−1/4
σ_j		0	8	0	2	3	

再利用对偶单纯形法求解一步可得表 3-8 所示的最终单纯形表。

表 3-8

c_j		8	16	12	0	0	b
C_B	Y_B	y_1	y_2	y_3	y_4	y_5	
8	y_1	1	0	2	0	−1/2	3/2
16	y_2	0	1	−1/2	−1/4	1/8	1/8
σ_j		0	0	4	4	2	$w=14$

将表 3-4 与表 3-5 至表 3-8 加以对照，不难得出原问题检验数对应其对偶问题基解的结论，对应关系见表 3-9。

表 3-9

	基变量 X_B	非基变量 X_N	松弛变量 X_S
检验数	0	$C_N-C_BB^{-1}N$	$-C_BB^{-1}$
对偶变量	Y_{S1}	$-Y_{S2}$	$-Y$

这里 Y_{S1} 对应原问题中基变量 X_B 的剩余变量，Y_{S2} 对应原问题中非基变量 X_N 的剩余变量。对此当然可以加以证明（证明留给读者，或见本章参考文献）。

例 3-5 原问题为：

$$\max z=2x_1+x_2$$

$$\text{s.t. } 5x_2\leqslant 15$$

$$6x_1+2x_2\leqslant 24$$

$$x_1+x_2\leqslant 5$$

$$x_1,\ x_2\geqslant 0$$

解：从原问题得到对偶问题为：

$$\min\ w=15y_1+24y_2+5y_3$$

$$\begin{cases}6y_2+y_3\geqslant 2\\5y_1+2y_2+y_3\geqslant 1\\y_1,\ y_2,\ y_3\geqslant 0\end{cases}$$

将原问题化为极小化问题，最终单纯形表见表 3-10。得到原问题的最优解为 $x_1=7/2$，$x_2=3/2$，最优值 $z=17/2$。

表 3-10

c_j			-2	-1	0	0	0	θ
C_B	X_B	b	x_1	x_2	x_3	x_4	x_5	
0	x_3	15/2	0	0	1	5/4	-15/2	
-2	x_1	7/2	1	0	0	1/4	-1/2	
-1	x_2	3/2	0	1	0	-1/4	3/2	
$\sigma_j=c_j-z_j$			0	0	0	1/4	1/2	检验数行

对偶问题用两阶段法求解，最终单纯形表见表 3-11。得到对偶问题的最优解为 $y_1=0$，$y_2=1/4$，$y_3=1/2$，最优值 $\omega=17/2$。

表 3-11

c_j			15	24	5	0	0	θ
C_B	Y_B	b	y_1	y_2	y_3	y_4	y_5	
24	y_2	1/4	-5/4	1	0	-1/4	1/4	
5	y_3	1/2	15/2	0	1	1/2	-3/2	
$\sigma_j=c_j-z_j$			15/2	0	0	7/2	3/2	检验数行

对此可见，利用单纯形法求解线性规划进行迭代时，在 b 列得到的是原问题的一个基可行解，而在检验数行得到的是对偶问题的一个基解。正是因为原问题与对偶问题的实质是一样的，故在求出一个问题解的同时，也得到了另一个问题的解。

现设原问题为式 3-4，对偶问题为式 3-5：

$$\max\ z=CX$$
$$\text{s.t.}\quad AX\leqslant b \qquad (3-4)$$
$$X\geqslant 0$$

$$\min\ w=Yb$$
$$\text{s.t.}\quad YA\geqslant C \qquad (3-5)$$
$$Y\geqslant 0$$

现给出原问题与对偶问题的基本性质：

1. 对称性定理

定理：对偶问题的对偶是原问题。

2. 弱对偶性定理

若$\overline{X}$和$\overline{Y}$分别是原问题式 3-4 及对偶问题式 3-5 的可行解，则有 $C\overline{X}\leqslant\overline{Y}b$。

证明：

$$\left.\begin{aligned}A\overline{X}\leqslant b\Rightarrow\overline{Y}A\overline{X}\leqslant\overline{Y}b\\ \overline{Y}A\geqslant C\Rightarrow\overline{Y}A\overline{X}\geqslant C\overline{X}\end{aligned}\right\}\Rightarrow C\overline{X}\leqslant\overline{Y}A\overline{X}\leqslant\overline{Y}b$$

3. 最优性定理

若 X^* 和 Y^* 分别是式 3-4 和式 3-5 的可行解，且有 $CX^*=Y^*b$，则 X^*，Y^* 分别是式 3-4 和式 3-5 的最优解。

4. 强对偶性定理

若原问题及其对偶问题均具有可行解，则两者均具有最优解，且它们最优解的目标函数值相等。

5. 无界性定理

若原问题为无界解，则其对偶问题无可行解。

6. 互补松弛性定理

若 X^* 和 Y^* 分别是式 3-4 和式 3-5 的可行解，X_S 和 Y_S 分别是式 3-4 和式 3-5 的松弛变量，则 $Y^*X_S=0$ 和 $Y_SX^*=0$ 的充分必要条件是 X^*，Y^* 为式 3-4 和式 3-5 的最优解。

以上定理证明见本章参考文献。

3.4 对偶单纯形法

综上所述，利用单纯形法求解线性规划进行迭代时，在 b 列得到的是原问题的一个基可行解，而在检验数行得到的是对偶问题的一个基解。在保持 b 列是原问题的基可行解的前提下，通过迭代使检验数行逐步成为对偶问题的基可行解，根据前述性质可知即得到了原问题与对偶问题的最优解。根据对偶问题的对称性，如果将“对偶问题”看成“原问题”，那么“原问题”便成为“对偶问题”，因此也可这样考虑，在保持检验数行是对偶问题的基可行解的前提下，原问题在非可行解基础上通过迭代使 b 列逐步成为原问题的基可行解，这样也得到了原问题的最优解。

这种在对偶可行解的基础上进行的单纯形法，即为对偶单纯形法。其优点是原问题的初始解不要求是基可行解，可以从非可行的基解开始迭代，从而省去了引入人工变量的麻烦。当然对偶单纯形法的应用也是有前提条件的，这一前提条件就是对偶问题的解是基可行解，也就是说原问题（目标函数为 min）所有变量的检验数必须非负。由此可见应用对偶单纯形法的前提条件也十分苛刻。随着计算机软件技术的迅速发展，直接应用对偶单纯形法求解线性规划问题并不多见，对偶单纯形法重要的作用就是为经济学中的灵敏度分析提供工具。

对偶单纯形法的计算步骤如下：

（1）根据线性规划问题列出初始单纯形表，要求检验数非负（目标函数为 min），而对资源系数列向量 b 无非负的要求。若 b 非负，则已得到最优解；若 b 列还存在负分量，转入下一步。

（2）选择出基变量。在 b 列的负分量中选取绝对值最大的分量 $\min\{b_i \mid b_i<0\}$，该分量所在的行称为主行，主行所对应的基变量即为出基变量。

（3）选择入基变量。若主行中所有的元素均为非负，则问题无可行解；若主行中存在负元素，计算 $\theta=\min\left\{\dfrac{\sigma_j}{-a_{ij}}\middle| a_{ij}<0\right\}$（这里的 a_{ij} 为主行中的元素），最小比值发生的列所对应的变量即为入基变量。

（4）迭代运算。同单纯形法一样，对偶单纯形法的迭代过程也是以主元素为轴所进行的旋转运算。

（5）重复（1）~（4）步，直到问题得到解决。

例 3-6 用对偶单纯形法求解下述线性规划问题：

$$\begin{cases}\min\ w=x_1+4x_2+3x_4\\ x_1+2x_2-x_3+x_4\geqslant 3\\ -2x_1-x_2+4x_3+x_4\geqslant 2\\ x_1,\ x_2,\ x_3,\ x_4\geqslant 0\end{cases}$$

解：引入松弛变量，转换成标准形式：

$$\begin{cases}\min\ w=x_1+4x_2+3x_4\\ x_1+2x_2-x_3+x_4-x_5=3\\ -2x_1-x_2+4x_3+x_4-x_6=2\\ x_1,\ x_2,\ x_3,\ x_4,\ x_5,\ x_6\geqslant 0\end{cases}$$

将第一、第二约束条件方程两端同乘“-1”，取 x_5 和 x_6 为基变量，可得表 3-12 所示的初始单纯形表，完成第一步。

表 3-12

c_j		1	4	0	3	0	0	b
C_B	X_B	x_1	x_2	x_3	x_4	x_5	x_6	
0	x_5	−1	−2	1	−1	1	0	−3
0	x_6	2	1	−4	−1	0	1	−2
σ_j		1	4	0	3	0	0	$w=0$

表 3-12 给出了原问题一个非可行的基解 $X^{(0)}=(0,\ 0,\ 0,\ 0,\ -3,\ -2)^T$，转入第二步。

$\min\{-3,\ -2\}=-3$，所以第一行为主行，x_5 为出基变量，转入第三步。

$\theta=\min\left\{\dfrac{1}{-(-1)},\ \dfrac{4}{-(-2)},\ -,\ \dfrac{3}{-(-1)},\ -,\ -\right\}=1$，最小比值发生在第一列，故 x_1 为入基变量，转入第四步。

迭代过程为：① 主行除以主元素“-1”，目的是将主元素转换为“1”；② 主行乘“-2”加入第二行，目标是将与主元素同列的元素变为“0”。迭代结果见表 3-13。

表 3-13

c_j		1	4	0	3	0	0	b
C_B	X_B	x_1	x_2	x_3	x_4	x_5	x_6	
1	x_1	1	2	−1	1	−1	0	3
0	x_6	0	−3	−2	−3	2	1	−8
σ_j		0	2	1	2	1	0	$w=3$

因 b 列仍然存在负分量，所以需要继续迭代。同前可知，x_6 为出基变量，x_3 为入基变量，迭代结果见表 3-14。

表 3-14

c_j		1	4	0	3	0	0	b
C_B	X_B	x_1	x_2	x_3	x_4	x_5	x_6	
1	x_1	1	7/2	0	5/2	−2	−1/2	7
0	x_3	0	3/2	1	3/2	−1	−1/2	4
σ_j		0	1/2	0	1/2	2	1/2	$w=7$

表 3-14 的 b 列已经不存在负分量，故表 3-14 给出了此问题的最优解 $X^*=(7,\ 0,\ 4,\ 0,\ 0,\ 0)^T$，最优值 $Z^*=7$。

从以上求解过程可以看出，对偶单纯形法有以下优点：

（1）初始解可以是非可行解，当检验数都为非负时（目标函数为 min），就可以进行基变换，不需要加入人工变量，简化了计算。

（2）当变量多于约束条件时，用对偶单纯形法计算可减少计算工作量。

（3）在灵敏度分析及求解整数规划的割平面法中需要用对偶单纯形法，以使问题的处理更加简单（后面章节将加以介绍）。

当然对偶单纯形法也有其局限性，因为对于大多数线性规划问题，很难找到一个初始可行基，所以很少单独使用此法求解线性规划问题。

本章小结

每一个线性规划问题，都有一个与它对应的对偶线性规划问题。对偶问题是原问题的另一种表现形式，实质一样。对偶理论是研究原问题与对偶问题之间关系的理论，是线性规划理论早期发展中最重要的发现，因为它为判别线性规划问题是否有最优解提供了便捷的工具。同时，用单纯形法求解线性规划问题时，初始解必须是基可行解，而用对偶单纯形法求解线性规划问题时，初始解可以是非可行解。

本章知识点及学习者需要掌握的程度如下图所示。

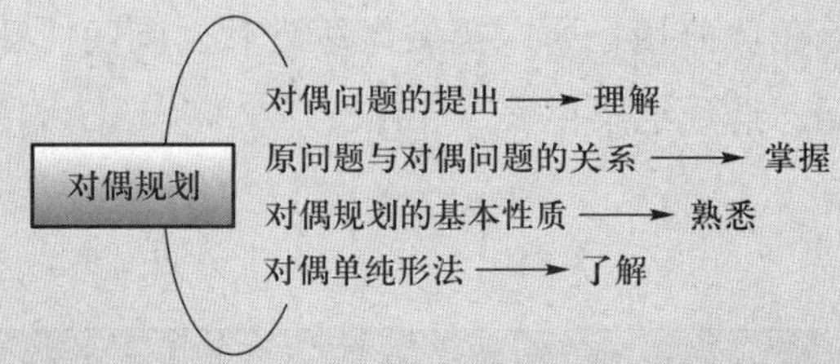

关键术语

原问题（Primal Problem）

对偶问题（Dual Problem）

对偶规划（Dual Programming）

对偶单纯形法（Dual Simplex Method）

影子价格（Shadow Price）

复习思考题

1. 对于线性规划问题的对偶问题，下述说法正确的是（　　）。

A. 当原规划目标函数为最大化，其对偶规划目标函数为最小化

B. 若原规划为 n 个约束 m 个变量，那么对偶规划为 m 个约束 n 个变量

C. 若原规划 n 个约束条件都非负，那么对偶规划 n 个变量也都非负

D. 若原规划 m 个变量都为自由变量，那么对偶规划 m 个约束条件都必须是等式

2. 对任一线性规划问题，下述说法正确的是（　　）。

A. 当原规划为无界解时其对偶规划无可行解

B. 对偶规划和原规划的最优值必相等（如存在的话）

C. 对偶规划和原规划的最优解必相同（如存在的话）

D. $\{(x_1, x_2) \mid x_1+x_2 \leqslant 1\}$ 是凸集

3. 求如下线性规划的对偶规划：

$$\min z=0.4x_1+0.6x_2$$

$$\begin{cases} 4x_1+3x_2 \leqslant 24 \\ 2x_1+6x_2 \leqslant 27 \\ x_1 \leqslant 5 \\ x_1, x_2 \geqslant 0 \end{cases}$$

4. 用对偶单纯形法求解：

$$\min w=2x_1+3x_2+4x_3$$

$$\begin{cases} x_1+2x_2+x_3 \geqslant 3 \\ 2x_1-x_2+3x_3 \geqslant 4 \\ x_1, x_2, x_3 \geqslant 0 \end{cases}$$

延伸阅读

《运筹学》教材编写组. 运筹学［M］. 3 版. 北京：清华大学出版社，2005：47-77.

参考文献

《运筹学》教材编写组. 运筹学［M］. 3 版. 北京：清华大学出版社，2005：47-77.

第四章　运输问题

【本章导读】 运输问题（Transportation Problem，TP）是一类具有特殊结构的线性规划问题。它是研究如何把各种物资从若干个生产基地运至若干个消费地点而使总运费最小的问题。

从理论上讲，运输问题可用单纯形法来求解，但由于运输问题的数学模

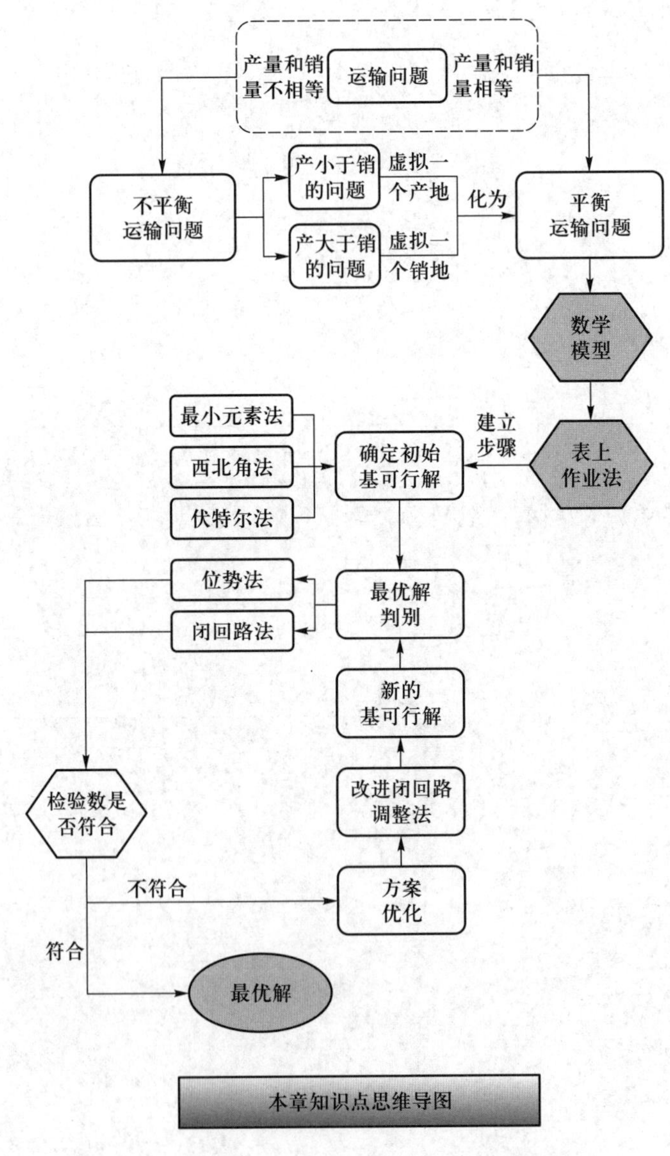

本章知识点思维导图

型具有一定的特殊结构，其约束方程系数矩阵的所有子行列式为 0、1 或 -1，因此可采用比一般单纯形法更简便高效的求解方法——表上作业法。表上作业法比单纯形法节约计算的时间与成本，但表上作业法的实质仍是单纯形法。

本章知识点之间的逻辑关系可见思维导图。

4.1 运输问题概述

随着社会经济的迅速发展，经常会遇到粮食、蔬菜、钢材、电器、电商快递等大宗物资的调运问题。根据已有的交通网络，如何制订调运方案，从若干个生产基地调运物资到若干个消费地点，使总的运费达到最小的问题称为运输问题。

运输问题是一类应用广泛但又相对专门化的线性规划问题。在线性规划的一般理论和单纯形法出现之前，苏联数学家康托洛维奇（L. V. Kantorovich）和美国数学家希奇柯克（F. L. Hitchcock）已经研究了运输问题，因此运输问题又被称为“康—希问题”。1941 年，希奇柯克在研究生产组织和铁路运输方面的线性规划问题时提出了运输问题的数学模型。后来，库普曼斯（T. C. Koopmans）在 1947 年又单独进行研究，提出运输问题，并进行了详细讨论。可以说运输问题催生了线性规划理论，推动了线性规划理论的深入应用，属于线性函数在约束条件下的最优化问题。

希奇柯克

运输问题的数学模型是线性规划模型，当然可以用单纯形法求解。但运输问题数学模型的系数矩阵又具有一定的特殊结构，即由“1”和“0”两个元素构成。因此，学界认为，应该可以找到一种比一般单纯形法更简便高效的求解方法。为此，运筹学工作者对运输问题的求解方法进行了大量研究，取得了丰富的成果。1951 年，丹兹格（G. B. Dantzig）将这些解法梳理完善，修改为比较简单易用的表上作业法。表上作业法就是运用单纯形法的思路，通过列表的方式求解运输问题的数学模

库普曼斯

型。1958 年，我国运筹学研究者在应用单纯形法解决粮食合理运输问题时遇到困难，他们在管梅谷教授带领下创立了运输问题的图上作业法，即在运输图上求解线性规划运输问题的方法。这些求解方法的本质都是单纯形法。

4.2 运输问题的数学模型

例 4-1 某公司生产并销售某种产品。公司下设 A_1、A_2、A_3三个生产厂和 B_1、B_2、B_3、B_4四个销售点，公司每天把三个工厂生产的产品分别运往四个销售点。由于各工厂到各销售点的路程不同，所以单位产品的运费也就不同。各工厂每日的产量、各销售点每日的销量，以及从各工厂到各销售点单位产品的运价如表 4-1 所示。问该公司应如何调运产品，在满足各销售点需要的前提下，使总运费最小？

表 4-1

	甲	乙	丙	丁	产量（a_i）
A	3	11	3	7	7
B	1	9	2	1	4
C	7	4	10	5	9
销量（b_j）	3	6	5	6	总和 **20**

分析：设 x_{ij}代表从第 i 个产地到第 j 个销地的运输量（$i=1, 2, 3$；$j=1, 2, 3, 4$），用 c_{ij}代表从第 i 个产地到第 j 个销地的运价，于是可构造如下数学模型：

视频：平衡运输问题的数学模型及初始可行解确定（收费资源）

$$\begin{aligned}\min\omega = \sum_{i=1}^{3}\sum_{j=1}^{4} c_{ij}x_{ij} = 3x_{11}+11x_{12}+3x_{13}+7x_{14}+x_{21}+9x_{22}\\ +2x_{23}+x_{24}+7x_{31}+4x_{32}+10x_{33}+5x_{34}\end{aligned}$$

约束条件为：

$$
\begin{cases}
x_{11}+x_{12}+x_{13}+x_{14}=7 \\
x_{21}+x_{22}+x_{23}+x_{24}=4 \\
x_{31}+x_{32}+x_{33}+x_{34}=9 \\
x_{11}+x_{21}+x_{31}=3 \\
x_{12}+x_{22}+x_{32}=6 \\
x_{13}+x_{23}+x_{33}=5 \\
x_{14}+x_{24}+x_{34}=6 \\
x_{ij}\geqslant 0 \quad i=1,\ 2,\ 3;\ j=1,\ 2,\ 3,\ 4
\end{cases}
$$

通过该例的数学模型，可以看出运输问题的约束方程的系数矩阵由“1”和“0”两个元素构成，因此此类问题是一种特殊的线性规划问题。

将该例的数学模型做一般性推广，可得到有 m 个产地、n 个销地（见表4-2）的运输问题的数学模型。

表 4-2

	1	2	…	n	产量（a_i）
1	c_{11}	c_{12}	…	c_{1n}	a_1
2	c_{21}	c_{22}	…	c_{2n}	a_2
⋮	⋮	⋮	⋮	⋮	⋮
m	c_{m1}	c_{m2}	…	c_{mn}	a_m
销量（b_j）	b_1	b_2	…	b_n	$\sum a_i=\sum b_j$

其数学模型如下：

$$
\min w=\sum_{i=1}^{m}\sum_{j=1}^{n}c_{ij}x_{ij}
$$

$$
\begin{cases}
\sum\limits_{j=1}^{n}x_{ij}=a_i\ （i=1,\ 2,\ \cdots,\ m；\text{运出的商品总量等于其产量}） \\
\sum\limits_{i=1}^{m}x_{ij}=b_j\ （j=1,\ 2,\ \cdots,\ n；\text{运进的商品总量等于其销量}） \\
x_{ij}\geqslant 0
\end{cases}
$$

供应约束，确保从任何一个产地运出的商品等于其产量；需求约束，确保运至任何一个销地的商品等于其需求。

当发点的发量总和 $\sum a_i$ 与收点的收量总和 $\sum b_j$ 相等时，称此运输问题为平衡运输问题，否则称为非平衡运输问题。本章若没有特别说明，均假定运输问题为平衡运输问题。非平衡运输问题将在本章 4.4 节探讨。

该运输问题的数学模型包含 $m\times n$ 个变量，$m+n$ 个约束方程。约束方程的系数矩阵的结构比较松散且特殊。

$$
\begin{array}{c}
\\
\mu_1\\ \mu_2\\ \vdots\\ \mu_m\\ \nu_1\\ \nu_2\\ \vdots\\ \nu_n
\end{array}
\begin{array}{c}
\begin{array}{ccccccccccccc}
x_{11} & x_{12} & \cdots & x_{1n} & x_{21} & x_{22} & \cdots & x_{2n} & \cdots & x_{m1} & x_{m2} & \cdots & x_{mn}
\end{array}\\
\left(\begin{array}{ccccccccccccc}
1 & 1 & \cdots & 1 & & & & & & & & & \\
 & & & & 1 & 1 & \cdots & 1 & & & & & \\
 & & & & & & & & \ddots & & & & \\
 & & & & & & & & & 1 & 1 & \cdots & 1\\
1 & & & & 1 & & & & & 1 & & & \\
 & 1 & & & & 1 & & & & & 1 & & \\
 & & \ddots & & & & \ddots & & & & & \ddots & \\
 & & & 1 & & & & 1 & & & & & 1
\end{array}\right)
\end{array}
\begin{array}{l}
\\
\left.\begin{array}{c}\\ \\ \\ \\ \end{array}\right\} m\text{ 行}\\
\left.\begin{array}{c}\\ \\ \\ \\ \end{array}\right\} n\text{ 行}
\end{array}
$$

该系数矩阵中对应于 x_{ij} 的系数向量 P_{ij}，其向量中除第 i 个和第 $m+j$ 个为 1 以外，其余的都为零。即：

$$P_{ij}=(0\cdots1\cdots0\cdots1\cdots0)^{T}=e_i+e_{m+j}$$

对于产销平衡的运输问题，由于有以下关系式存在：

$$\sum_{i=1}^{m}a_i=\sum_{i=1}^{m}\left(\sum_{j=1}^{n}x_{ij}\right)=\sum_{j=1}^{n}\left(\sum_{i=1}^{m}x_{ij}\right)=\sum_{j=1}^{n}b_j$$

因此，在数学模型的 $m+n$ 个约束条件中，相互独立的约束条件的个数最多是 $m+n-1$ 个，即系数矩阵的秩 $\leqslant m+n-1$。

由于有以上特征，所以求解运输问题时可以采用比较简便的计算方法，这种方法就是表上作业法。

4.3 运输问题的求解——表上作业法

视频：平衡运输问题表上作业法求解中最优解判别（收费资源）

表上作业法是求解运输问题的一种简化方法。由于其实质是单纯形法，所以与单纯形法有着相同的解题步骤，只是具体计算和术语有所不同。

表上作业法的基本步骤可参照单纯形法归纳如下：① 找出初始基可行解，即要在 $m\times n$ 阶产销平衡表上给出“$m+n-1$”个数字格（基变量）；② 求出各非基变量（空格）的检验数，判断当前的基可行解是否是最优解，如已得到最优解，则停止计算，否则转到下一步；③ 确定换入基变量，若 $\min\{\sigma_{ij} \mid \sigma_{ij}<0\}=\sigma_{lk}$，那么选取 x_{lk}为换入基变量（目标函数为最小化）；④ 确定换出基变量，找出换入基变量的闭合回路，在闭合回路上最大限度地增加换入基变量的值，那么闭合回路上首先减少为“0”的基变量即为换出基变量；⑤ 在表上用闭合回路法调整运输方案；⑥ 重复步骤②至步骤⑤，直至得到最优解。

4.3.1 确定初始基可行解

与一般的线性规划问题不同，平衡运输问题的数学模型具有特殊性，有 $m+n$ 个约束条件，且系数矩阵的秩小于或等于 $m+n-1$。因此，平衡运输问题一定具有可行解，同时也一定存在最优解。确定初始基可行解的方法有很多，有最小元素法、西北角法、伏特尔法。在此介绍比较简单但能给出较好初始方案的最小元素法。

最小元素法的基本思想是就近供应，即从单位运价表中最小的运价开始确定产销关系，以此类推，一直到给出基本方案为止。下面以例 4-1 说明最小元素法的应用。

第一步，从表 4-1 中找出最小运价“1”，这表示先将 B 生产的产品供应给甲。由于 B 每天生产 4 个单位产品，甲每天需求 3 个单位产品，即 B 每天生产的产品除满足甲的全部需求外，还可多余 1 个单位产品。在（B，甲）的交叉格处填上“3”，形成表 4-3；将运价表的甲列运价划去得表 4-4，划去甲列表明甲的需求已经得到满足。

表 4-3

	甲	乙	丙	丁	产量（a_i）
A					7
B	**3**				4
C					9
销量（b_j）	3	6	5	6	

表 4-4

	甲	乙	丙	丁
A	3	11	3	7
B	1	9	2	1
C	7	4	10	5

第二步，在表 4-4 的未被划掉的元素中再找出最小运价“1”，最小运价所确定的供应关系为（B，丁），即将 B 余下的 1 个单位产品供应给丁，表 4-3 转换成表 4-5。划去 B 行的运价，划去 B 行表明 B 所生产的产品已全部运出，表 4-4 转换成表 4-6。

表 4-5

	甲	乙	丙	丁	产量（a_i）
A					7
B	3			**1**	4
C					9
销量（b_j）	3	6	5	6	

表 4-6

	甲	乙	丙	丁	产量
A	3	11	3	7	7
B	1	9	2	1	4
C	7	4	10	5	9
销量	3	6	5	~~6~~ 5	

第三步，在表 4-6 中再找出最小运价“3”，表示将 A 生产的产品供应给丙。由于 A 每天生产 7 个单位产品，丙每天需求 5 个单位产品，即 A 每天生产的产品除满足丙的全部需求外，还可多余 2 个单位产品。在（A，丙）的交叉格处填上“5”，形成表 4-7；将运价表的丙列运价划去得表 4-8，划去丙列表明丙的需求已经得到满足。

表 4-7

	甲	乙	丙	丁	产量（a_i）
A			**5**		7
B	3			1	4
C					9
销量（b_j）	3	6	5	6	

表 4-8

	甲	乙	丙	丁	产量
A	3	11	3	7	~~7~~ 2
B	1	9	2	1	4
C	7	4	10	5	9
销量	3	6	5	~~6~~ 5	

在表 4-8 的未被划掉的元素中再找出最小运价“4”，最小运价所确定的供应关系为（C，乙），即将 C 的 6 个单位产品供应给乙，表 4-7 转换成表 4-9。划去乙列的运价，划去乙列表明乙的需求已经全部满足，表 4-8 转换成表 4-10。

表 4-9

	甲	乙	丙	丁	产量（a_i）
A			**5**		7
B	3			1	4
C		6			9
销量（b_j）	3	6	5	6	

表 4-10

	甲	乙	丙	丁	产量
A	3	11	3	7	~~7~~ 2
B	1	9	2	1	4
C	7	4	10	5	~~9~~ 3
销量	3	6	5	~~6~~ 5	

在表4-10的未被划掉的元素中再找出最小运价"5"，最小运价所确定的供应关系为（C，丁），即将C剩下的3个单位产品供应给丁，表4-9转换成表4-11。划去C行的运价，划去C行表明C的产品已经全部运出，表4-10转换成表4-12。

表4-11

	甲	乙	丙	丁	产量（a_i）
A			5		7
B	3			1	4
C		6		**3**	9
销量（b_j）	3	6	5	6	

表4-12

	甲	乙	丙	丁	产量
A	3	11	3	7	~~7~~ 2
B	1	9	2	1	4
C	7	4	10	5	~~9~~ 3
销量	3	6	5	~~6~~ ~~5~~ 2	

在表4-12中还剩一个运价"7"，所确定的供应关系为（A，丁），即将A剩下的2个单位产品供应给丁，表4-11转换成表4-13。划去A行、丁列的运价，划去A行、丁列表明A的产品全部运出，丁的需求也已经全部满足，表4-12转换成表4-14。

表4-13

	甲	乙	丙	丁	产量（a_i）
A			5	**2**	7
B	3			1	4
C		6		3	9
销量（b_j）	3	6	5	6	

表 4-14

	甲	乙	丙	丁	产量
A	3	11	3	7	~~7~~ 2
B	1	9	2	1	4
C	7	4	10	5	~~9~~ 3
销量	3	6	5	~~6~~ ~~5~~ 2	

单位运价表上的所有元素均被划去，得到一个调运方案，见表 4-13。这一方案的总运费为 72 个单位。

最小元素法各步在运价表中划掉的列或行，是需求得到满足的列，或产品被调空的行。在一般情况下，每填入一个数就相应地划掉一行或一列，这样最终将得到一个具有“$m+n-1$”个数字格（基变量）的初始基可行解。

然而，有时也会出现这样的情况：在供需关系格（i，j）处填入一数字，刚好使第 i 个产地的产品调空，同时也使第 j 个销地的需求得到满足。按照前述的处理方法，此时需要在运价表上相应地划去第 i 行和第 j 列。填入一个数字就要同时划去一行和一列，如果不加入任何补救措施的话，那么就无法得到一个具有“$m+n-1$”个数字格（基变量）的初始基可行解。

为了使在产销平衡表上有“$m+n-1$”个数字格，就需要在第 i 行或第 j 列此前未被划掉的任意一个空格上填一个“0”。填“0”格所反映的运输量，虽然同空格没有什么不同，但它所对应的变量是基变量，而空格所对应的变量却是非基变量。

将例 4-1 的各工厂的产量做适当调整（调整结果见表 4-15），就会出现此类特殊情况。

表 4-15

	甲	乙	丙	丁	产量（a_i）
A	3	11	3	7	4
B	1	9	2	1	4
C	7	4	10	5	12
销量（b_j）	3	7	4	6	

第一步在（B，甲）处填入“3”，划去甲列运价；第二步在（B，丁）处填入“1”，划去 B 行运价。此二步的结果见表 4-16 和表 4-17。

表 4-16

	甲	乙	丙	丁	产量（a_i）
A					4
B	**3**			**1**	4
C					12
销量（b_j）	3	7	4	6	

表 4-17

	甲	乙	丙	丁	产量（a_i）
A	~~3~~	11	3	7	4
~~B~~	~~1~~	~~9~~	~~2~~	~~1~~	~~4~~
C	~~7~~	4	10	5	12
销量（b_j）	~~3~~	7	4	~~6~~ 5	

表 4-17 中剩下的最小元素为“3”，其对应产地 A 的产量是 4，销地丙的剩余需要量也是 4，在格（A，丙）中填入“4”，需同时划去 A 行和丙列。在填入“4”之前 A 行和丙列中除了（A，丙）之外，还有（A，乙）、（A，丁）和（C，丙）三个空格未被划去。因此，可以在（A，乙）、（A，丁）和（C，丙）任选一格填入一个“0”，不妨选择（A，乙），结果可见表 4-18 和表 4-19。注意：这个“0”不能填入（A，甲）或（B，丙），因为在填入“4”之前它们已经被划去了（见表 4-17）。

表 4-18

	甲	乙	丙	丁	产量（a_i）
A		**0**	**4**		4
B	**3**			**1**	4
C					12
销量（b_j）	3	7	4	6	

表 4-19

	甲	乙	丙	丁	产量 (a_i)
A	3	11	3	7	4
B	1	9	2	1	4
C	7	4	10	5	12
销量 (b_j)	3	7	4	5	

4.3.2 基可行解的最优性检验

可行解的最优性是通过计算非基变量（空格）的检验数来判别的。因为运输问题的目标函数要求实现最小化，故当所有检验数都大于、等于零时，则已求得最优解。计算空格检验数可以采用闭合回路法和位势法。闭合回路法具体直接，并为方案调整指明了方向；位势法具有批处理的特点，可以提高计算效率。

1. 闭合回路法

闭合回路法即通过闭合回路求非基变量（空格）检验数的方法。

在初始调运方案表中，如表 4-20 所示，从每一空格出发，沿着纵向或横向行进，遇到填有数据的方格可以 90 度转弯后，继续前进，也可以不转弯继续前进，直到回到起始空格为止，这个封闭的线路称为闭回路。

表 4-20

	甲	乙	丙	丁	产量 (a_i)
A	(+3)		5	2 (−7)	7
B	3 (−1)			1 (+1)	4
C		6		3	9
销量 (b_j)	3	6	5	6	

闭回路如图 4-1 所示。实践证明：从每个空格出发存在和可以找到唯一的闭回路。而非基变量的检验数，就是闭回路中从该非基变量起点出发，依次为“+”“−”“+”“−”单位运价（起点为正，任意时针往下到下个顶点，此时符号为负，由此正负交替直到所有顶点包括进去），所得的数即为

该非基变量的检验数。

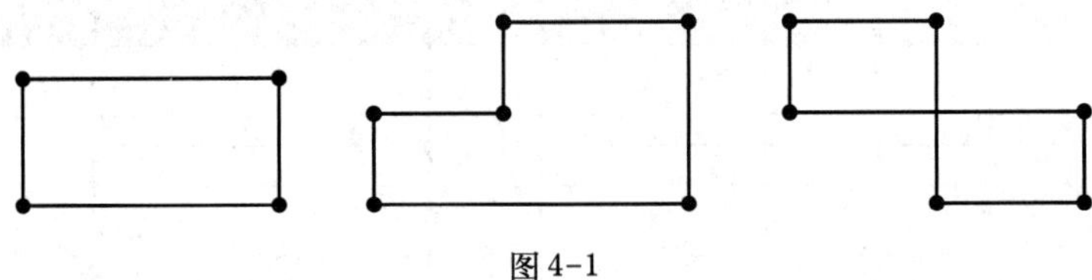

图 4-1

下面以表 4-13 中给出的初始基可行解（最小元素法所给出的初始方案）为例，讨论闭合回路法及非基变量的检验数。

闭合回路法计算检验数的经济解释为：在已给出初始解的表 4-20 中，可以从任一空格出发寻找闭回路，如空格（A，甲），在初始方案的基础上，若将 A 生产的产品调运一个单位给甲，为了保持新的平衡，就要依次在（A，丁）处减少 1 个单位、（B，丁）处增加 1 个单位、（B，甲）处减少 1 个单位。此即构成了以（A，甲）空格为起点，其他为数字格（基变量）的闭回路。表 4-20 中用虚线画出了这条闭回路。闭回路顶点所在格括号内的数字是相应的单位运价，单位运价前的“+”“-”号表示运量的调整方向。

对应这样的方案调整，运费会有什么变化呢？可以看出（A，甲）处增加 1 个单位，运费增加 3 个单位；在（A，丁）处减少 1 个单位，运费减少 7 个单位；在（B，丁）处增加 1 个单位，运费增加 1 个单位；在（B，甲）处减少 1 个单位，运费减少 1 个单位。增减相抵后，总的运费减少了 4 个单位。由检验数的经济含义可以知道，（A，甲）处单位运量调整所引起的运费减量就是（A，甲）的检验数，即 $\sigma_{11}=-4$。

仿照此步骤可以计算初始方案中所有空格的检验数，表 4-21 至表 4-25 展示了各检验数的计算过程，表 4-26 给出了所有空格的检验数。可以证明，对初始方案中的每一个空格来说“闭回路存在且唯一”。

表 4-21

	甲	乙	丙	丁	产量（a_i）
A		（+11）	5	2（-7）	7
B	3			1	4
C		6（-4）		3（+5）	9
销量（b_j）	3	6	5	6	

表 4-22

	甲	乙	丙	丁	产量（a_i）
A			5	2	7
B	3	（+9）		1（−1）	4
C		6（−4）		3（+5）	9
销量（b_j）	3	6	5	6	

表 4-23

	甲	乙	丙	丁	产量（a_i）
A			5（−3）	2（+7）	7
B	3		（+2）	1（−1）	4
C		6		3	9
销量（b_j）	3	6	5	6	

表 4-24

	甲	乙	丙	丁	产量（a_i）
A			5	2	7
B	3（−1）			1（+1）	4
C	（+7）	6		3（−5）	9
销量（b_j）	3	6	5	6	

表 4-25

	甲	乙	丙	丁	产量（a_i）
A			5（−3）	2（+7）	7
B	3			1	4
C		6	（+10）	3（−5）	9
销量（b_j）	3	6	5	6	

表 4-26 （空格的检验数）

	甲	乙	丙	丁	产量（a_i）
A	-4	5			7
B		9	5		4
C	2		9		9
销量（b_j）	3	6	5	6	

按照以上所述找出了所有空格的检验数，见表 4-27。

表 4-27 （空格的检验数）

空格	闭合路线	检验数
（A，甲）	（A，甲）→（A，丁）→（B，丁）→（B，甲）→（A，甲）	-4
（A，乙）	（A，乙）→（A，丁）→（C，丁）→（C，乙）→（A，乙）	5
（B，乙）	（B，乙）→（B，丁）→（C，丁）→（C，乙）→（B，乙）	9
（B，丙）	（B，丙）→（B，丁）→（A，丁）→（A，丙）→（B，丙）	5
（C，甲）	（C，甲）→（C，丁）→（B，丁）→（B，甲）→（C，甲）	2
（C，丙）	（C，丙）→（C，丁）→（A，丁）→（A，丙）→（C，丙）	9

如果检验数表中所有数字均大于等于零，这表明对调运方案做出任何改变都将导致运费的增加，即给定的方案是最优方案。在表 4-26 中，$\sigma_{11}=-4$，说明方案需要进一步改进。

2. 位势法

用闭合回路法求检验数时，需要给每一空格找一条闭回路。当产销点很多时，这种计算方法会显得非常烦琐。为此，更简便的计算方法“位势法”应运而生。

设 u_1，u_2，…，u_m；v_1，v_2，…，v_n 是对应运输问题的 $m+n$ 个约束条件的对偶变量。B 是含有一个人工变量 x_a 的（$m+n$）×（$m+n$）初始基矩阵。人工变量 x_a 在目标函数中的系数 $c_a=0$，从线性规划的对偶理论（见本章参考文献）可知。

$$C_B B^{-1}=(u_1,\ u_2,\ \cdots,\ u_m;\ v_1,\ v_2,\ \cdots,\ v_n)$$

而每个决策变量 x_{ij} 的系数向量 $P_{ij}=(0\cdots1\cdots0\cdots1\cdots0)^T=e_i+e_{m+j}$，所

以有：

$$C_B B^{-1} P_{ij} = u_i + v_j$$

于是检验数为：

$$\sigma_{ij} = c_{ij} - C_B B^{-1} P_{ij} = c_{ij} - (u_i + v_j)$$

由单纯形法知所有基变量的检验数等于 0，即：

$$c_{ij} - (u_i + v_j) = 0 \quad i,\ j \in B$$

由于运输问题基变量的个数只有“$m+n-1$”个，所以利用基变量所对应的“$m+n-1$”个方程，求出“$m+n$”个对偶变量，进而计算各非基变量的检验数是不现实的。

通常可以在这些方程中，对任意一个因子假定一个任意的值（如 $u_1 = 0$ 等），再求解其余的“$m+n-1$”个未知因子，这样就可求得所有空格（非基变量）的检验数。

仍以表 4-13 中给出的初始基可行解（最小元素法所给出的初始方案）为例，讨论位势法求解非基变量检验数的过程。

第一步，按照最小元素法给出如表 4-13 所示的初始解，在对应表 4-13 的数字处（初始基变量处）填入单位运价，见表 4-28。

表 4-28

	甲	乙	丙	丁
A			3	7
B	1			1
C		4		5

第二步，在表 4-28 上增加一行一列，在列中填入 u_i，在行中填入 v_j，见表 4-29。先令 $u_1 = 0$，然后按 $c_{ij} = u_i + v_j \quad i,\ j \in N$，则可确定所有的 u_i 和 v_j 的数值，见表 4-29。

具体解法如下：

由表 4-28 知：

令 $u_1 = 0$

由 $u_1 + v_3 = 3$，可得 $v_3 = 3$；

由 $u_1 + v_4 = 7$，可得 $v_4 = 7$；

由 $u_2+v_4=1$，可得 $u_2=-6$；

由 $u_3+v_4=5$，可得 $u_3=-2$；

由 $u_2+v_1=1$，可得 $v_1=7$；

由 $u_3+v_2=4$，可得 $v_2=6$。

表 4-29

	甲	乙	丙	丁	u_i
A			3	7	0
B	1			1	-6
C		4		5	-2
v_j	7	6	3	7	

第三步，利用 $\sigma_{ij}=c_{ij}-(u_i+v_j)$ 计算所有空格（非基变量）x_{ij} 的检验数。如下：

$$\sigma_{11}=c_{11}-(u_1+v_1)=-4$$

$$\sigma_{12}=c_{12}-(u_1+v_2)=5$$

$$\sigma_{22}=c_{22}-(u_2+v_2)=9$$

$$\sigma_{23}=c_{23}-(u_2+v_3)=5$$

$$\sigma_{31}=c_{31}-(u_3+v_1)=2$$

$$\sigma_{33}=c_{33}-(u_3+v_3)=9$$

计算结果见表 4-30。

表 4-30

	甲	乙	丙	丁	u_i
A	**-4**	5			0
B		9	5		-6
C	2		9		-2
v_j	7	6	3	7	

在表 4-30 中还有负的检验数，说明未得最优解，还需要改进。

4.3.3 运输方案的优化

在负检验数中找出最小的检验数，该检验数所对应的变量为换入基变量 x_{lk}，以 x_{lk} 为顶点找一个闭回路，分别标号“+”“-”“+”“-”；以标号为“-”的最小的运量为调整量，在闭回路上进行调整，“+”的加，“-”的减，当存在 x_{sf} 为 0 时，x_{sf} 为换出基变量，得到一组新的基可行解，再根据闭合回路法（位势法）求空格（非基变量）的检验数。

注意：在“入基变量”有最大增量的同时，一定存在原来的某一基变量减少为“0”，该变量即为“出基变量”。切记，出基变量的“0”运量要用“空格”来表示，而不能留有“0”。

在表 4-30 中，$\min\{\sigma_{ij} \mid \sigma_{ij}<0\} = \sigma_{11} = -4$，故选择 x_{11} 为入基变量。在入基变量 x_{11} 所处的闭回路上（如表 4-31 所示），赋予 x_{11} 最大的增量“2”，相应地有 x_{14} 出基、$x_{21}=1$、$x_{24}=3$。

表 4-31

	甲	乙	丙	丁	产量（a_i）
A	$+\theta$		5	$2-\theta$	7
B	$3-\theta$			$1+\theta$	4
C		6		3	9
销量（b_j）	3	6	5	6	

得到一组新的基可行解，如表 4-32 所示。

表 4-32

	甲	乙	丙	丁	产量（a_i）
A	2		5		7
B	1			3	4
C		6		3	9
销量（b_j）	3	6	5	6	

利用闭合回路法或位势法计算各空格（非基变量）的检验数，见表4-33。

表 4-33

	甲	乙	丙	丁	产量（a_i）
A		$\sigma_{12}=9$		$\sigma_{14}=1$	7
B		$\sigma_{22}=11$	$\sigma_{23}=2$		4
C	$\sigma_{31}=7$		$\sigma_{33}=10$		9
销量（b_j）	3	6	5	6	

由于表 4-33 中的检验数均大于、等于零，所以表 4-32 给出的方案是最优方案，这个最优方案的运费是 64 个单位。

4.4 不平衡运输问题

前面介绍的表上作业法，求解的都是产销平衡的运输问题，即以

$$\sum_{i=1}^{m} a_i = \sum_{j=1}^{n} b_j$$

为前提。但实际问题中，产销往往是不平衡的。解决这类问题的方法，就是把产销不平衡运输问题化为产销平衡运输问题。

4.4.1 产大于销的运输问题

总产量大于总销量的运输问题即为产大于销的运输问题。即：

$$\sum_{i=1}^{m} a_i > \sum_{j=1}^{n} b_j$$

此时的运输问题是在满足需求的前提下，使总运费最小。其运输问题的数学模型可写成：

$$\min w = \sum_{i=1}^{m} \sum_{j=1}^{n} c_{ij} x_{ij}$$

满足：

$$
\begin{cases}
\sum_{j=1}^{n} x_{ij} \leqslant a_i \quad (i=1, 2, \cdots, m) \\
\sum_{i=1}^{m} x_{ij} = b_j \quad (j=1, 2, \cdots, n) \\
x_{ij} \geqslant 0
\end{cases}
$$

由于总的产量大于销量，就要考虑多余的物资在哪个产地就地储存的问题。在实际问题中，产大于销意味着某些产品将不被发往销地，而是就地储存在产地的仓库中。可以这样设想，如果把产地仓库也看成一个假想的销地 B_{n+1}，并令其销量刚好等于总产量与总销量的差，即：

$$b_{n+1} = \sum_{i=1}^{m} a_i - \sum_{j=1}^{n} b_j$$

那么，产大于销的运输问题就可以转换成产销平衡的运输问题，A_i 运往 B_{n+1} 物资的数量 $x_{i,n+1}$，就是产地就地储存的物资量。

很显然有：

$$\sum_{i=1}^{m} x_{i,n+1} = \sum_{i=1}^{m} a_i - \sum_{j=1}^{n} b_j = b_{n+1}$$

接下来关心的问题，自然是运往这一假想销地所对应的运价 $c_{i,n+1}$。由于假想的销地，代表的是产地仓库，与各产地之间并不存在实际的运输（或者说产品就地储存在产地仓库，所发生的运输费用可以忽略不计，储存费用是另外的问题，本章节只讨论运输费用最小），所以假想的销地列所有的运价都应该是“0”，即：

$$c_{i,n+1} = 0 \quad (i=1, 2, \cdots, m)$$

至此，产大于销的运输问题已经转换成产销平衡的运输问题。其数学模型为：

$$
\begin{aligned}
\min w &= \sum_{i=1}^{m} \sum_{j=1}^{n+1} c_{ij} x_{ij} = \sum_{i=1}^{m} \sum_{j=1}^{n} c_{ij} x_{ij} + \sum_{i=1}^{m} c_{i,n+1} x_{i,n+1} \\
&= \sum_{i=1}^{m} \sum_{j=1}^{n} c_{ij} x_{ij}
\end{aligned}
$$

满足：

$$
\begin{cases}
\sum_{j=1}^{n+1} x_{ij} = a_i \quad (i=1, 2, \cdots, m) \\
\sum_{i=1}^{m} x_{ij} = b_j \quad (j=1, 2, \cdots, n+1) \\
x_{ij} \geqslant 0
\end{cases}
$$

由于这个模型中

$$\sum_{i=1}^{m} a_i = \sum_{j=1}^{n} b_j + b_{n+1} = \sum_{j=1}^{n+1} b_j$$

所以这是一个产销平衡的运输问题，可以利用上节介绍的表上作业法求出最优解。

例 4-2 某公司从两个产地 A_1、A_2 将物品运往三个销地 B_1、B_2、B_3，各产地的产量、各销地的销量和各产地运往各销地每件物品的运费如表 4-34 所示，问应如何调运可使总运输费用最小？[1]

表 4-34

销地 运费单价 产地	B_1	B_2	B_3	产量（件）
A_1	6	4	6	300
A_2	6	5	5	300
销量（件）	150	150	200	500 \ 600

分析：此运输问题的总产量为 600 件、总销量为 500 件，所以假设一个销地 B_4 并令其销量刚好等于总产量与总销量的差“100”。取假想的 B_4 列所对应的运价都为“0”，可得表 4-35 所示的产销平衡运输问题。

表 4-35

销地 运费单价 产地	B_1	B_2	B_3	B_4	产量（件）
A_1	6	4	6	0	300
A_2	6	5	5	0	300
销量（件）	150	150	200	100	600 \ 600

通过表上作业法求得的最优解如表 4-36 所示，总运输费用为 2 500 元。

表 4-36

	B_1	B_2	B_3	B_4	产量（件）
A_1	50	150	0	100	300
A_2	100	0	200	0	300
销量（件）	150	150	200	100	600 / 600

4.4.2 销大于产的运输问题

总销量大于总产量的运输问题即为销大于产的运输问题。即：

$$\sum_{i=1}^{m} a_i < \sum_{j=1}^{n} b_j$$

此时的运输问题是在满足最大限度供应的前提下，使总运费最小。其运输问题的数学模型可写成：

$$\min w = \sum_{i=1}^{m} \sum_{j=1}^{n} c_{ij} x_{ij}$$

满足：

$$\begin{cases} \sum_{j=1}^{n} x_{ij} = a_i \quad (i = 1, 2, \cdots, m) \\ \sum_{i=1}^{m} x_{ij} \leqslant b_j \quad (j = 1, 2, \cdots, n) \\ x_{ij} \geqslant 0 \end{cases}$$

同产大于销的问题一样，可以这样设想，假想一个产地 A_{m+1}，并令其产量刚好等于总销量与总产量的差，即：

$$a_{m+1} = \sum_{j=1}^{n} b_j - \sum_{i=1}^{m} a_i$$

那么，销大于产的运输问题同样也可以转换成产销平衡的运输问题。A_{m+1} 运往 B_j 物资的数量是 $x_{m+1,j}$。

很显然有：

$$\sum_{j=1}^{n} x_{m+1,j} = \sum_{j=1}^{n} b_j - \sum_{i=1}^{m} a_i = a_{m+1}$$

假想产地并不存在，于是各销地从假想产地所得到的运量，实际上所表示的是其未满足的需求。由于假想产地与各销地之间并不存在实际的运输，所以假想产地行所有的运价都应该是“0”，即：

$$c_{m+1,j}=0 \quad (j=1, 2, \cdots, n)$$

因此，销大于产的运输问题也转换成了产销平衡的运输问题。其数学模型为：

$$\begin{aligned}\min w &= \sum_{i=1}^{m+1}\sum_{j=1}^{n} c_{ij}x_{ij} = \sum_{i=1}^{m}\sum_{j=1}^{n} c_{ij}x_{ij} + \sum_{j=1}^{n} c_{m+1,j}x_{m+1,j} \\ &= \sum_{i=1}^{m}\sum_{j=1}^{n} c_{ij}x_{ij}\end{aligned}$$

满足：

$$\begin{cases}\sum_{j=1}^{n} x_{ij} = a_i & (i = 1, 2, \cdots, m+1) \\ \sum_{i=1}^{m+1} x_{ij} = b_j & (j = 1, 2, \cdots, n) \\ x_{ij} \geqslant 0\end{cases}$$

由于这个模型中

$$\sum_{j=1}^{n} b_j = \sum_{i=1}^{m} a_i + a_{m+1} = \sum_{i=1}^{m+1} a_i$$

所以这是一个产销平衡的运输问题，可以利用上节介绍的表上作业法求出最优解。

例 4-3 某公司从两个产地 A_1、A_2 将物品运往三个销地 B_1、B_2、B_3，各产地的产量、各销地的销量和各产地运往各销地每件物品的运费如表 4-37 所示，问应如何调运可使总运输费用最小？

表 4-37

销地 运费单价 产地	B_1	B_2	B_3	产量（件）
A_1	6	4	6	200
A_2	6	5	5	300
销量（件）	250	200	200	500 650

此运输问题的总产量为 500 件、总销量为 650 件，所以假设一个产地

A_3并令其产量刚好等于总销量与总产量的差“150”。令假想的A_3行所对应的运价都为“0”，可得表4-38所示的产销平衡运输问题。

表4-38

销地 运费单价 产地	B_1	B_2	B_3	产量（件）
A_1	6	4	6	200
A_2	6	5	5	300
A_3	0	0	0	150
销量（件）	250	200	200	650 / 650

通过表上作业法求得的最优解如表4-39所示，总运输费用为2 400元。

表4-39

	B_1	B_2	B_3	产量（件）
A_1	0	200	0	200
A_2	100	0	200	300
A_3	150	0	0	150
销量（件）	250	200	200	650 / 650

4.4.3 运输问题的综合应用

例4-4 某部队有三个分队，每年分别需要用煤3 000吨、1 000吨、2 000吨，由A、B两处煤矿负责供应。这两处煤矿的价格与煤的质量相同，供应能力分别为1 500吨、4 000吨，运输单价如表4-40所示。由于需求大于供给，经研究决定一分队供应量可减少0~200吨，二分队必须满足需求量，三分队供应量不少于1 700吨。试求总费用最低的调运方案。

分析：这是一个销大于产的产销不平衡的运输问题。为了化成产销平衡运输问题，可增加一个假想的生产点C，产量为500吨，并根据需求量（必须满足和可以不满足）将一分队分成两个小队，其调运量分别为 2 800 吨和 200 吨；运价分别为 M 和 0。将三分队也分成两个小分队，其调运量分别为 1 700 吨和 300 吨；运价分别为 M 和 0。这里 M 代表一个很大的正数，其作用是强迫假想的生产点调运到必须满足分队的调运量为 0。

表 4-40

销地 / 运费单价 / 产地	一分队	二分队	三分队	产量
A	1.65	1.70	1.75	4 000
B	1.60	1.65	1.70	1 500
销量	3 000	1 000	2 000	5 500 / 6 000

增加后的产销平衡运价表为表 4-41。

表 4-41

销地 / 运费单价 / 产地	一分队 第一小队	一分队 第二小队	二分队	三分队 第一小队	三分队 第二小队	产量
A	1.65	1.65	1.70	1.75	1.75	4 000
B	1.60	1.60	1.65	1.70	1.70	1 500
C	M	0	M	M	0	500
销量	2 800	200	1 000	1 700	300	6 000 / 6 000

以上数据中的 M 可以为 1 000 元或 10 000 元，通过表上作业法求得的最优解如表 4-42 所示，总运输费用为 9 220 元。

表 4-42

销地 / 运费单价 / 产地	一分队 第一小队	一分队 第二小队	二分队	三分队 第一小队	三分队 第二小队	产量
A	1 300	0	1 000	1 700	0	4 000
B	1 500	0	0	0	0	1 500

续表

运费单价 销地/产地	一分队第一小队	一分队第二小队	二分队	三分队第一小队	三分队第二小队	产量
C	0	200	0	0	300	500
销量	2 800	200	1 000	1 700	300	6 000 / 6 000

由于在变量个数相等的情况下，表上作业法计算远比单纯形法简单，所以在解决实际问题时，人们常常尽可能把某些线性规划问题化为运输问题求解。

本章小结

运输问题是研究如何把各种物资从若干个生产基地运至若干个消费地点而使总运费最小问题的理论。本章要求学习者掌握产销平衡运输问题的数学模型，并用表上作业法求解。本章知识点及学习者需要掌握的程度如下图所示。

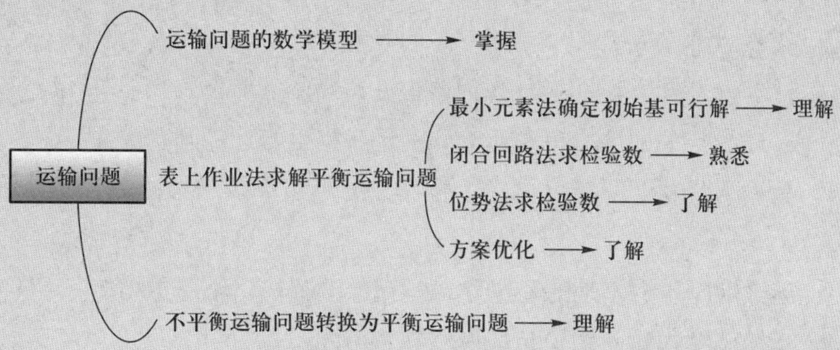

关键术语

平衡运输问题（Balanced Transportation Problem）

最小元素法（Minimum Element Method）

闭合回路法（Cycle Method）

位势法（Potential Method）

不平衡运输问题（Unbalanced Transportation Problem）

表上作业法（Table Dispatching Method）

复习思考题

1. 下列说法正确的是（　　）。

A. 运输问题约束方程中独立方程的个数等于 $m+n-1$ 个

B. 采用闭合回路法检验运输问题的最优解时，从某一空格出发的闭回路不唯一

C. 运输问题的数学模型可以是线性规划模型也可以是其他类型模型

D. 在用表上作业法求平衡运输问题的最优调动方案时，所得分配矩阵中最多有 $m+n-1$ 个非零元素

2. 求解需求量大于供应量的运输问题不需要做的是（　　）。

A. 删去一个需求点

B. 令虚设供应点到需求点的单位运费为 0

C. 取虚设的供应点的供应量为恰当值

D. 虚设一个供应点

3. 对运输问题，下列说法正确的是（　　）。

A. 产地数与销地数相等的运输问题是产销平衡运输问题

B. 运输问题要实现最小化，故检验数要满足非负，才能获得最优调运方案

C. 运输问题中的产地的产量之和与销地的销量之和一定相等

D. 运输问题求解思想与单纯形法截然不同

4. 求解需求量小于供应量的运输问题不需要做的是（　　）。

A. 虚设一个需求点

B. 令供应点到虚设的需求点的单位运费为 0

C. 取虚设的需求点的需求量为恰当值

D. 删去一个供应点

5. 应用表上作业法求解时，运输问题的初始方案必须（　　）。

A. 用最小元素法获得

B. 用差值法获得

C. 包含 $m+n-1$ 个非零数字

D. 包含 $m+n-1$ 个非基变量

6. 某通用导弹有 A_1、A_2、A_3 三个储存基地，现要把该型导弹运送到 B_1、B_2、B_3、B_4 四个导弹阵地。各储存基地的储量、各阵地的导弹需求量以及各储存基地运往阵地每枚导弹的运费（百元）如表 4-43 所示。问应如何调运，可使得总运输费最小？

表 4-43

储存基地 \ 导弹阵地	B_1	B_2	B_3	B_4	储量（枚）
A_1	5	11	8	6	750
A_2	10	19	7	10	210
A_3	9	14	13	15	600
需求量（枚）	350	420	530	260	

7. 已知某厂每月最多生产甲产品 270 吨，先运至 A_1、A_2、A_3 三个仓库，然后分别供应 B_1、B_2、B_3、B_4、B_5 五个用户。已知三个仓库的容量分别为 50 吨、100 吨和 150 吨，各用户的需要量分别为 25 吨、105 吨、60 吨、30 吨和 70 吨。已知从该厂经由各仓库然后供应各用户的储存和运输费用如表 4-44 所示。试确定一个使总费用最低的调运方案。

表 4-44

产地 \ 销地	B_1	B_2	B_3	B_4	B_5
A_1	10	15	20	20	40
A_2	20	40	15	30	30
A_3	30	35	40	55	25

延伸阅读

［1］https://priorart.ip.com/IPCOM/000128834/.

［2］https://en.wikipedia.org/wiki/Transportation_theory_(mathematics).

［3］胡运权. 运筹学教程［M］. 4版. 北京：清华大学出版社，2012：81-98.

［4］《运筹学》教材编写组. 运筹学［M］. 3版. 北京：清华大学出版社，2005.

［5］李文翎. 物流运输管理［M］. 北京：科学出版社，2014.

参考文献

《运筹学》教材编写组. 运筹学［M］. 3版. 北京：清华大学出版社，2005：78-100.

第五章　整数规划

【本章导读】 在现实中，大量规划问题的某些决策变量必须是整数。例如，完成某项工作所需要的人数，市场销售的商品件数，装货的车数，军事演习时动用武器装备的台数、发射导弹或子弹的个数，以及机械设备维修的次数等。

这样的部分或全部决策变量为整数的规划问题，被称为整数规划（Integer Programming，IP）。整数规划分为线性和非线性两类。整数线性规划，就是在线性规划的基础上，对部分或全部决策变量附加整数约束得到的。目前流行的求解整数规划问题的方法，往往只适用于整数线性规划问题。而学界对整数非线性规划问题的研究较少，目前还无较好的求解方法。

本章知识点之间的逻辑关系可见思维导图。

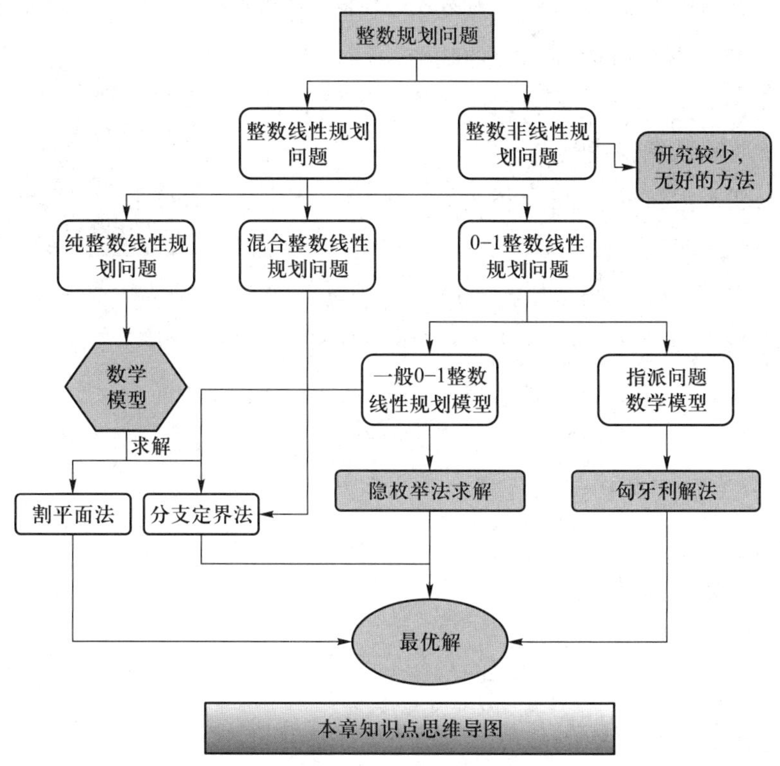

本章知识点思维导图

5.1 整数规划问题概述

整数规划是数学规划中相对比较薄弱的一个分支。其作为一个独立分支是在 1958 年拉尔夫·柯莫利（R. E. Gomory）[1]发明割平面法之后提出的，因此又称柯莫利割平面法。割平面法的基本思想[2]是在原规划中增加一个线性约束条件（在几何上称为割平面），割去非整数解，保留整数解。割平面法思路简单，一出现就引起人们的广泛关注，但该方法在寻找适当的割平面时比较烦琐，不见得一次能找到，收敛又较慢，因此至今用它解题的仍是少数。

1955 年，美国数学家哈罗德·库恩（Harold W. Kuhn[3]）在匈牙利数学家丹尼斯·康尼格（Denes Konig[4]）和杰诺·艾格利斯（Jeno Egervary）研究工作的基础上创建了匈牙利算法，用于解决整数规划中的指派问题（0-1 规划的一种应用特例）。20 世纪 60 年代，美国三栖学者理查德·卡普（Richard M. Karp）发明了分支界限法，成功求解 65 个城市的旅行商问题，创下了当时的纪录。该方法的要点是把问题的可行解展开如树的分支，再经由各个分支寻找最优解。后来，Land Doig 和 Dakin 等人把分支界限法用于求解整数规划问题，并命名为分支定界法（Branch and Bound Method）。分支定界法不仅适用于求解纯整数线性规划问题，也适用于求解混合整数线性规划问题。

理查德·卡普

整数规划相对比较简单，在理论和算法上都比较成熟。由于大量实际问题的决策变量被要求一定是整数，因此整数规划比线性规划更有实际应用的价值。经过几十年的研究，学界虽已发展出多种求解整数规划问题的方法，但目前比较流行的仍是分支定界法和割平面法。

5.2 整数规划问题的数学模型

整数规划中如果所有变量都取非负的整数，亦称为纯整数线性规划

(Pure Integer Line Programming)；如果仅仅是要求一部分变量限制为非负的整数，则称为混合整数线性规划（Mixed Integer Line Programming）。整数规划的一种特殊情形是 0-1 整数规划，它的变量取值仅限于 0 或 1。本章最后讨论的指派问题就是 0-1 整数规划问题的特例。

根据整数规划的定义，可将整数规划的数学模型表示为：

$$\max(\min)\ z=c_1x_1+c_2x_2+\cdots+c_nx_n$$

$$\text{s. t.}\begin{cases}a_{11}x_1+a_{12}x_2+\cdots+a_{1n}x_n\leqslant(=,\ \geqslant)b_1\\ a_{21}x_1+a_{22}x_2+\cdots+a_{2n}x_n\leqslant(=,\ \geqslant)b_2\\ \qquad\vdots\\ a_{m1}x_1+a_{m2}x_2+\cdots+a_{mn}x_n\leqslant(=,\ \geqslant)b_m\\ x_j\geqslant0,\ (j=1,\ 2,\ \cdots,\ n),\ x_j\ \text{部分或全部是整数}\end{cases}$$

整数规划问题记成矩阵和向量的形式为：

$$\max(\min)\ z=CX$$

$$\text{s. t.}\begin{cases}AX\leqslant(=,\ \geqslant)b\\ X\geqslant0\\ X\ \text{部分或全部为整数}\end{cases}$$

其中：

$$C=(c_1,\ c_2,\ \cdots,\ c_n)$$

$$X=\begin{pmatrix}x_1\\ x_2\\ \vdots\\ x_n\end{pmatrix};\ b=\begin{pmatrix}b_1\\ b_2\\ \vdots\\ b_m\end{pmatrix};\ A=\begin{pmatrix}a_{11}&a_{12}&\cdots&a_{1n}\\ a_{21}&a_{22}&\cdots&a_{2n}\\ \cdots&\cdots&\cdots&\cdots\\ a_{m1}&a_{m2}&\cdots&a_{mn}\end{pmatrix}$$

显而易见，整数规划的可行域是其相应线性规划可行域的子集。那么，用前面章节求解线性规划问题的单纯形法（或图解法），能否直接求得整数规划问题的最优解呢?

例 5-1 某导弹分队进行实战演习，计划使用常规导弹和特种导弹对某地域实施 12 分钟的火力打击。每发射一枚特种导弹可毁伤 4 个目标，需时 3 分钟，并需 4 辆车运送弹药及其配套装备；每发射一枚常规导弹可毁伤 3 个目标，需时 4 分钟，并需 2 辆车运送弹药及其配套装备。该分队共有 9 辆运输车，为使毁伤的目标最多，该导弹分队应各使用多少枚特种导弹和常规导弹?

分析：设该导弹分队使用 x_1 枚特种导弹和 x_2 枚常规导弹（当然都是非负整数)。其数学模型为：

$$\max z=4x_1+3x_2$$

$$\begin{cases}3x_1+4x_2\leqslant 12\\4x_1+2x_2\leqslant 9\\x_1,\ x_2\geqslant 0\\x_1,\ x_2\text{ 为整数}\end{cases}$$

它与线性规划数学模型的区别在于最后的条件为整数。现不考虑这一条件，即将该问题转化为线性规划问题：

$$\max z=4x_1+3x_2$$

$$\begin{cases}3x_1+4x_2\leqslant 12\\4x_1+2x_2\leqslant 9\\x_1,\ x_2\geqslant 0\end{cases}$$

求解线性规划问题，可以选用单纯形法，求出最优解为$\left(\dfrac{6}{5},\ \dfrac{21}{10}\right)$。但 x_1 对应的是特种导弹数，x_2 对应的是常规导弹数，现在最优解中的两个分量均不为整数，不符合要求。事实上，最优解为（1，2），也即该导弹分队使用 1 枚特种导弹和 2 枚常规导弹，可在规定时间内最多毁伤 10 个目标。

对于求出上述整数规划的最优解（1，2），最容易想到的办法就是把求得的非整数解$\left(\dfrac{6}{5},\ \dfrac{21}{10}\right)$进行四舍五入处理。

那么，是不是所有整数规划的求解，都可以把所得的非整数最优解经过“化整”处理而得到整数最优解呢？答案是否定的。

例 5-2　求下列整数规划的解。

$$\max z=20x_1+10x_2$$

$$\begin{cases}5x_1+4x_2\leqslant 24 & (1)\\2x_1+5x_2\leqslant 13 & (2)\\x_1,\ x_2\geqslant 0 & (3)\\x_1,\ x_2\text{ 为整数} & (4)\end{cases}$$

根据单纯形法求出最优解为$\left(\dfrac{24}{5},\ 0\right)$，但 x_1 不是整数，不符合要求。

沿用上例的思路，将求得的非整数解进行四舍五入处理，得到整数解

（5，0）。经验证，该解不满足约束条件（1），因此不是可行解。

若将求得的非整数解进行取整处理，也即舍弃 4/5，取整为（4，0），经验证，这是可行解，但不是最优解。因为，（4，1）也是可行解，对应的目标函数值 $z=90$，而（4，0）对应的目标函数值 $z=80$，因此（4，1）比（4，0）更优。

可见，本例中的“化整”处理，引发了两种类型的问题：一是化整后的解不是可行解，如化整后的（5，0）；二是化整后的解虽是可行解，但不是最优解，如化整后的（4，0）。

综上所述，为求解整数规划问题，先将其转化为线性规划问题，在求得非整数的最优解后，将该解进行化整处理，这样一种求解思路虽很简洁清晰，但求得的结果不一定是最优解，有的是最优解（例 5-1），有的却不是（例 5-2）。可见，这一求解思路是不正确的。也就是说，求解整数规划问题，不能简单套用求解线性规划的单纯形法。

如果整数规划的可行域是有界的，也容易联想到穷举法，即穷举变量所有可行的整数组合，比较它们的目标函数值，以定出最优解。显而易见，对于小型的整数规划问题，决策变量少，可行的整数组合数也少，穷举法是可行的，也是高效的。但当决策变量很多时，穷举法就不是明智的选择。例如，决策变量数为 10，其整数组合数就达到 $10!=3\ 628\ 800$，这时整个穷举检验的计算过程将会非常烦琐。即使可以依靠计算机辅助计算，也应努力寻求一种较高效经济的算法，而不应不加筛选地穷举计算。因此，穷举法也有局限性。

5.3 分支定界法

能否将求解线性规划的方法与穷举法中穷举变量所有可行的整数组合的思路结合起来呢？事实上，线性整数规划问题是其线性规划问题（去掉整数条件）的一种特型。线性整数规划问题的可行域肯定是其线性规划问题可行域的子集。所以，可以把线性规划问题的可行域（可行解空间）反复地分割为越来越小的子集，在每个子集内搜索可能的整数解，并且对每个子集内的解集计算一个目标的上界（目标函数最大化）。每次分支后，凡是界限超出已知可行解集目标值的那些子集不再进一步分支。也即先将整数规划

视频：分支定界法求解整数规划问题（收费资源）

问题的约束条件“松弛”一些，转化为线性规划问题，然后就可以利用成熟的单纯形法或图解法（二个决策变量）求解；求解之后，视情况收紧约束条件，逐步向最优解结果靠拢，从而更高效地获得最优的整数解。

分支定界法（Branch and Bound Method），就是根据这种搜索与迭代的思路而形成的求解方法。该方法比较灵活，且便于计算机运算，现已成为求解纯整数规划问题或混合整数规划问题的重要方法。

5.3.1 原问题的松弛问题

理解并运用分支定界法，需要先理解一个概念：原问题的松弛问题。任何整数规划问题，凡放弃某些约束条件（如整数要求）后，所得到的问题可称为该原问题的松弛问题。

原问题

$$\max\ C^{\mathrm{T}}X$$

$$\text{s. t.}\begin{cases}AX=b\\ X\geqslant 0,\ X\text{ 为整数}\end{cases}$$

原问题的松弛问题

$$\max\ C^{\mathrm{T}}X$$

$$\text{s. t.}\begin{cases}AX=b\\ X\geqslant 0\end{cases}$$

正是因为松弛问题是对原问题的约束条件进行“松弛”之后得到的，所以可知：① 松弛问题的可行解，包含着原问题的可行解；② 松弛问题的最优值，大于等于原问题的最优值（目标函数求最大时，否则相反）。

最通常的松弛问题，就是整数线性规划问题在放弃变量的整数性要求后，所变成的线性规划问题。

5.3.2 分支定界法的求解原理

用分支定界法求解整数规划问题的思路为：① 构造该整数问题的松弛问题，从求解松弛问题入手。② 若松弛问题无可行解，则原整数规划问题也无可行解，计算结束。③ 若松弛问题有最优解，观察最优解的各变量是否全是整数。若恰好都是整数，则这个解也是原整数规划的最优解，计算结束。④ 若松弛问题最优解的各变量不全是整数，则这个解不是原整数规划的最优解。此时，松弛问题的目标函数值必是整数规划目标函数值的上界（目标函数求最大时，否则相反）。此后，需增加新约束条件，构造新的松弛问题，不断缩小搜索范围，朝求解结果全是整数解的方向靠拢。

增加约束条件并逐步求得整数最优解的步骤：

（1）分支：两分法。从不是整数的变量中任选一个，例如选取 x_1 进行分支，形成 $x_1 \leqslant [x_1]$、$x_1 \geqslant [x_1]+1$ 两个新的约束条件，分别加入松弛问题的数学模型，形成两个互不相容的子问题。

（2）定界。把满足约束条件各分支（松弛问题）的最优目标函数值最大者作为上界（目标函数求最大时，否则相反），用它来判断分支是保留还是剪支。

经求解，若某分支得到整数最优解，则该分支的目标函数值即为原整数规划问题的下界值（目标函数求最大时，否则相反）。若各分支均不能得到整数最优解，则返回第（1）步，从各分支构造新的分支松弛问题，直至最后在某分支中求得整数最优解。

（3）剪支。把界值与其他分支的最优目标函数值比较，剪掉不优或不能更优的分支。若有更优的分支，且该分支的最优解不全为整数，则返回第（1）步，从该分支构造新的分支松弛问题，直至得到最后的整数最优解为止。

5.3.3 分支定界法的运用

沿用例 5-1 的数学模型。

例 5-3 求解整数规划问题。

$$\max z=4x_1+3x_2$$

$$\text{s. t.}\begin{cases}3x_1+4x_2\leqslant 12\\4x_1+2x_2\leqslant 9\\x_1,\ x_2\geqslant 0，\text{且为整数}\end{cases}$$

分析：从求解整数规划问题的松弛问题入手。定义相应的线性规划 L_0 为：

$$\max z=4x_1+3x_2$$

$$L_0:\quad \text{s. t.}\begin{cases}3x_1+4x_2\leqslant 12\\4x_1+2x_2\leqslant 9\\x_1,\ x_2\geqslant 0\end{cases}$$

该线性规划问题 L_0 可用单纯形法求解，考虑其决策变量只有两个，简便起见，采用图解法求解。

如图 5-1 所示，可求得线性规划 L_0 的最优解 $X^{(0)}=\left(\frac{6}{5},\ \frac{21}{10}\right)^T$，最优值 $z^{(0)}=\frac{111}{10}$。因为 $X^{(0)}=\left(\frac{6}{5},\ \frac{21}{10}\right)^T$ 是一个非整数解，故该解不是原问题的最优解，但可判定：$z^{(0)}=\frac{111}{10}$是原问题最优值的上界。

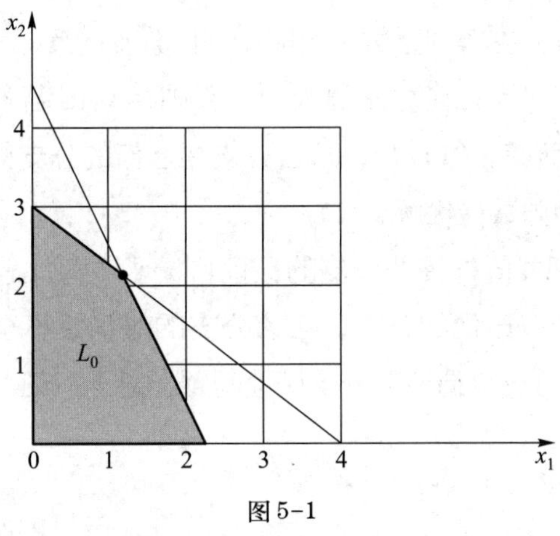

图 5-1

任意选择一个非整数决策变量进行分支计算。在此选择 x_1。

在 L_0 的最优解中，$x_1=\frac{6}{5}$，于是 $[x_1]=1$，$[x_1]+1=2$。

在 L_0 的基础上，分别增加约束条件 $x_1\leqslant 1$ 和 $x_1\geqslant 2$，分支形成两个子线性规划 L_1 和 L_2。

$$L_1:\quad \begin{aligned} &\max\ z=4x_1+3x_2 \\ &\text{s.t.}\begin{cases} 3x_1+4x_2\leqslant 12 \\ 4x_1+2x_2\leqslant 9 \\ x_1\leqslant 1 \\ x_1,\ x_2\geqslant 0 \end{cases} \end{aligned}$$

$$L_2:\quad \begin{aligned} &\max\ z=4x_1+3x_2 \\ &\text{s.t.}\begin{cases} 3x_1+4x_2\leqslant 12 \\ 4x_1+2x_2\leqslant 9 \\ x_1\geqslant 2 \\ x_1,\ x_2\geqslant 0 \end{cases} \end{aligned}$$

L_1 和 L_2 均可用图解法求解，如图 5-2 所示。

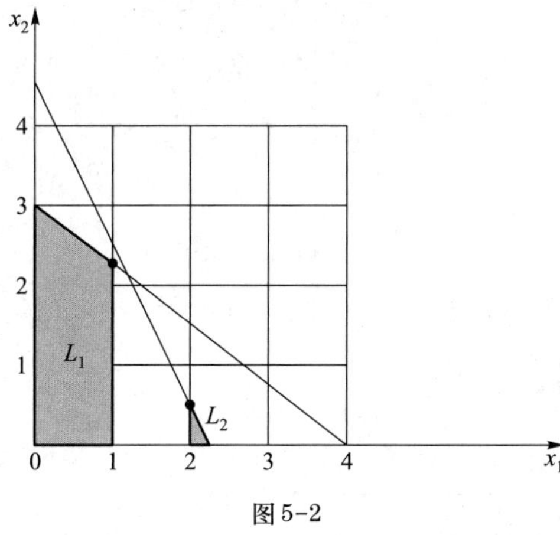

图 5-2

求解 L_1 和 L_2，分别得：

$$X^{(1)}=\left(1,\ \frac{9}{4}\right)^T,\ z^{(1)}=\frac{43}{4}$$

$$X^{(2)}=\left(2,\ \frac{1}{2}\right)^T,\ z^{(2)}=\frac{19}{2}$$

显然，至此仍然未得到整数解，由于 $z^{(1)}>z^{(2)}$，故优先选择 L_1 进行继续分支。

在 L_1 的最优解中，有非整数分量 $x_2=\frac{9}{4}$，于是 $[x_2]=2$，$[x_2]+1=3$。在 L_1 的基础上，分别增加约束条件 $x_2\leqslant 2$ 和 $x_2\geqslant 3$，分支形成两个子线性规划 L_3 和 L_4。

$$\max z=4x_1+3x_2$$

$$L_3:\quad \text{s. t.}\begin{cases}3x_1+4x_2\leqslant 12\\4x_1+2x_2\leqslant 9\\x_1\leqslant 1\\x_2\leqslant 2\\x_1,\ x_2\geqslant 0\end{cases}$$

$$
\max z=4x_1+3x_2
$$

$$
L_4: \quad \text{s. t.} \begin{cases} 3x_1+4x_2\leqslant 12 \\ 4x_1+2x_2\leqslant 9 \\ x_1\leqslant 1 \\ x_2\geqslant 3 \\ x_1,\ x_2\geqslant 0 \end{cases}
$$

L_3 和 L_4 均可用图解法求解，如图 5-3 所示。

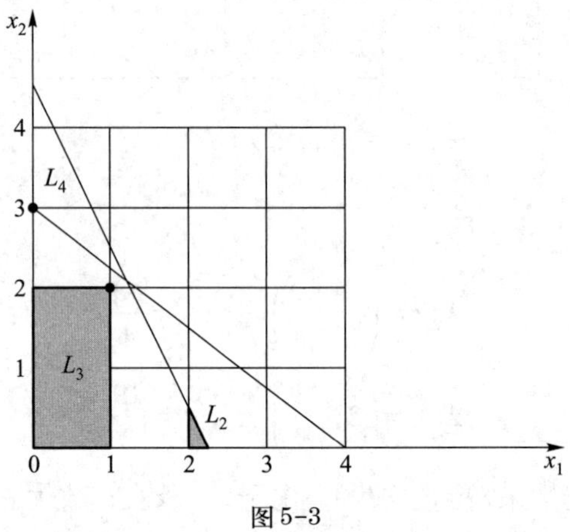

图 5-3

求解 L_3 和 L_4，分别得：

$$
X^{(3)}=(1,\ 2)^T,\ z^{(3)}=10
$$

$$
X^{(4)}=(0,\ 3)^T,\ z^{(4)}=9
$$

由于 L_3 和 L_4 都产生整数最优解，故 L_3 和 L_4 均无法更优，无须继续分支。

由于 L_3 的最优值大于 L_4 的最优值，故判定 L_4 可被剪支。同时判定 L_3 的最优值 10 就是所求整数规划最优值的下界。

据此回溯 L_2，由于 L_2 的最优值 $z^{(2)}=\dfrac{19}{2}$ 小于下界值 10，故 L_2 也可被剪支。

至此，求得整数规划的最优解 $X^*=(1,\ 2)^T$，最优值 $z^*=10$。

求解过程如图 5-4 所示。

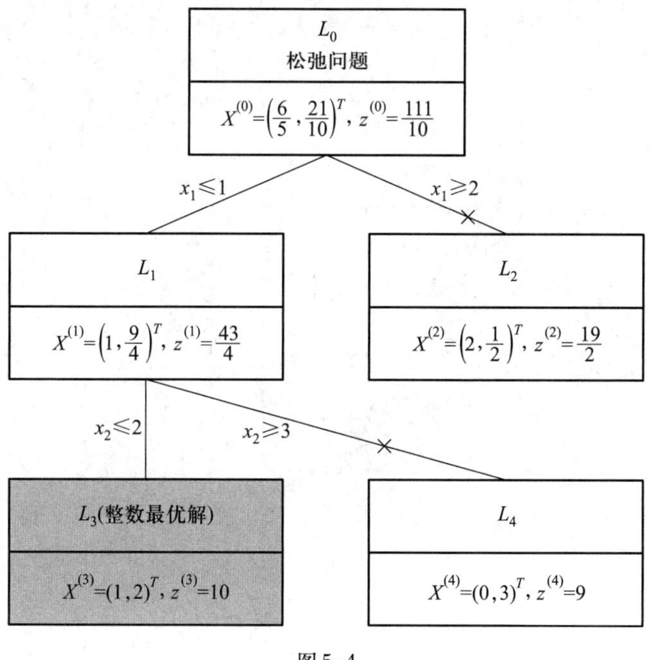

图 5-4

同理，可求解目标函数最小化的整数规划问题。

例 5-4 求解整数规划。

$$\min z=x_1+4x_2$$

$$\text{s. t.}\begin{cases}2x_1+x_2\leqslant 8\\ x_1+2x_2\geqslant 6\\ x_1,\ x_2\geqslant 0，\text{且为整数}\end{cases}$$

分析：首先定义相应的线性规划 L_0 为：

$$\min z=x_1+4x_2$$

$$L_0:\quad \text{s. t.}\begin{cases}2x_1+x_2\leqslant 8\\ x_1+2x_2\geqslant 6\\ x_1,\ x_2\geqslant 0\end{cases}$$

如图 5-5 所示，可解得松弛问题 L_0 的最优解 $X^{(0)}=\left(\frac{10}{3},\ \frac{4}{3}\right)^T$，最优值 $z^{(0)}=\frac{26}{3}$。

因为 $X^{(0)}=\left(\frac{10}{3},\ \frac{4}{3}\right)^T$ 是一个非整数解，所以 $z^{(0)}=\frac{26}{3}$是整数规划最优值

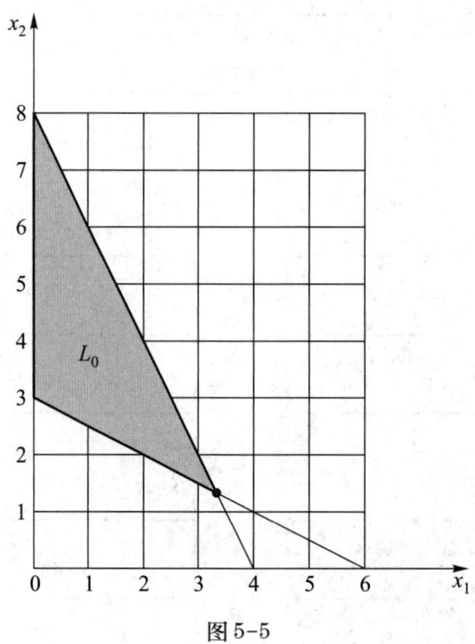

图 5-5

的下界。

运用分支定界法，任意选择一个非整数决策变量进行分支计算。在此不妨假设选择 x_1。

在 L_0 的最优解中 $x_1=\dfrac{10}{3}$，于是 $[x_1]=3$，$[x_1]+1=4$。

在 L_0 的基础上，分别增加约束条件 $x_1\leqslant 3$ 和 $x_1\geqslant 4$，分支形成两个子线性规划 L_1（见图 5-6）和 L_2。

即：

$$\min z=x_1+4x_2$$

$$L_1:\quad \text{s. t.}\begin{cases}2x_1+x_2\leqslant 8\\x_1+2x_2\geqslant 6\\x_1\leqslant 3\\x_1,\ x_2\geqslant 0\end{cases}$$

$$\min z=x_1+4x_2$$

$$L_2:\quad \text{s. t.}\begin{cases}2x_1+x_2\leqslant 8\\x_1+2x_2\geqslant 6\\x_1\geqslant 4\\x_1,\ x_2\geqslant 0\end{cases}$$

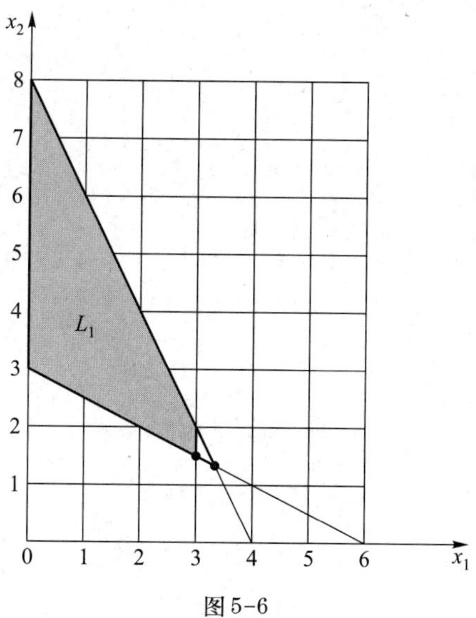

图 5-6

用单纯形法或图解法可解得 L_1 的最优解为 $X^{(1)}=\left(3,\ \frac{3}{2}\right)^T$，$z^{(2)}=9$；$L_2$ 为空集，无可行解。

显然，至此仍然未得到整数解，选择 L_1 继续进行分支。

在 L_1 的最优解中 $x_2=\frac{3}{2}$，于是 $[x_2]=1$，$[x_2]+1=2$。

在 L_1 的基础上，分别增加约束条件 $x_2\leqslant 1$ 和 $x_2\geqslant 2$，分支形成两个子线性规划 L_3 和 L_4（见图 5-7）。

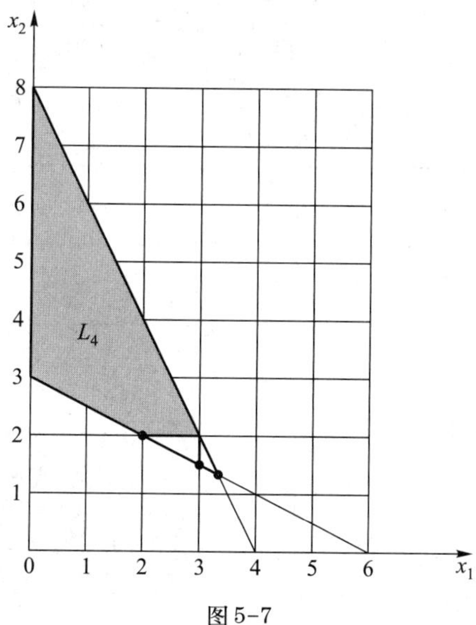

图 5-7

即：

$$\min z=x_1+4x_2$$

$$L_3:\quad \text{s. t.}\begin{cases}2x_1+x_2\leqslant 8\\x_1+2x_2\geqslant 6\\x_1\leqslant 3\\x_2\leqslant 1\\x_1,\ x_2\geqslant 0\end{cases}$$

$$\min z=x_1+4x_2$$

$$L_4:\quad \text{s. t.}\begin{cases}2x_1+x_2\leqslant 8\\x_1+2x_2\geqslant 6\\x_1\leqslant 3\\x_2\geqslant 2\\x_1,\ x_2\geqslant 0\end{cases}$$

L_3 为空集，无可行解。用单纯形法或图解法可解得 L_4 的最优解为$X^{(4)}=(2,\ 2)^T$，$z^{(4)}=10$。至此，求得整数规划的最优解 $X^*=(2,\ 2)^T$，最优值 $z^*=10$。

求解过程如图 5-8 所示。

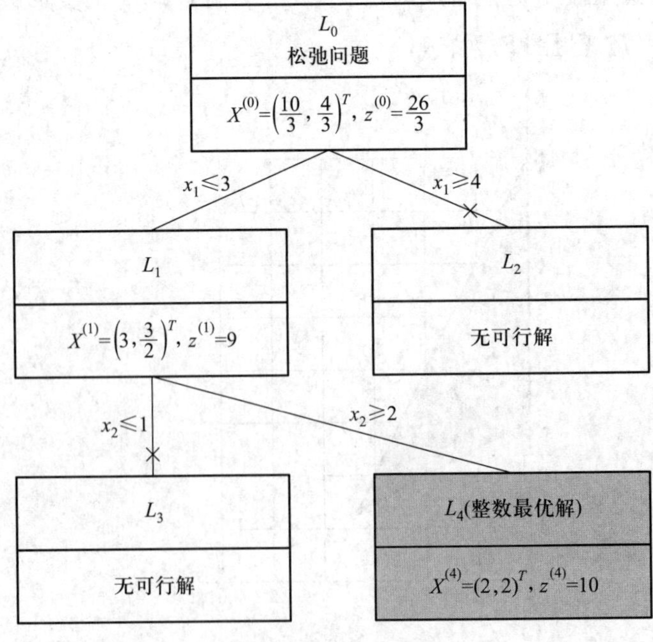

图 5-8

5.4 割平面法

割平面法（Cutting Plane Method）的基础仍然是用线性规划方法求解整数规划问题。其基本思想是：① 先不考虑变量的整数要求，求出相应线性规划的最优解。② 若最优解各分量都是整数值，则最优解就是整数规划的最优解；否则，给原规划增加一个线性约束条件（在几何上称为割平面），把包括该非整数解在内的一块不含任何整数可行解的区域从原可行域中割去。③ 再求增加约束条件后的新最优解。④ 重复上述步骤，逐步缩小可行域范围，直到最优解为整数值为止。

依据目前的研究结果，割平面法主要有分数割平面法、原始割平面法、对偶整数割平面法、混合割平面法等。本章介绍的柯莫利（Gomory）割平面法，是适用于纯整数规划问题的割平面法。

例 5-5 求下列整数规划问题。

$$\max z=2x_1+3x_2$$

$$\text{s. t.}\begin{cases}2x_1+4x_2\leqslant 25\\ x_1\leqslant 8\\ 2x_2\leqslant 10\\ x_1,\ x_2\geqslant 0\text{ 且为整数}\end{cases}$$

分析：若不考虑整数条件，用单纯形法解得松弛问题的最优解为：

$$x_1=8,\ x_2=\frac{9}{4},\ \max z=\frac{91}{4}$$

其不是原整数规划问题的最优解。整数规划的可行域由图 5-9 中 $OABDE$ 内的全部方格点组成。

若能引进约束条件 l_1：$x_1+x_2=10$，可割去非整数部分 FBG，如图 5-10 所示。

若能引进约束条件 l_2：$x_1+2x_2=12$，可割去非整数部分 $HDGF$，如图 5-11 所示。

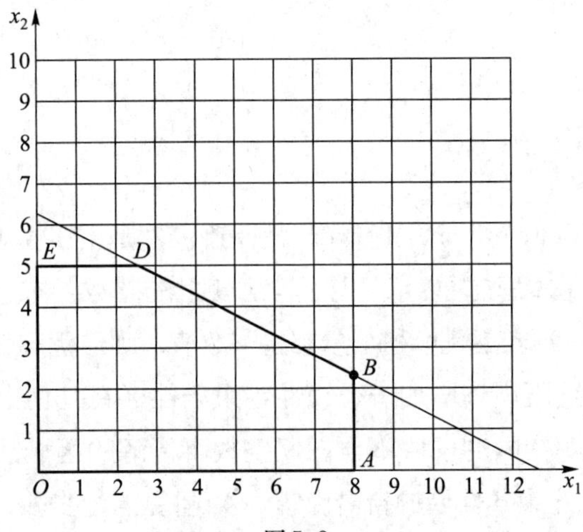

图 5-9

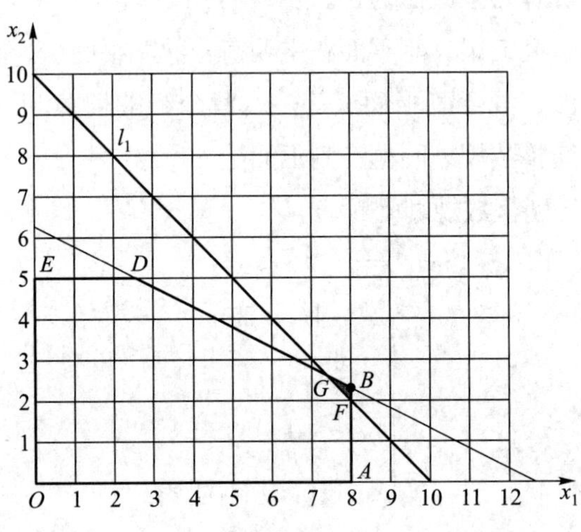

图 5-10

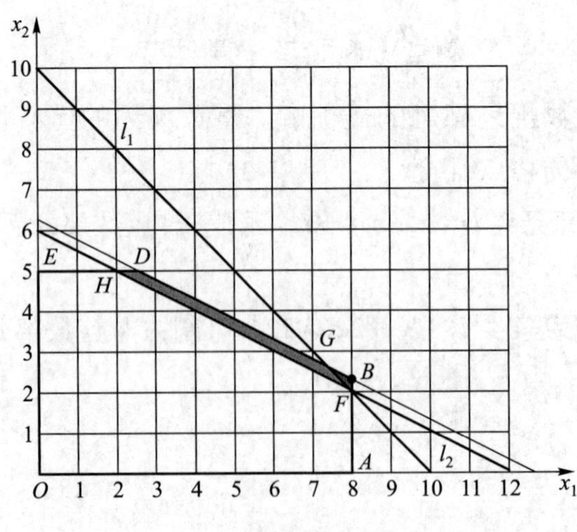

图 5-11

形成新的凸可行域 $OAFHE$（整点凸包），它的极点 F（方格点）是原整数规划的最优解（8，2），$z=22$。

将下列约束条件称为割平面。

$$l_1:\ x_1+x_2=10$$

$$l_2:\ x_1+2x_2=12$$

问题的关键就是：如何寻找割平面？下面仍然以本例加以说明。

将原整数规划化成标准问题，即不等式中加上非负的松弛变量，使其变成等式约束：

$$\max\ z=2x_1+3x_2$$

$$\text{s. t.}\begin{cases}2x_1+4x_2+x_3=25\\x_1+x_4=8\\2x_2+x_5=10\\x_1,\ x_2\cdots,\ x_5\geqslant 0\ \text{且为整数}\end{cases}$$

若不考虑整数条件，变成它的松弛问题。

$$\max\ z=2x_1+3x_2$$

$$\text{s. t.}\begin{cases}2x_1+4x_2+x_3=25\\x_1+x_4=8\\2x_2+x_5=10\\x_1,\ x_2\cdots,\ x_5\geqslant 0\end{cases}$$

其松弛问题的初始单纯形表如表 5-1 所示。

表 5-1

$c_j \longrightarrow$			2	3	0	0	0
C_B	X_B	b	x_1	x_2	x_3	x_4	x_5
0	x_3	25	2	4	1	0	0
0	x_4	8	1	0	0	1	0
0	x_5	10	0	2	0	0	1
c_j-z_j			2	3	0	0	0

最终单纯形表见表 5-2。

表 5-2

c_j			2	3	0	0	0
C_B	X_B	b	x_1	x_2	x_3	x_4	x_5
2	x_1	8	1	0	0	1	0
0	x_5	11/2	0	0	−1/2	1	1
3	x_2	9/4	0	1	1/4	−1/2	0
c_j-z_j			0	0	−3/4	−1/2	0

得到最优解：

$$X=\left(8,\quad \frac{9}{4},\quad 0,\quad 0,\quad \frac{11}{2}\right),\ \max z=\frac{91}{4}$$

最终单纯形表表 5-2 中基变量 x_2 相应的方程关系式为：

$$x_2+\frac{1}{4}x_3-\frac{1}{2}x_4=\frac{9}{4} \tag{5-1}$$

把式 5-1 所有系数分解成整数和非负真分数之和，即：

$$x_2+\frac{1}{4}x_3-x_4+\frac{1}{2}x_4=2+\frac{1}{4}$$

移项得到：

$$x_2-x_4-2=\frac{1}{4}-\left(\frac{1}{4}x_3+\frac{1}{2}x_4\right) \tag{5-2}$$

现考虑整数规划中决策变量为整数的条件。由于式 5-2 中等式的左边是整数，右边的“( )”内是正数，所以等式右边必须是负数，即整数条件可由下式代替：

$$\frac{1}{4}-\left(\frac{1}{4}x_3+\frac{1}{2}x_4\right)\leqslant 0 \tag{5-3}$$

这时就得到了一个切割方程，将它作为约束条件，再解例 5-5。

加入松弛变量，化为标准形式得到：

$$\frac{1}{4}-\left(\frac{1}{4}x_3+\frac{1}{2}x_4\right)+x_6=0 \tag{5-4}$$

将新的约束方程式 5-4 插入最终单纯形表表 5-2 中，继续进行计算，得到最终表表 5-3。

表 5-3

c_j			2	3	0	0	0	0
C_B	X_B	b	x_1	x_2	x_3	x_4	x_5	x_6
2	x_1	8	1	0	0	1	0	0
0	x_5	11/2	0	0	−1/2	1	1	0
3	x_2	9/4	0	1	1/4	−1/2	0	0
0	x_6	−1/4	0	0	−1/4	−1/2	0	1
c_j-z_j			0	0	−3/4	−1/2	0	0

从表 5-3 的 b 列可以看出得到的是非可行解$\left(x_6=-\frac{1}{4}\right)$，于是需要按照对偶单纯形法继续进行计算。选择 x_6 为换出变量，计算：

$$\theta=\min_j\left(\frac{c_j-z_j}{a_{lj}}\,\middle|\,a_{lj}<0\right)=\min\left(\frac{\frac{-3}{4}}{\frac{-1}{4}},\ \frac{\frac{-1}{2}}{\frac{-1}{2}}\right)=1$$

确定 x_4 为换入变量，再按照原单纯形表进行迭代，得到表 5-4。

表 5-4

c_j			2	3	0	0	0	0
C_B	X_B	b	x_1	x_2	x_3	x_4	x_5	x_6
2	x_1	15/2	1	0	−1/2	0	0	2
0	x_5	5	0	0	−1	0	1	2
3	x_2	5/2	0	1	1/2	0	0	−1
0	x_4	1/2	0	0	1/2	1	0	−2
c_j-z_j			0	0	−1/2	0	0	−1

最优解为：

$$X=\left(\frac{15}{2},\ \frac{5}{2},\ 0,\ \frac{1}{2},\ 5,\ 0\right),\ \max z=\frac{45}{2}$$

没有得到整数解，进行二次切割。

最终单纯形表表 5-4 中基变量 x_1 相应的方程关系式为：

$$x_1-\frac{1}{2}x_3+2x_6=\frac{15}{2} \qquad (5-5)$$

把式 5-5 所有系数分解成整数和非负真分数之和，即：

$$x_1-x_3+\frac{1}{2}x_3+2x_6=7+\frac{1}{2}$$

移项得到：

$$x_1-x_3+2x_6-7=\frac{1}{2}-\frac{1}{2}x_3 \tag{5-6}$$

由于式 5-6 中等式的左边是整数，右边的 x_3 是非负整数，所以等式右边必须是负数，即：

$$\frac{1}{2}-\frac{1}{2}x_3\leqslant 0 \tag{5-7}$$

这时就得到了一个切割方程，将它作为约束条件，再解例 5-5。

加入松弛变量，化为标准形式得到：

$$\frac{1}{2}-\frac{1}{2}x_3+x_7=0 \tag{5-8}$$

将新的约束方程式 5-8 插入最终单纯形表表 5-4 中，继续进行计算，得到最终表表 5-5。

从表 5-5 的 b 列可以看出得到的是非可行解$\left(x_7=-\frac{1}{2}\right)$，于是需要按照对偶单纯形法继续进行计算。选择 x_7 为换出变量，计算：

$$\theta=\min_j\left(\frac{c_j-z_j}{a_{lj}}\mid a_{lj}<0\right)=\min\left(\frac{\frac{-1}{2}}{\frac{-1}{2}},\ \frac{-1}{0}\right)=\min(1,\ —)=1$$

表 5-5

c_j			2	3	0	0	0	0	0
C_B	X_B	b	x_1	x_2	x_3	x_4	x_5	x_6	x_7
2	x_1	15/2	1	0	−1/2	0	0	2	0
0	x_5	5	0	0	−1	0	1	2	0
3	x_2	5/2	0	1	1/2	0	0	−1	0
0	x_4	1/2	0	0	1/2	1	0	−2	0
0	x_7	−1/2	0	0	−1/2	0	0	0	1
c_j-z_j			0	0	−1/2	0	0	−1	0

确定 x_3 为换入变量，再按照原单纯形表进行迭代，得到表 5-6。

表 5-6

c_j			2	3	0	0	0	0	0
C_B	X_B	b	x_1	x_2	x_3	x_4	x_5	x_6	x_7
2	x_1	8	1	0	0	0	0	2	−1
0	x_5	6	0	0	0	0	1	2	−2
3	x_2	2	0	1	0	0	0	−1	1
0	x_4	0	0	0	0	1	0	−2	1
0	x_3	1	0	0	1	0	0	0	−2
c_j-z_j			0	0	0	0	0	−1	−1

从表 5-6 的 b 列可以看出得到的最优解为：

$$X=(8,\ 2,\ 1,\ 0,\ 6,\ 0,\ 0),\ \max z=22$$

得到的整数最优解为图 5-12 中的 F 点。

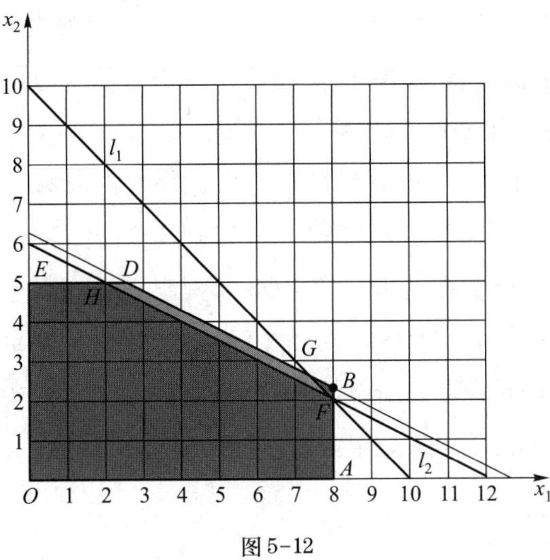

图 5-12

求解的过程中用了两个切割方程：

$$\frac{1}{4}-\left(\frac{1}{4}x_3+\frac{1}{2}x_4\right)\leqslant 0 \tag{5-9}$$

$$\frac{1}{2}-\frac{1}{2}x_3\leqslant 0 \tag{5-10}$$

这两个方程用 x_1，x_2 表示。由已知约束条件：

$$2x_1+4x_2+x_3=25$$

$$x_1+x_4=8$$

得到：

$$x_3=25-2x_1-4x_2$$

$$x_4=8-x_1$$

代入式 5-9 和式 5-10 中得到：

$$x_1+x_2\leqslant 10$$

$$x_1+2x_2\leqslant 12$$

就是图 5-12 中，l_1：$x_1+x_2=10$，l_2：$x_1+2x_2=12$ 以下的区域。故 l_1，l_2 为所求的两个割平面。

现把割平面法步骤归纳如下：

（1）去掉整数约束，用单纯形法求解。若最优解是整数，停止计算，否则转下一步。

（2）寻找割平面方程。① 从单纯形的最终表中写下非整数解的某个约束方程；② 将该约束方程的所有系数和常数分解为整数和正真分数之和；③ 整数项（包括整数系数项和整常数项）写于方程左边，真分数项写于右边；④ 利用整数约束条件求出割平面方程。

（3）将割平面方程标准化后加到约束方程组中求解，若所得最优解仍为非整数，则转到第（2）步继续进行，直到找到最优整数解为止。

柯莫利（Gomory）割平面法自 1958 年提出之后，引起广泛关注。虽然经过证明，若可行域非空有界，则经过有限次循环后，割平面法算法必将收敛，但收敛速度还是较慢，所以至今完全用它解题的仍是少数。若将割平面法与分支定界法配合使用，效果更好。

5.5 0-1 整数规划

0-1 整数规划（Zero-one Integer Programming）是一般整数规划的特例，它的决策变量 x_j 只能取 0 或 1 两个值。0-1 整数规划在整数规划中占有非常重要的地位。许多典型的实际问题，例如指派问题、选地问题、送货问题，都可归结为 0-1 整数规划问题。

0-1 整数规划问题的数学模型如下：

$$\max(\min)\ z=c_1x_1+c_2x_2+\cdots+c_nx_n$$

$$
\text{s. t.}\begin{cases}
a_{11}x_1+a_{12}x_2+\cdots+a_{1n}x_n\leqslant(=,\ \geqslant)b_1\\
a_{21}x_1+a_{22}x_2+\cdots+a_{2n}x_n\leqslant(=,\ \geqslant)b_2\\
\qquad\vdots\\
a_{m1}x_1+a_{m2}x_2+\cdots+a_{mn}x_n\leqslant(=,\ \geqslant)b_m\\
x_j=0\text{ 或 }1\ (j=1,\ 2,\ \cdots,\ n)
\end{cases}
$$

可见，0-1 整数规划的数学模型形式，与一般整数线性规划是一致的，它属于特殊形式的整数线性规划问题，因此可用上节介绍的分支定界法求解。然而，0-1 整数规划具有鲜明的特殊性，分支定界法是求解整数线性规划问题的一般性方法，如果简单套用分支定界法，就没有利用好 0-1 整数规划的特殊约束条件。

有没有更简便的 0-1 整数规划求解方法呢？由于决策变量只可能为 0 或 1，因此采用枚举验证、逐步改进的思路是可行的。有一种解法，称为隐枚举法（Implicit Enumeration Method），其求解的基本思想就是这样，也即从所有变量等于 0 出发（初始点），然后依次指定一些变量取值为 1，直到获得一个可行解，于是把第一个可行解记作当前的最好可行解；再重复，依次检查变量为 0、1 的各种组合，对当前的最好可行解加以改进，直至获得最优解。

例 5-6 求下列问题[6]：

$$
\max z=3x_1-2x_2+5x_3
$$

$$
\text{s. t.}\begin{cases}
x_1+2x_2-x_3\leqslant 2 & (1)\\
x_1+4x_2+x_3\leqslant 4 & (2)\\
x_1+x_2\leqslant 3 & (3)\\
4x_2+x_3\leqslant 6 & (4)\\
x_j=0\text{ 或 }1\ (j=1,\ 2,\ 3) & (5)
\end{cases}
$$

分析：容易看出（1，0，0）满足约束条件，对应 $z=3$，对 $\max z$ 来说，希望 $z\geqslant 3$，所以增加约束条件：

$$
z=3x_1-2x_2+5x_3\geqslant 3 \qquad (0)
$$

此条件被称为过滤性条件。

将 3 个决策变量最多可得的 8 个解按顺序排列，逐一验算是否满足（0）至（4）5 个约束条件，如表 5-7 所示。

表 5-7

(x_1, x_2, x_3)	条件					满足条件？是（√）否（×）	z值
	(0)	(1)	(2)	(3)	(4)		
(0, 0, 0)	0					×	
(0, 0, 1)	5	−1	1	0	1	√	5
(0, 1, 0)	−2					×	
(0, 1, 1)	3	1	5			×	
(1, 0, 0)	3	1	1	1	0	√	3
(1, 0, 1)	8	0	2	1	1	√	8
(1, 1, 0)	1					×	
(1, 1, 1)	6	2	6			×	

对每个解依次代入约束条件左侧，看是否满足不等式条件，若某一条件得不到满足，就不必再对同行的后续各条件进行检验，这样可以减少运算次数。经过如表 5-7 所示的 24 次运算，求得最优解：

$$X^* = (x_1, x_2, x_3) = (1, 0, 1)$$

$$z = 8$$

初看起来，增加过滤性条件将会增加计算量，但如上所示，只要方式得当，完全可以减少计算量。例如增加约束条件 $z \geqslant 3$ 后，实际做了 24 次运算，而原问题 3 个决策变量（可得 8 个解）、4 个约束条件，穷尽所有可能的排列组合，需要进行 $2^3 \times 4 = 32$ 次运算。

需要注意的是，一般来说，对过滤性条件进行改进，在计算过程中随时调整右边常数，或将目标函数中的价值系数按递增顺序排列，都可以减少计算量。如上例中，改写：

$$z = 3x_1 - 2x_2 + 5x_3 = -2x_2 + 3x_1 + 5x_3$$

因为−2，3，5 是递增的，变量 (x_2, x_1, x_3) 也按照下述顺序取值：(0, 0, 0)，(0, 0, 1)，(0, 1, 0)，(0, 1, 1)，…，这样，可以较早发现最优解，再结合过滤条件的改进，可使计算过程简化。在上例中：

$$\max z = -2x_2 + 3x_1 + 5x_3$$

$$\text{s. t.}\begin{cases}-2x_2+3x_1+5x_3\geqslant 3 & (0)\\ 2x_2+x_1-x_3\leqslant 2 & (1)\\ 4x_2+x_1+x_3\leqslant 4 & (2)\\ x_2+x_1\leqslant 3 & (3)\\ 4x_2+x_3\leqslant 6 & (4)\\ x_j=0\text{ 或 }1\ (j=1,\ 2,\ 3) & (5)\end{cases}$$

按以下步骤解题，分别见表 5-8、表 5-9、表 5-10。

表 5-8

(x_2，x_1，x_3)	条件					满足条件？是（√）否（×）	z 值
	0	1	2	3	4		
(0，0，0)	0					×	
(0，0，1)	5	−1	1	0	1	√	5

改进过滤性条件，用：

$$-2x_2+3x_1+5x_3\geqslant 5 \qquad (0')$$

代替（0）式继续进行，见表 5-9。

表 5-9

(x_2，x_1，x_3)	条件					满足条件？是（√）否（×）	z 值
	0′	1	2	3	4		
(0，1，0)	3					×	
(0，1，1)	8	0	2	1	1	√	8

再改进过滤性条件，用：

$$-2x_2+3x_1+5x_3\geqslant 8 \qquad (0'')$$

代替（0′）式继续进行，见表 5-10。可见 z 已不能再作改进，即通过 16 次运算，已求得最优解。

表 5-10

(x_2, x_1, x_3)	条件					满足条件? 是(√) 否(×)	z 值
	0″	1	2	3	4		
(1, 0, 0)	−2					×	
(1, 0, 1)	3					×	
(1, 1, 0)	1					×	
(1, 1, 1)	6					×	

5.6 指派问题

在工作和生活中经常遇到这样的问题：有 n 项不同任务，恰好有 n 个人可以承担这些任务。由于每个人的专长不同，各人完成各项任务的效率（所费时间）不同。现假设必须指派每一人去完成其中一项任务，把 n 项任务怎样分别指派给 n 个人，使得完成 n 项任务的总效率最高（或所需总时间最少）的问题。这类问题就是指派问题或分派问题（Assignment Problem）。

5.6.1 指派问题的数学模型

例 5-7 在国际军事联合演习中，某国指挥部需把一份中文文书翻译成英、日、德、俄四种文字，现有甲、乙、丙、丁四人，他们将中文说明书翻译成英、日、德、俄四种文字所需时间如表 5-11 所示。问应如何分配工作，使所需总时间最少？[6]

表 5-11

人员＼任务	英	日	德	俄
甲	2	15	13	4
乙	10	4	14	15
丙	9	14	16	13
丁	7	8	11	9

视频：指派问题
（收费资源）

类似的问题有：n 项加工任务怎样指派到 n 台机床，n 条航线怎样指定给 n 艘航船等。对于每个指派问题，需要构建类似表 5-11 那样的数表，称为效率矩阵或系数矩阵，其元素 $c_{ij} \geqslant 0$（i，$j=1$，2，…，n），表示指派第 i 人去完成第 j 项任务时的效率（或时间、成本等）。

求解此类问题时，需引入决策变量 x_{ij}，其取值只能是 0 或 1，并令：

$$\begin{cases} x_{ij}=1 \text{ 表示分配第 } i \text{ 人去完成第 } j \text{ 项任务} \\ x_{ij}=0 \text{ 表示不分配第 } i \text{ 人去完成第 } j \text{ 项任务} \end{cases}$$

当问题求极小化时，数学模型为：

$$\min z = \sum_i \sum_j c_{ij} x_{ij} \qquad (1)$$

$$\text{s. t.} \begin{cases} \sum_i x_{ij} = 1 \quad j = 1, 2, \cdots, n & (2) \\ \sum_j x_{ij} = 1 \quad i = 1, 2, \cdots, n & (3) \\ x_{ij} = 0 \text{ 或 } 1 & (4) \end{cases}$$

c_{ij}为系数矩阵里的系数值。

$\sum_{i=1}^{n} x_{ij} = 1 \quad (j = 1, 2, \cdots, n)$ 表示第 j 项任务只能由一人去完成。

$\sum_{j=1}^{n} x_{ij} = 1 \quad (i = 1, 2, \cdots, n)$ 表示第 i 人只能完成一项任务。

满足约束条件的（2）～（4）的解称为可行解，可行解 x_{ij}可写成表格或矩阵形式，称为解矩阵。例 5-7 的解矩阵应该是如下形式：

$$X = \begin{bmatrix} 0 & 1 & 0 & 0 \\ 1 & 0 & 0 & 0 \\ 0 & 0 & 0 & 1 \\ 0 & 0 & 1 & 0 \end{bmatrix}$$

解矩阵其各行各列元素之和为 1。

容易看出，指派问题是 0-1 整数规划的特例，也是运输问题的特例，还是整数线性规划的特例中的特例。因此，指派问题当然可用整数规划、0-1 整数规划或运输问题的解法去求解。但是，如同用分支定界法求解 0-1 整数规划或单纯形法求解运输问题并非高效经济一样，如何充分利用指派问题的特点去寻求更简便的解法，也就是自然而然的要求了。

5.6.2 指派问题的匈牙利解法

1955 年，美国数学家库恩提出了指派问题的独特解法。由于库恩引用了匈牙利数学家康尼格（D. Konig）关于矩阵中独立零元素的定理（系数矩阵中独立 0 元素的最多个数等于能覆盖所有 0 元素的最少直线数），因此库恩将他提出的独特解法称为匈牙利解法。

康尼格

指派问题的可行解由 n^2 个满足约束条件的 x_{ij} 组成。① 这些 x_{ij} 中，有 n 个为 1，其余均为 0；且 n 个 1 彼此独立，即在解矩阵中不同行也不同列。② 因此 n 个彼此独立的 $x_{ij}=1$，决定了 n 个相应的 c_{ij} 也位于系数矩阵相应的不同行不同列上。③ 相应的可行解的目标函数值由 n 个 c_{ij} 之和确定。即有：令 $C=(c_{ij})$ 是一个系数矩阵，若可行解 $X^*=(x_{ij})$ 的 n 个 1 所对应的 n 个 $C=(c_{ij})$ 均为零，则 X^* 为最优解。④ 因此，需要对系数矩阵作变换，使变换后的系数矩阵含有 n 个不同行不同列的 0，这 n 个不同行不同列的 0 所在的位置对应的就是解矩阵中不同行不同列的 1 对应的位置，由此求得对应于系数矩阵中这 n 个 0 的解矩阵中的 n 个 1，即为最优解矩阵。

那么，该如何对效率矩阵进行变换，才能得到最优解矩阵呢？可以看出，指派问题的系数矩阵，其任一行（或列），减去（或加上）一个相同的常数，所得到的新指派问题，与原问题同解。因为这种改变只是改变了目标函数值，并不影响约束方程组，且目标函数只是某个常数的变化，故并不改变最优解。

利用系数矩阵的这个性质，可使原系数矩阵变换为含有很多 0 元素的新系数矩阵，而最优解保持不变。① 若从系数矩阵 C 的一行（列）各元素中分别减去该行（列）的最小元素得到新矩阵 B，那么以 B 为系数矩阵求得的最优解，与以原来的系数矩阵 C 求得的最优解，二者相同。而且，B 矩阵是含有很多 0 元素的新效率矩阵。② 最需要关心的是位于不同行不同列的 0 元素，以下简称独立 0 元素。若能在新系数矩阵 B 中找出 n 个独立的 0 元素，则令解矩阵 X 中对应这 n 个独立 0 元素的元素取值为 1，其他元素取值为 0。③ 将其代入目标函数得到 $z'=\sum_{i=1}^{n}\sum_{j=1}^{n}b_{ij}x_{ij}=0$，这一定是最小的目标函数值。④ 这样，就得到了以 B 为系数矩阵的指派问题的最优解，也就得到了原问题的最优解。

5.6.3 匈牙利解法的运用

以例 5-7 来说明如何运用匈牙利解法。

第一步，变换指派问题的系数矩阵，使其各行各列中都出现 0 元素。

（1）从系数矩阵的每行元素减去该行最小元素的值。

（2）再从所得系数矩阵的每列元素减去该列最小元素的值。

若某行（列）已经有 0 元素，就不必再减了。

$$\begin{pmatrix} 2 & 15 & 13 & 4 \\ 10 & 4 & 14 & 15 \\ 9 & 14 & 16 & 13 \\ 7 & 8 & 11 & 9 \end{pmatrix} \begin{matrix} \min \\ 2 \\ 4 \\ 9 \\ 7 \end{matrix}$$

$$\begin{pmatrix} 0 & 13 & 11 & 2 \\ 6 & 0 & 10 & 11 \\ 0 & 5 & 7 & 4 \\ 0 & 1 & 4 & 2 \end{pmatrix}$$

$$\begin{matrix} 0 & 0 & 4 & 2 & \min \end{matrix}$$

$$\begin{pmatrix} 0 & 13 & 7 & 0 \\ 6 & 0 & 6 & 9 \\ 0 & 5 & 3 & 2 \\ 0 & 1 & 0 & 0 \end{pmatrix}$$

第二步，进行试分配，以寻找最优解。

（1）从只有一个 0 元素的行（或列）开始，给这个 0 元素加圈，记作◎，表示这行所代表的人，只有一种任务可指派。然后划去◎所在列（或行）的其他 0 元素，记作 Ø，表示这列所代表的任务已指派完，不必再考虑别人了。

（2）给只有一个 0 元素的列（或行）的 0 元素加圈，记作◎，然后划去◎所在行（或列）的其他 0 元素，记作 Ø。

（3）反复进行上述两步，直到所有的 0 元素都被圈出和划掉为止。

（4）若还有没有加圈的0元素，且同行（或列）的0元素至少有两个，从剩有0元素最少的行（或列）开始，比较这行各0元素所在列中0元素的数目，选择0元素少的那列的0元素加圈，然后划掉同行同列的其他0元素。可反复进行，直到所有的0元素都被圈出和划掉为止。

（5）若◎元素的数目 m 等于矩阵阶数 n，那么这分配问题的最优解已得到。若 $m<n$，则转下一步。

现对例5-7中的 B 矩阵，按照上述步骤进行试分配。

按照步骤（1），从只有一个0元素的行（或列）开始，给这个0元素（b_{22}）加圈，记作◎。

0	13	7	0
6	◎	6	9
0	5	3	2
0	1	0	0

再从只有一个0元素的行（或列）开始，给这个0元素（b_{31}）加圈，记作◎，

0	13	7	0
6	◎	6	9
◎	5	3	2
0	1	0	0

然后划去◎所在列的其他0元素（b_{11}，b_{41}），记作Ø。

Ø	13	7	0
6	◎	6	9
◎	5	3	2
Ø	1	0	0

再给只有一个0元素列的0元素（b_{43}）加圈，记作◎。

Ø	13	7	0
6	◎	6	9
◎	5	3	2
Ø	1	◎	0

然后划去◎所在行的其他 0 元素（b_{44}），记作 Ø。

Ø	13	7	0
6	◎	6	9
◎	5	3	2
Ø	1	◎	Ø

给最后一个 0 元素（b_{14}）加圈，记作◎。

Ø	13	7	◎
6	◎	6	9
◎	5	3	2
Ø	1	◎	Ø

可见 $m=n=4$，得到最优解为：

$$\begin{bmatrix} 0 & 0 & 0 & 1 \\ 0 & 1 & 0 & 0 \\ 1 & 0 & 0 & 0 \\ 0 & 0 & 1 & 0 \end{bmatrix}$$

即指派甲译俄文、乙译日文、丙译英文、丁译德文，所需的总时间最少，为 $z=28$ 小时。

$$\min z_b = \sum_i \sum_j b_{ij}x_{ij} = 0$$

$$\min z = \sum_i \sum_j c_{ij}x_{ij} = c_{31}+c_{22}+c_{14}+c_{43} = 28$$

5.7 指派问题的应用

指派问题在现实生活、军事训练中应用非常广泛。在前一节中，讨论了加圈个数 m 与矩阵阶数 n 相等的情况，那么当 $m<n$ 时，在实际应用中应该怎样求解呢?

例 5-8 在一次军事演习中，分别用甲、乙、丙、丁、戊五种类型的导弹射击 A、B、C、D、E 五个目标，每种类型的导弹分别发射 1 枚，每种类型导弹命中各个目标所消耗的时间如表 5-12 所示。问怎样分配各型导弹的射击目标，可使总的消耗时间最少。[6]

表 5-12

人员 \ 任务	A	B	C	D	E
甲	12	7	9	7	9
乙	8	9	6	6	6
丙	7	17	12	14	9
丁	15	14	6	6	10
戊	4	10	7	10	9

求解时，引入变量 x_{ij}，其取值只能是 0 或 1。并令：

$$\begin{cases} x_{ij}=1 \text{ 表示分配第 } i \text{ 人去完成第 } j \text{ 项任务} \\ x_{ij}=0 \text{ 表示不分配第 } i \text{ 人去完成第 } j \text{ 项任务} \end{cases}$$

该指派问题的数学模型为：

$$\min z = \sum_i \sum_j c_{ij} x_{ij} \tag{1}$$

$$\text{s.t.} \begin{cases} \sum_i x_{ij} = 1 \quad j=1, 2, \cdots, 5 & (2) \\ \sum_j x_{ij} = 1 \quad i=1, 2, \cdots, 5 & (3) \\ x_{ij} = 0 \text{ 或 } 1 & (4) \end{cases}$$

c_{ij}为系数矩阵里的系数值。

下面用匈牙利解法进行计算与变换。

第一步，每行每列都减去最小元素。

12	7	9	7	9	7
8	9	6	6	6	6
7	17	12	14	9	7
15	14	6	6	10	6
4	10	7	10	9	4

经过变换得到新的系数矩阵。

5	0	2	0	2
2	3	0	0	0
0	10	5	7	2
9	8	0	0	4
0	6	3	6	5

第二步，从只有一个 0 元素的行开始，给这个 0 元素（b_{31}）加圈，记作◎。

5	0	2	0	2
2	3	0	0	0
◎	10	5	7	2
9	8	0	0	4
0	6	3	6	5

然后划去◎所在列的其他 0 元素（b_{51}），记作 Ø。

5	0	2	0	2
2	3	0	0	0
◎	10	5	7	2
9	8	0	0	4
Ø	6	3	6	5

从只有一个0元素的列开始，给这个0元素（b_{12}）加圈，记作◎，然后划去◎所在行的其他0元素（b_{14}），记作Ø。

5	◎	2	Ø	2
2	3	0	0	0
◎	10	5	7	2
9	8	0	0	4
Ø	6	3	6	5

从只有一个0元素的列开始，给这个0元素（b_{25}）加圈，记作◎，然后划去◎所在行的其他0元素（b_{23}，b_{24}），记作Ø。

5	◎	2	Ø	2
2	3	Ø	Ø	◎
◎	10	5	7	2
9	8	0	0	4
Ø	6	3	6	5

从只有一个0元素的列开始，给这个0元素（b_{43}）加圈，记作◎，然后划去◎所在行的其他0元素（b_{44}），记作Ø。

5	◎	2	Ø	2
2	3	Ø	Ø	◎
◎	10	5	7	2
9	8	◎	Ø	4
Ø	6	3	6	5

◎的个数 $m=4$，而 $n=5$，$m<n$，转下一步。

第三步，作最少的直线覆盖所有的0元素，以确定该系数矩阵中能找到最多的独立元素数。① 对没有◎的行，打√；② 对已打√行中所有含0元素的列打√；③ 对打√列中含0元素的行打√；④ 重复上述两步，直到得不出新的打√行列为止；⑤ 对没有打√行画横线，有打√列画纵线，就得到覆盖所有 0 元素的最少直线数。

对没有◎的行（第 5 行），打√。

5	◎	2	Ø	2	
2	3	Ø	Ø	◎	
◎	10	5	7	2	
9	8	◎	Ø	4	
Ø	6	3	6	5	√

对已打√行中所有含 0 元素的列（第 1 列）打√。

√					
5	◎	2	Ø	2	
2	3	Ø	Ø	◎	
◎	10	5	7	2	
9	8	◎	Ø	4	
Ø	6	3	6	5	√

再对打√列中含 0 元素的行（第 3 行）打√。

√					
5	◎	2	Ø	2	
2	3	Ø	Ø	◎	
◎	10	5	7	2	√
9	8	◎	Ø	4	
Ø	6	3	6	5	√

对没有打√行（第 1、2、4 行）画横线。

√					
5	◎	2	Ø	2	
2	3	Ø	Ø	◎	
◎	10	5	7	2	√
9	8	◎	Ø	4	
Ø	6	3	6	5	√

有打√列（第 1 列）画纵线。

√					
5	◎	2	Ø	2	
2	3	Ø	Ø	◎	
◎	10	5	7	2	√
9	8	◎	Ø	4	
Ø	6	3	6	5	√

第四步，在没有被直线覆盖的部分中找出最小元素（目的是增加 0 元素），然后在打√行各元素都减去这最小元素，而在打√列中各元素都加上这个最小元素，以保证原来 0 元素不变，这样得到新的系数矩阵（它的最优解和原问题相同）。若得到 n 个独立的 0 元素，则已经得到最优解。否则回到第三步重复进行。

没有被直线覆盖的最小元素为 2（b_{35}）。

√					
5	◎	2	Ø	2	
2	3	Ø	Ø	◎	
◎	10	5	7	2	√
9	8	◎	Ø	4	
Ø	6	3	6	5	√

在打√行（第 3、5 行）各元素都减去这最小元素 2，

√					
5	0	2	0	2	
2	3	0	0	0	
−2	8	3	5	0	√
9	8	0	0	4	
−2	4	1	4	3	√

在打√列（第 1 列）中各元素都加上这最小元素 2。

√					
7	0	2	0	2	
4	3	0	0	0	
0	8	3	5	0	√
11	8	0	0	4	
0	4	1	4	3	√

重复第二步，寻找独立 0 元素。

7	0	2	0	2
4	3	0	0	0
0	8	3	5	0
11	8	0	0	4
0	4	1	4	3

从只有一个 0 元素的行开始，给这个 0 元素（b_{51}）加圈，记作◎。

7	0	2	0	2
4	3	0	0	0
0	8	3	5	0
11	8	0	0	4
◎	4	1	4	3

然后划去◎所在列的其他0元素（b_{31}），记作Ø。

7	0	2	0	2
4	3	0	0	0
Ø	8	3	5	0
11	8	0	0	4
◎	4	1	4	3

从只有一个0元素的行开始，给这个0元素（b_{35}）加圈，记作◎。

7	0	2	0	2
4	3	0	0	0
Ø	8	3	5	◎
11	8	0	0	4
◎	4	1	4	3

然后划去◎所在列的其他0元素（b_{25}），记作Ø。

7	0	2	0	2
4	3	0	0	Ø
Ø	8	3	5	◎
11	8	0	0	4
◎	4	1	4	3

从只有一个0元素的列开始，给这个0元素加圈（b_{12}），记作◎。

7	◎	2	0	2
4	3	0	0	Ø
Ø	8	3	5	◎
11	8	0	0	4
◎	4	1	4	3

然后划去◎所在行的其他 0 元素，记作 Ø。

7	◎	2	Ø	2
4	3	0	0	Ø
Ø	8	3	5	◎
11	8	0	0	4
◎	4	1	4	3

下面有二种分配方案：

第一种：

7	◎	2	Ø	2
4	3	◎	Ø	Ø
Ø	8	3	5	◎
11	8	Ø	◎	4
◎	4	1	4	3

最优解如下：$z=32$。

0	1	0	0	0
0	0	1	0	0
0	0	0	0	1
0	0	0	1	0
1	0	0	0	0

分配问题结果如表 5-13 所示。

表 5-13

人员\任务	A	B	C	D	E
甲	12	**7**	9	7	9
乙	8	9	**6**	6	6
丙	7	17	12	14	**9**
丁	15	14	6	**6**	10
戊	**4**	10	7	10	9

第二种：

7	◎	2	Ø	2
4	3	Ø	◎	Ø
Ø	8	3	5	◎
11	8	◎	Ø	4
◎	4	1	4	3

最优解如下：$z=32$。

0	1	0	0	0
0	0	0	1	0
0	0	0	0	1
0	0	1	0	0
1	0	0	0	0

分配问题结果如表 5-14 所示。

表 5-14

人员＼任务	A	B	C	D	E
甲	12	**7**	9	7	9
乙	8	9	6	**6**	6
丙	7	17	12	14	**9**
丁	15	14	**6**	6	10
戊	**4**	10	7	10	9

最优指派方案为两个：

（1）甲类型导弹射击目标 B，乙类型导弹射击目标 C，丙类型导弹射击目标 E，丁类型导弹射击目标 D，戊类型导弹射击目标 A。

（2）甲类型导弹射击目标 B，乙类型导弹射击目标 D，丙类型导弹射击目标 E，丁类型导弹射击目标 C，戊类型导弹射击目标 A。

所需总时间为 $\min z=32$。

从上例可见，当指派问题的系数矩阵，经过变换得到了同行和同列中都有两个或两个以上 0 元素时，可以任意圈定一行（列）中的某一个 0 元素，再划去同行（列）的其他 0 元素。在这种情况下，会出现多重解。

以上讨论的是极小化的指派问题。对于极大化的指派问题，即求：

$$\max z=\sum_i\sum_j c_{ij}x_{ij}$$

$$\text{s. t.}\begin{cases}\sum_i x_{ij}=1 & j=1,\ 2,\ \cdots,\ n\\ \sum_j x_{ij}=1 & i=1,\ 2,\ \cdots,\ n\\ x_{ij}=0 \text{ 或 } 1\end{cases}$$

可令：

$$b_{ij}=M-c_{ij}$$

其中 M 是足够大的常数（一般选 c_{ij} 中最大元素）。

这时的系数矩阵 $C=(c_{ij})$ 变换为：

$$B=(b_{ij})$$

这时 $b_{ij}\geqslant 0$ 符合匈牙利算法的条件。

目标函数经变换后，即解：

$$\min z' = \sum_i \sum_j b_{ij} x_{ij}$$

所得最小解就是原问题的最大解，因为：

$$\begin{aligned}\sum_i \sum_j b_{ij} x_{ij} &= \sum_i \sum_j (M - c_{ij}) x_{ij} \\ &= \sum_i \sum_j M x_{ij} - \sum_i \sum_j c_{ij} x_{ij} \\ &= nM - \sum_i \sum_j c_{ij} x_{ij}\end{aligned}$$

nM 为常数，故 $\sum_i \sum_j b_{ij} x_{ij}$ 为最小时，$\sum_i \sum_j c_{ij} x_{ij}$ 为最大。

本章小结

整数规划问题是决策变量为整数的线性规划问题。本章要求学习者掌握整数规划问题的数学模型，了解用分支定界法和割平面法求解一般整数规划问题，掌握 0-1 整数规划的隐枚举方法和指派问题的匈牙利解法。本章知识点及学习者需要掌握的程度如下图所示。

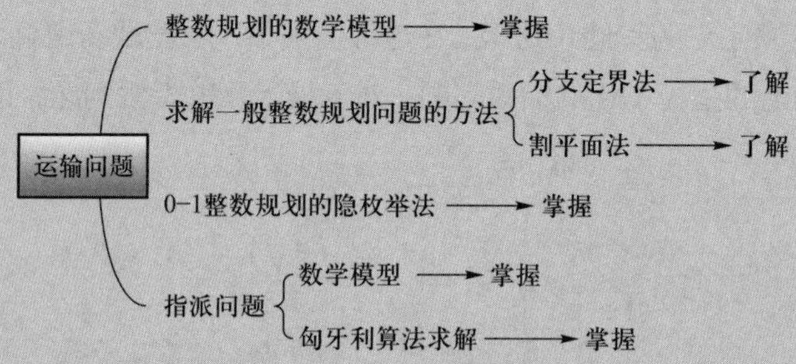

关键术语

整数规划（Integer Programming）

分支定界法（Branch and Bound Method）

割平面法（Cutting Plane Method）

0-1 整数规划（Zero-one Integer Programming）

隐枚举法（Implicit Enumeration Method）

指派问题（Assignment Problem）

复习思考题

1. 不是求解整数线性规划最优解的方法的是（　　）。

A. 分支定界法　　B. 割平面法　　C. 枚举法　　D. 遗传算法

2. 下述说法错误的是（　　）。

A. 0-1 整数规划中所有变量只能取 0 或 1

B. 隐枚举法求 0-1 整数规划，减少了计算量

C. 隐枚举法求 0-1 整数规划时，需及时增加过滤性条件

D. 0-1 整数规划模型目标函数可以是非线性

3. 下述说法正确的是（　　）。

A. 用分支定界法求解一个极大化的整数规划问题时，任何一个可行整数解的目标函数值是该问题目标函数值的下界

B. 整数规划的最优解是先求相应的线性规划的最优解然后取整得到

C. 指派问题与运输问题的数学模型结构形式十分相似，故也可用表上作业法求解

D. 指派问题也可用隐枚举法来求解

4. 下列对指派问题的描述中，正确的是（　　）。

A. 匈牙利法求解指派问题的条件是效率矩阵的元素非负

B. 每个单位只能接受其中一项工作

C. 匈牙利法可直接求解极大化的指派问题

D. 将指派问题的效率矩阵每行分别加上一个数后最优解不变

5. 分支定界法中（　　）。

A. 最大值问题的目标值是各分支的下界

B. 最大值问题的目标值是各分支的上界

C. 最小值问题的目标值是各分支的上界

D. 以上结论都不对

6. 用隐枚举法求以下模型的最优解。

$$\max\ z=3x_1+x_2$$

约束条件为：

$$\begin{cases}4x_1+3x_2\leqslant 7\\x_1+2x_2\leqslant 4\\x_1,\ x_2=0 \text{ 或 } 1\end{cases}$$

7. 有 5 个工人，指派完成 5 项工作，每人做各种工作所消耗的时间如表 5-15 所示。问指派哪个人去完成哪种工作，可使总的消耗时间最小？

表 5-15

工人 \ 工种	A	B	C	D	E
甲	4	8	7	15	12
乙	7	9	17	14	10
丙	6	9	12	8	7
丁	6	7	14	6	10
戊	6	9	12	10	6

延伸阅读

［1］https://en.wikipedia.org/wiki/Talk:Ralph_E._Gomory.

［2］https://en.wikipedia.org/wiki/Cutting-plane_method.

［3］Kuhn, H. W. The Hungarian method for the assignment problem［J］. Naval Research Logistics Quarterly，1995，2：83-97.

［4］https://baike.baidu.com/item/Konig%E5%AE%9A%E7%90%86/1845210？fr=aladdin.

［5］https://baike.baidu.com/item/匈牙利算法/9089246？fr=aladdin.

［6］《运筹学》教材编写组. 运筹学［M］. 3 版. 北京：清华大学出版社，2005.

［7］黄力伟，冯杰，王勤，等. 军事运筹学［M］. 北京：国防工业出版社，2016.

参考文献

[1] https://en.wikipedia.org/wiki/Talk:Ralph_E._Gomory.

[2] https://en.wikipedia.org/wiki/Cutting-plane_method.

[3] Kuhn, H. W. The Hungarian method for the assignment problem [J]. Naval Research Logistics Quarterly, 1995, 2: 83 - 97.

[4] https://baike. baidu. com/item/Konig% E5% AE% 9A% E7% 90% 86/1845210? fr=aladdin.

[5] https://baike.baidu.com/item/匈牙利算法/9089246? fr=aladdin.

[6]《运筹学》教材编写组. 运筹学 [M]. 3 版. 北京: 清华大学出版社, 2005: 114-131.

第六章　动态规划

【本章导读】 动态规划（Dynamic Programming，DP）是运筹学的一个分支，是解决多阶段决策问题最优化的一种数学方法。何谓多阶段决策问题?它是指这样一类活动过程：它可以被分解为若干个相互联系的阶段，每一阶段分别对应着一组可供选择的决策集合。即在构成过程的每个阶段都需要进行一次决策。动态规划的最终目的是确定各决策变量的取值，以使目标函数达到极大或极小。在线性规划和非线性规划中，决策变量都是以集合的形式

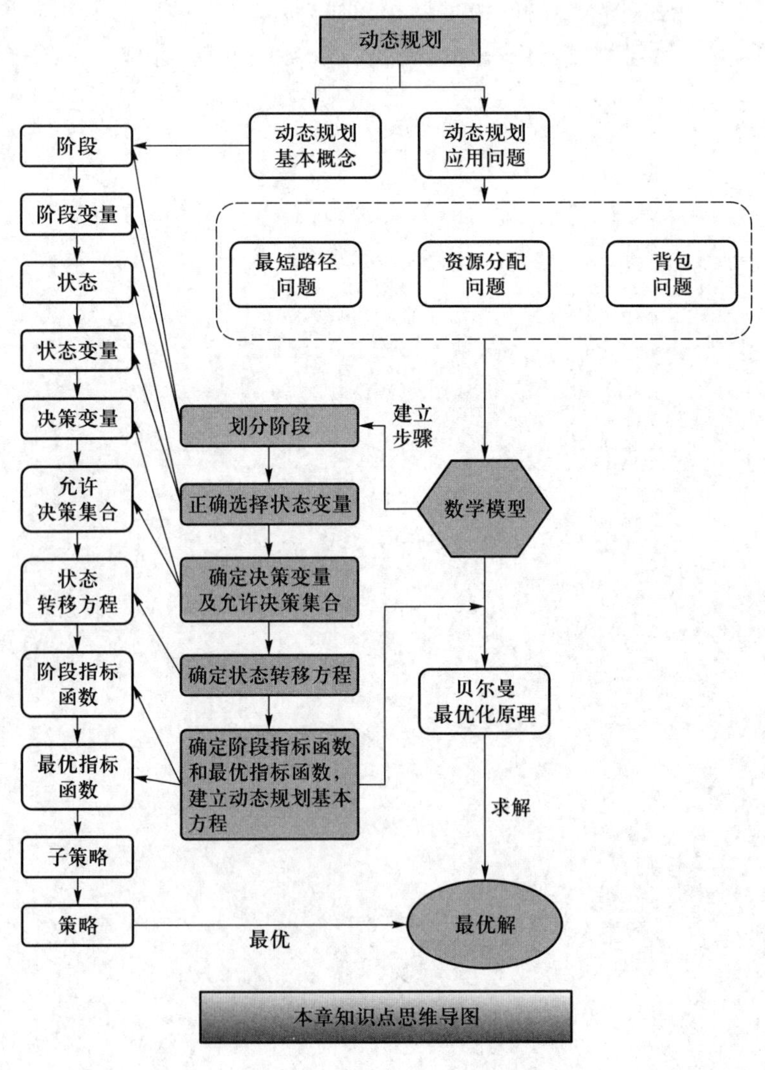

本章知识点思维导图

被一次性处理。然而在动态规划中，决策变量需要被分期、分批处理，进行多阶段决策。

动态规划问世以来，被广泛应用于经济管理、军事管理、生产调度、工程技术、科技生物、最优控制、排序装载、后勤运输等诸多领域。许多问题用动态规划求解比用线性规划、非线性规划求解更有效、更方便。例如，最短路径问题、库存管理问题、资源分配问题、背包问题、设备更新问题、排序问题、装载问题、生产调度问题等。目前，动态规划已成为企业活动、军事活动中非常重要的一种决策方法。

本章知识点之间的逻辑关系可见思维导图。

6.1 动态规划概述

动态规划方法是由美国数学家贝尔曼（R. E. Bellman）等人在 20 世纪 40 年代末 50 年代初提出的。当时，贝尔曼在兰德公司（Rand Corporation）从事研究工作，首先提出了动态规划的概念。1951 年，贝尔曼提出了动态规划中解决多阶段决策问题的最优化原理，并给出了许多实际问题的解法。1957 年，贝尔曼发表了数篇研究论文，并出版了 Dynamic Programming。该书成为第一部研究和应用动态规划理论的重要学术著作，标志着运筹学这一重要分支的诞生。紧接着，1961 年他又出版了第二部著作，并于 1962 年与杜瑞佛思（Drefus）合作出版了第三部著作。

贝尔曼

在贝尔曼研究团队发展和推广动态规划的同时，其他一些学者也对动态规划的发展做出了重大贡献，其中比较著名的是爱尔思（Rutherford Aris）和梅特顿（Mitten）。爱尔思先后于 1961 年和 1964 年出版了两部关于动态规划的著作，并于 1964 年同尼母霍思尔（George Nemhauser）、威尔德（Wild）一道创建了处理分支、循环性多阶段决策系统的一般性理论。梅特顿提出了许多对动态规划后来发展有着重要意义的基础性观点，并且对明晰动态规划路径的数学性质做出了巨大贡献。

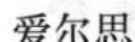

爱尔思

尼母霍思尔

动态规划问世以来，在工业、农业、经济、军事、工程技术等方面得到了广泛应用，取得了丰硕的成果。20 世纪 90 年代初，国际信息科学类竞赛的出题者注意到了动态规划理论与方法的独特魅力。此后，动态规划就成为信息科学类竞赛中必不可少的一个重要方面，在几乎所有的国内国际竞赛中，至少有一道涉及动态规划的题目。

6.2 动态规划的基本理论

动态规划针对的是真实世界中经常发生的一类活动过程。这类活动具有系统性、进程性、复杂性，完成活动需要将活动过程划分为若干个相互联系的阶段，在每一个阶段中都需要做出决策，以使整个活动过程取得最好的成效。各个阶段的决策不是任意确定的，它取决于当前阶段达到的状态，它必然影响后续阶段的发展。将各个阶段的决策综合起来就构成一个决策序列，称其为一个策略。显然，由于各个阶段做出的决策不同，对应整个过程可以有一系列不同的策略。当采取某个具体策略时，相应可以得到一个确定的效果，而采取不同的策略就会得到不同的效果。多阶段决策问题，就是要在所有可能采取的策略中选取一个最优策略，以取得最佳效果。

可以看出，同前面介绍过的各种优化方法不同，动态规划不是一种特定的算法，不像线性规划那样有一个标准的数学模型，它更像是考察、分解、解决问题的思路与途径。面对实际问题，必须具体问题具体分析，再根据动态规划的原理，建立相应的数学模型，“分段计算、化繁为简，逐步递推、由简归繁”，直至获得最优策略。这种“分段施策，逐步调整”的方法，对求解一些复杂问题具有显著优势。

6.2.1 动态规划的数学描述

任何一个阶段（stage，即决策点）都是由输入（input）、决策（decision）、状态转移方程（transformation function）和输出（output）构成的，如图 6-1 和图 6-2 所示。其中输入和输出也称状态（state），输入称为输入状态，输出称为输出状态。

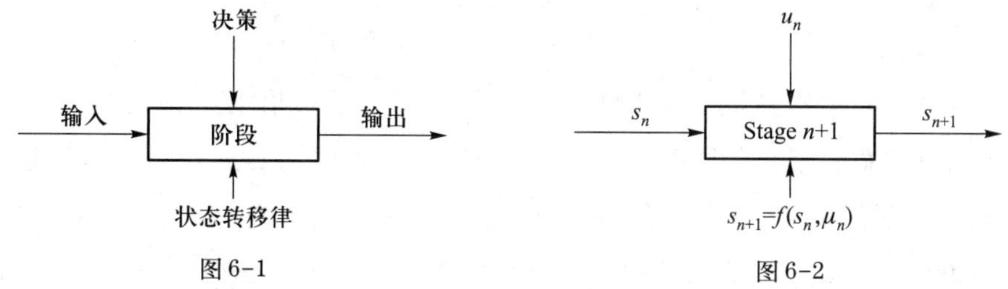

图 6-1　　图 6-2

由于每一阶段都有一个决策，所以每一阶段都应存在一个衡量决策效益大小的指标函数，这一指标函数称为阶段指标函数，如图 6-2 所示。显然，输出是输入和决策的函数，即：

$$s_{n+1}=f(s_n,\ \mu_n) \tag{6-1}$$

式 6-1 即为状态转移律。在由 N 个阶段构成的过程里，前一个阶段的输出即为后一个阶段的输入。

6.2.2 动态规划的基本概念

由上可见，对动态规划进行数学描述，离不开特定的基本概念与符号。下面结合例 6-1 介绍动态规划的基本概念。

例 6-1　给定一个线路网络，如图 6-3 所示，两点之间连线上的数字表示两点间距离。试求一条 A 到 F 的线路，使总距离最短。

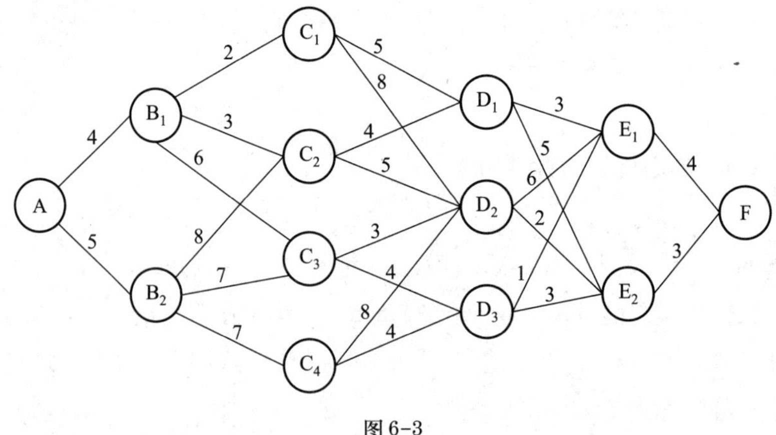

图 6-3

1. 阶段

把所给问题的过程，恰当地分为若干个相互联系的阶段，以便能按一定的次序去求解。描述阶段的变量称为阶段变量，常用 k 来表示。阶段的划分一般是根据时间和空间的自然特征来进行的，但要便于将问题的过程转化为多阶段决策的过程。对于具有 N 个阶段的决策过程，其阶段变量 $k=1$，2，…，N。

在例 6-1 中，$N=5$，则 k 分别等于 1，2，3，4，5，如图 6-4 所示。

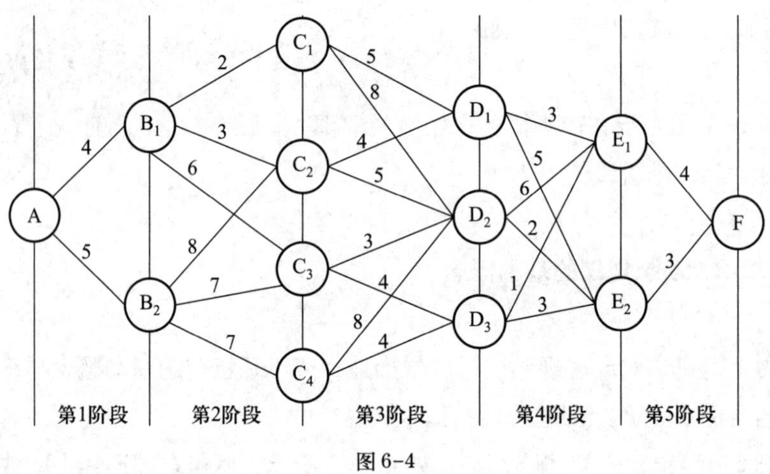

图 6-4

在多阶段决策问题中，由于对阶段的划分具有明显的时序性，动态规划的“动态”二字也由此而来。

2. 状态

状态表示每个阶段开始所处的自然状况或客观条件，它描述了研究问题的过程状况，又称不可控因素。状态既反映前面各阶段系列决策的结局，又是本阶段决策的一个出发点和依据，因而它是各阶段信息的传递点和结合点。各阶段的状态通常用状态变量 s_k 来描述，状态变量取值的集合称为状态集合，用 S_k 表示。

在例 6-1 中，状态就是某阶段的出发位置。它既是该阶段某支路的起点，又是前一阶段某支路的终点。通常一个阶段有若干个状态，例如第一阶段有一个状态就是点 A，$S_1=\{A\}$。第二阶段有两个状态，即状态集合 $S_2=\{B_1, B_2\}$。第三阶段有四个状态，即状态集合 $S_3=\{C_1, C_2, C_3, C_4\}$。第四阶段有三个状态，即状态集合 $S_4=\{D_1, D_2, D_3\}$。第五阶段有两个状态，即状态集合 $S_5=\{E_1, E_2\}$。如图 6-5 所示。

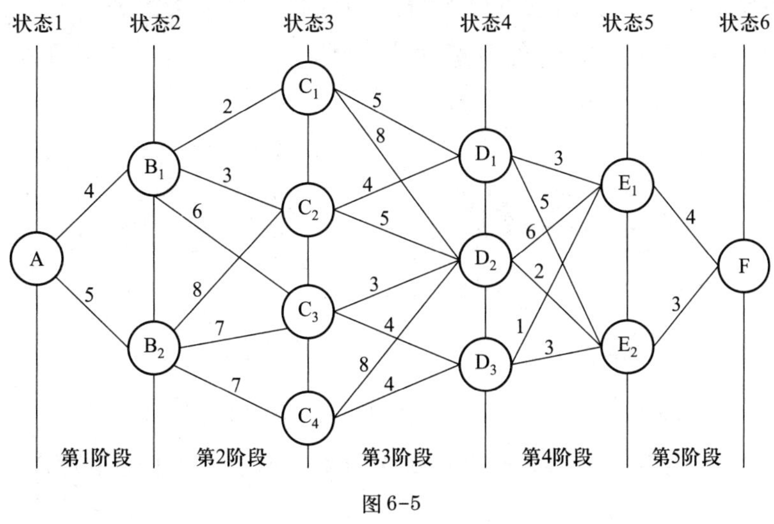

图 6-5

作为状态，应具有这样的性质：如果某一阶段的状态给定后，则这一阶段以前各个阶段的状态就不再对这一阶段以后过程的发展产生影响。换句话说，当前是对以往的一个总结，一旦到达当前，以往就不能影响未来，而只能通过当前来影响未来。动态规划状态的这个性质，被称为无后效性（the future is independent of the past），或健忘性（the process is forgetful）。

3. 决策

决策是指决策者从若干个方案中做出的选择。描述决策的变量，称为决策变量。常用 $\mu_k(s_k)$ 表示第 k 阶段当状态处于 s_k 时的决策变量。在实际问题中，决策变量 μ_k 的取值会受到状态 s_k 的某种限制，这种限制往往在某一范围内，此范围称为允许决策集合。常用 $D_k(s_k)$ 表示第 k 阶段状态从状态

s_k 出发的允许决策集合，因而有 $\mu_k(s_k) \in D_k(s_k)$。

在例 6-1 中，例如在第二阶段，若从状态 B_1 出发，可作出三种不同的决策，其允许决策集合 $D_2(B_1)=\{C_1, C_2, C_3\}$。在第三阶段，若从状态 C_1 出发，可作出两种不同的决策，其允许决策集合 $D_3(C_1)=\{D_1, D_2\}$。在第四阶段，若从状态 D_3 出发，可作出两种不同的决策，其允许决策集合 $D_4(D_3)=\{E_1, E_2\}$。

4. 状态转移方程

状态转移方程是确定由一个状态到另一状态演变过程的方程。这种演变的对应关系记为：

$$s_{k+1}=T_k(s_k, \mu_k)$$

若给定第 k 阶段状态变量 s_k 的值，且该阶段的决策变量一经确定，则第 $k+1$ 阶段状态变量 s_{k+1} 的值也就确定。例 6-1 中，状态转移方程为 $s_{k+1}=u_k(s_k)$，如图 6-6 所示。

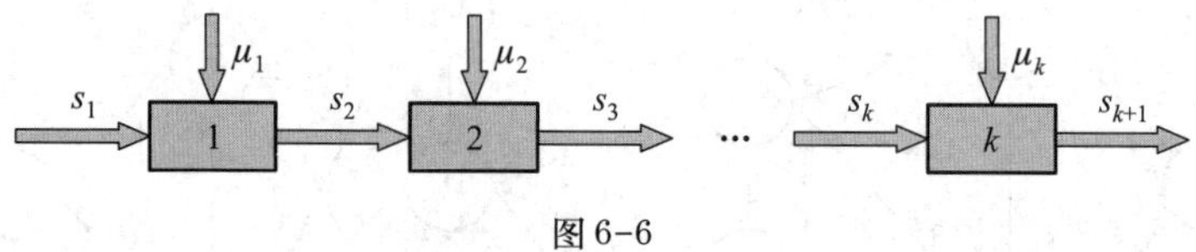

图 6-6

5. 策略与子策略

策略（Policy）是一个按照顺序排列的决策组成的集合，是由所有阶段决策组成的一个决策序列。一个具有 N 个阶段的动态规划问题的策略可表示为：

$$\{\mu_1(s_1), \mu_2(s_2), \cdots, \mu_N(s_N)\}$$

例 6-1 中，$\{A, B_2, C_2, D_2, E_1, F\}$ 为一组决策序列构成的一个策略。

从过程的第 k 阶段开始到终止状态为止的过程，称为问题的后部子过程（或 k 子过程）。

从第 k 阶段开始的每段决策按顺序排列，所组成的一个决策函数序列 $\{\mu_k(s_k), \mu_{k+1}(s_{k+1}), \cdots, \mu_N(s_N)\}$，称为 k 子过程策略，简称子策略（Sub-policy），记为 $p_{k,N}(s_k)$。可表示为：

$$p_{k,N}(s_k)=\{\mu_k(s_k), \mu_{k+1}(s_{k+1}), \cdots, \mu_N(s_N)\}$$

当 $k=1$ 时，此决策函数序列称为全过程的一个策略，简称策略，记为

$p_{1,N}(s_1)$。全过程的一个策略可表示为：

$$p_{1,N}(s_1)=\{\mu_1(s_1),\ \mu_2(s_2),\ \cdots,\ \mu_N(s_N)\}$$

在实际问题中，可供选择的策略有一定的范围，此范围称为允许策略集合，用 P 表示。从允许策略集合中找出的能实现最优效果的策略称为最优策略。

6. **指标函数**

指标函数是用来衡量所实现过程优劣的一种数量指标，分为阶段指标函数和过程指标函数。在不同的问题中，指标函数的含义是不同的，它可能是距离、利润、成本、产量或资源消耗等。

阶段指标函数，是指从第 k 阶段的状态 s_k 出发，采取决策 μ_k时的指标函数值，用 $v_k(s_k,\ u_k)$ 表示。

过程指标函数，是指从第 k 阶段的状态 s_k 出发，到终止状态为止，采取子策略 $p_{k,N}(s_k)=\{\mu_k(s_k),\ \mu_{k+1}(s_{k+1}),\ \cdots,\ \mu_N(s_N)\}$ 时，所得到的指标函数值。

不同的问题，指标函数的形式也不相同。常见的指标函数形式如下：

（1）和的形式，过程和它的任一子过程的指标是它所包含的各阶段的指标的和。即：

$$V_{k,N}(s_k,\ p_{k,N})=\sum_{j=k}^{N} v_j(s_j,\ u_j)$$

（2）乘积的形式，过程和它的任一子过程的指标是它所包含的各阶段的指标的乘积。即：

$$V_{k,N}(s_k,\ p_{k,N})=\prod_{j=k}^{N} v_j(s_j,\ u_j)$$

指标函数的最优值，称为最优值函数。它表示从第 k 阶段的状态 s_k 开始到第 N 阶段的终止状态的过程，采取最优子策略所得到的指标函数值，可用式 6-2 表示：

$$f_k(s_k)=\underset{\{u_k,\cdots,u_N\}}{opt} V_{k,N}(s_k,\ u_k,\ \cdots,\ s_N,\ u_N,\ S_{N+1}) \tag{6-2}$$

其中 opt 是最优化“Optimization” 的缩写，可根据题意取最大“max”或最小“min”。

7. **基本方程**

逐段递推求和的依据一般为：

$$\begin{cases} f_k(s_k)=\underset{u_k \in D_k(s_k)}{\text{opt}}\left[v_k(s_k, u_k)+f_{k+1}(s_{k+1})\right] & k=N, N-1, \cdots, 1 \\ f_{N+1}(s_{N+1})=0 \end{cases}$$

式中 opt 可根据题意取 max 或 min。这种递推关系式，称为动态规划的基本方程。

例如，例 6-1 的基本方程为：

$$\begin{cases} f_k(s_k)=\min\limits_{u_k \in D_k(s_k)}\left\{d_k(s_k, u_k)+f_{k+1}(s_{k+1})\right\} & k=5, 4, 3, 2, 1 \\ f_6(s_6)=0 \end{cases}$$

8. 动态规划数学模型的构建

动态规划数学模型除包括式 6-2 外，还包括阶段的划分、各阶段的状态变量和决策变量的选取、允许决策集合和状态转移方程的确定等。动态规划虽然没有一个统一的标准模型，但其建立模型的过程还是有规律可循的，一般分为以下几个步骤：

（1）划分阶段。划分阶段是运用动态规划求解多阶段决策问题的第一步，在确定多阶段特性后，按时间或空间先后顺序，将过程划分为 N 个相互联系的阶段。对于静态问题可以人为赋予“时间”概念，以便划分阶段。

（2）正确选择状态变量。选择状态变量既要能确切描述过程演变，又要满足无后效性，而且各阶段状态变量的取值能够确定。一般地，状态变量的选择是从过程演变的特点中寻找的。

（3）确定决策变量及允许决策集合。通常选取所求解问题的关键变量作为决策变量，同时要给出决策变量的取值范围，即确定允许决策集合。

（4）确定状态转移方程。根据 k 阶段状态变量和决策变量，写出 $k+1$ 阶段状态变量。状态转移方程应当具有递推关系。

（5）确定阶段指标函数和最优指标函数，建立动态规划基本方程。阶段指标函数是指 k 阶段的收益，最优指标函数是指从 k 阶段状态出发到 N 阶段末所获得收益的最优值。在此基础上，最后写出动态规划基本方程。

实际上，在建立模型的过程中，即在一个有 N 个阶段的决策过程中，具有一些值得注意的特性：① 刚好有 N 个决策点；② 对于阶段 k 而言，除了其所处的状态 s_k 和所选择的决策 μ_k 外，再没有任何其他因素影响决策的最优性；③ 阶段 k 仅影响阶段 $k+1$ 的决策，这一影响是通过 s_{k+1} 来实现的。

9. 贝尔曼最优化原理

20 世纪 50 年代，贝尔曼等研究者根据对一类多阶段决策问题的研究，提出将最优化原理作为动态规划的理论基础。

贝尔曼最优化原理，即在最优策略的任意一个阶段上，无论过去的状态和决策如何，对过去决策所形成的当前状态而言，余下的诸决策必须构成最优子策略。也即最优策略的所有子策略必为最优。

如例 6-1 的最短路线问题，根据贝尔曼最优化原理，最短路线一定具有一个性质，即如果由起点 A 经 B、C、D、E 到达终点 F 是一条最短路线，则由 C 经 D、E 到 F 一定是 C 到 F 的最短路线。此性质用反证法很容易证明，因为如果不是这样，则从 C 到 F 有另一条距离更短的路线存在，不妨假设为 $C—X—Y—F$，从而可知路线 $A—B—C—X—Y—F$ 比原路线 $A—B—C—D—E—F$ 距离短，这与原路线 $A—B—C—D—E—F$ 是最短路线相矛盾，性质得证。

贝尔曼最优化原理揭示了多阶段动态决策的实质，就是若要获得最终的最优结果，必须确保此前的任意一个决策，均是能够导致最终的最优结果的决策。而判断某一决策能否导致最终的最优结果，不仅要看该决策的效果，还要看该决策之后的决策的效果。对于“中途”的某一决策，它能否导致最终的最优结果，似乎是无法直接判定的。但是，对于最后一次决策，也即直接产生最终结果的那一次决策，它对最终结果的影响是可以直接判定的。以判定最后一次决策对最终结果的影响为基础，就可以判定倒数第二次决策对最终结果的影响。由此逆推，逐步由后向前，直至判断出第一次决策对最终结果的影响，也就获得了整个问题的答案。由此，涉及多个阶段的复杂决策问题，就首先转化为只涉及最后一个阶段、可直接求出最优策略的简单决策问题。

这样，动态规划求解多阶段决策问题的思路就形成了。也就是要从最终状态之前的那一个状态开始，寻求该状态点到最终状态点的最优子策略，然后沿着逆序，逐步向前一个状态点递推，寻求该状态点到最终状态点的最优子策略，直至第一个状态点。若逆序递推过程中的每一个决策，均能导致最终的最优结果，那么这一系列决策所构成的策略，就一定是能够实现最终的最优结果的策略，也就一定是最优策略。

6.2.3 动态规划的优越性与局限性

动态规划的优点十分突出，非常有价值。① 求解更容易、更高效。动态规划方法是一种逐步改善的方法，它把原问题转化成一系列结构相似的最优化子问题，而每个子问题的变量个数比原问题少得多，约束集合也简单得多，故较易于确定最优解。② 解的信息更丰富。线性规划或非线性规划方法是对问题的整体进行一次性求解，因此只能得到全过程的解。动态规划方法是将过程分解成多个阶段进行求解，因此不仅可以得到全过程的解，还可以得到所有子过程的解。

随着研究和应用的深入，人们逐渐认识到，动态规划也存在一些自身的局限性。① 没有一个统一的标准模型。由于实际问题不同，其动态规划模型也就各有差异，不同的问题构建统一的模型事实上是不可能的。② 应用条件苛刻。由于构造动态规划模型的状态变量，必须满足“无后效性”条件，这一条件不仅依赖于状态转移律，还依赖于允许决策集合和指标函数的结构，不少实际问题在取其自然特征作为状态变量时并不满足这一条件，这就降低了动态规划的通用性。③ 状态变量存在“维数障碍”。最优指标函数 $f_k(s_k)$ 是状态变量的函数，当状态变量的维数增加时，最优指标函数的计算量将成指数倍增长。因此，无论是对于人工计算还是计算机计算，“维数”都是无法完全克服的计算障碍。

6.3 动态规划的最短路径问题

运用动态规划方法求解最短路径问题，是动态规划的典型应用之一。根据贝尔曼最优化原理，在始发点与终止点之间的最短路线（最优策略）中，任取一点，从该点出发，沿最短路线到达终止点的这一段路线，一定是从该点到终止点的所有路线（子策略）中的最短路线（最优子策略）。最短路线的这一性质，已在上节中证明。

要求解包括多个途经点的始发点与终止点之间的最短路线，就需要适当划分总的行进路径，形成途经的多个阶段，然后从最后一个阶段的起点开始，求出该阶段所有起点到终止点之间的最短路线，再由后向前逐步递推，求出其余各个阶段的所有起点到终止点之间的最短路线，最后求得第一阶段的起点（始发点）到终止点之间的最短路线。也即用动态规划方法求解最短路径问题，是从终止点逐段朝始发点方向寻找最短路线。

视频：动态规划的最短路径问题（收费资源）

下面沿用例 6-1，介绍如何运用动态规划方法求解最短路径问题。

例 6-2 给定一个线路网络，如图 6-7 所示，两点之间连线上的数字表示两点间距离。试求一条由 A 到 F 的机动路线，使总距离最短。

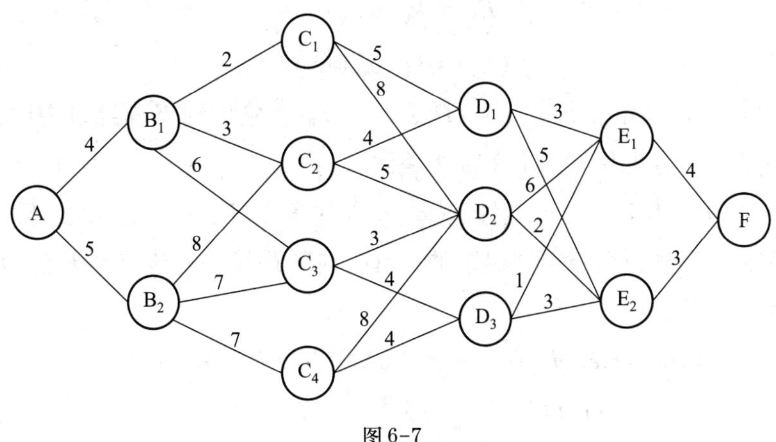

图 6-7

解：按照动态规划的方法，将行进过程划分为 5 个阶段，如图 6-8 所示。

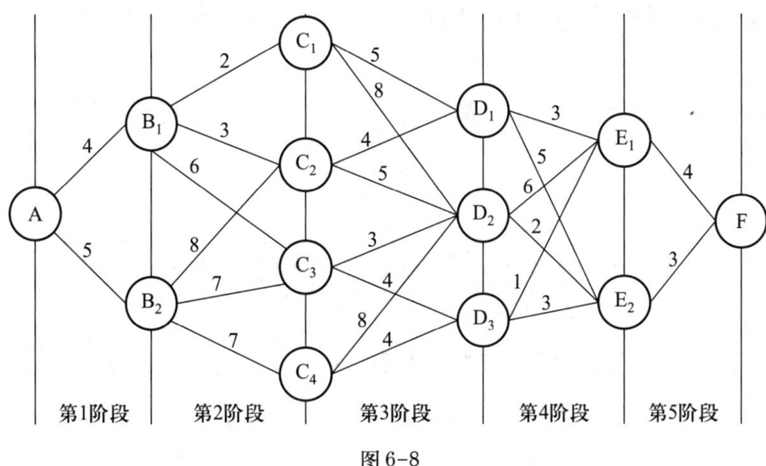

图 6-8

取阶段变量 $k=1,2,3,4,5$，行进过程在各阶段所处的位置为状态变量 s_k。

按逆序递推的求解思路，确定逆序递推方程为：

$$\begin{cases} f_k(s_k)=\min\limits_{u_k}\{d_k(s_k,\ u_k)+f_{k+1}(s_{k+1})\} \quad k=5,\ 4,\ 3,\ 2,\ 1 \\ f_6(s_6)=0 \end{cases}$$

从最后一段开始计算，由后向前逐步逆推至点 A。

（1）当$k=5$时，状态$S_5=\{E_1, E_2\}$，它们每个点到F只有一条路线，它们到F的距离即为最短路线。即：

$$f_5(E_1)=4,\ \mu_5^*(E_1)=F$$

$$f_5(E_2)=3,\ \mu_5^*(E_2)=F$$

（2）当$k=4$时，状态$S_4=\{D_1, D_2, D_3\}$，它们到F需经过中途点E，因此还需一一分析从E到F的最短路线。

若从D_1出发到F则有两种选择：D_1经过E_1到F；D_1经过E_2到F。比较两条路线的距离，选择距离最短的，其对应的路线即为该点到F的最短路线。即：

$$\begin{aligned} f_4(D_1) &= \min\{d_4(D_1, E_1)+f_5(E_1),\ d_4(D_1, E_2)+f_5(E_2)\} \\ &= \min\{3+4,\ 5+3\}=7 \end{aligned}$$

即D_1到F的最短距离为7，其路径为$D_1 \to E_1 \to F$，相应的决策为：

$$u_4^*(D_1)=E_1$$

同理，从D_2出发，则有：

$$\begin{aligned} f_4(D_2) &= \min\{d_4(D_2, E_1)+f_5(E_1),\ d_4(D_2, E_2)+f_5(E_2)\} \\ &= \{6+4,\ 2+3\}=5 \end{aligned}$$

即D_2到F的最短距离为5，其路径为$D_2 \to E_2 \to F$，相应的决策为：

$$u_4^*(D_2)=E_2$$

从D_3出发，则有：

$$\begin{aligned} f_4(D_3) &= \min\{d_4(D_3, E_1)+f_5(E_1),\ d_4(D_3, E_2)+f_5(E_2)\} \\ &= \{1+4,\ 3+3\}=5 \end{aligned}$$

即D_3到F的最短距离为5，其路径为$D_3 \to E_1 \to F$，相应的决策为：

$$u_4^*(D_3)=E_1$$

（3）当$k=3$时，状态$S_3=\{C_1, C_2, C_3, C_4\}$，它们到$F$需经过中途点$D$、$E$，由于已知$D$到$F$的最短距离，同理可算得：

$$\begin{aligned} f_3(C_1) &= \min\{d_3(C_1, D_1)+f_4(D_1),\ d_3(C_1, D_2)+f_4(D_2)\} \\ &= \min\{5+7,\ 8+5\}=12 \end{aligned}$$

即C_1到F的最短距离为12，相应的决策为：

$$u_3^*(C_1)=D_1$$

$$\begin{aligned} f_3(C_2) &= \min\{d_3(C_2, D_1)+f_4(D_1),\ d_3(C_2, D_2)+f_4(D_2)\} \\ &= \min\{4+7,\ 5+5\}=10 \end{aligned}$$

即 C_2到 F 的最短距离为 10，相应的决策为：

$$u_3^*(C_2)=D_2$$

$$f_3(C_3)=\min\{d_3(C_3, D_2)+f_4(D_2), d_3(C_3, D_3)+f_4(D_3)\}$$
$$=\min\{3+5, 4+5\}=8$$

即 C_3 到 F 的最短距离为 8，相应的决策为：

$$u_3^*(C_3)=D_2$$

$$f_3(C_4)=\min\{d_3(C_4, D_2)+f_4(D_2), d_3(C_4, D_3)+f_4(D_3)\}$$
$$=\min\{8+5, 4+5\}=9$$

即 C_4到 F 的最短距离为 9，相应的决策为：

$$u_3^*(C_4)=D_3$$

（4）当 $k=2$ 时，状态 $S_2=\{B_1, B_2\}$，则有：

$$f_2(B_1)=\min\{d_2(B_1, C_1)+f_3(C_1), d_2(B_1, C_2)+f_3(C_2), d_2(B_1, C_3)+f_3(C_3)\}$$
$$=\min\{2+12, 3+10, 6+8\}=13$$

即由 B_1到 F 的最短距离为 13，相应的决策为：

$$u_2^*(B_1)=C_2$$

$$f_2(B_2)=\min\{d_2(B_2, C_2)+f_3(C_2), d_2(B_2, C_3)+f_3(C_3), d_2(B_2, C_4)+f_3(C_4)\}$$
$$=\min\{8+10, 7+8, 7+9\}=15$$

即由 B_2到 F 的最短距离为 15，相应的决策为：

$$u_2^*(B_2)=C_3$$

（5）当 $k=1$ 时，只有一个状态点 A，则：

$$f_1(A)=\min\{d_1(A, B_1)+f_2(B_1), d_1(A, B_2)+f_2(B_2)\}$$
$$=\min\{4+13, 5+15\}=17$$

即由 A 到 F 的最短距离为 17，相应的决策为：

$$u_1^*(A)=B_1$$

通过上述逆序递推计算，5 个阶段的每个状态点（各阶段的起点）至终止点 F 的 5 个最优子策略均已获得，各子策略按正序排列即为最优决策序列：

$$u_1^*(A)=B_1,\ u_2^*(B_1)=C_2,\ u_3^*(C_2)=D_2,\ u_4^*(D_2)=E_2,\ u_5^*(E_2)=F$$

上述最优决策序列所构成的一个策略，即是本问题的最优策略。

所以，本问题的最优路线为：$A\to B_1\to C_2\to D_2\to E_2\to F$。

这种以 A 为始发点，F 为终止点，从 F 到 A 的解法称为逆序解法。

当然，也可以按照顺序递推方程进行计算。其递推方程为：

$$\begin{cases} f_k(s_{k+1}) = \min\limits_{u_k}\{d_k\ (s_{k+1},\ u_k) + f_{k-1}(s_k)\} & k=1,\ 2,\ 3,\ 4,\ 5 \\ f_0(s_1) = 0 \end{cases}$$

这种以 F 为始发点，A 为终止点，从 A 到 F 的解法称为顺序解法。

显然，上述的逆序解法与顺序解法无本质区别，只是由于行进方向对换、始发点与终止点互换所带来的形式上的区别。从更一般的意义上说，当初始状态给定时用逆序解法，当终止状态给定时用顺序解法；若问题给定了一个初始状态与一个终止状态，则两种方法均可使用。

上述计算并判断最短路线的过程，也可借助图形作业的方法直观获得，如图 6-9 所示。

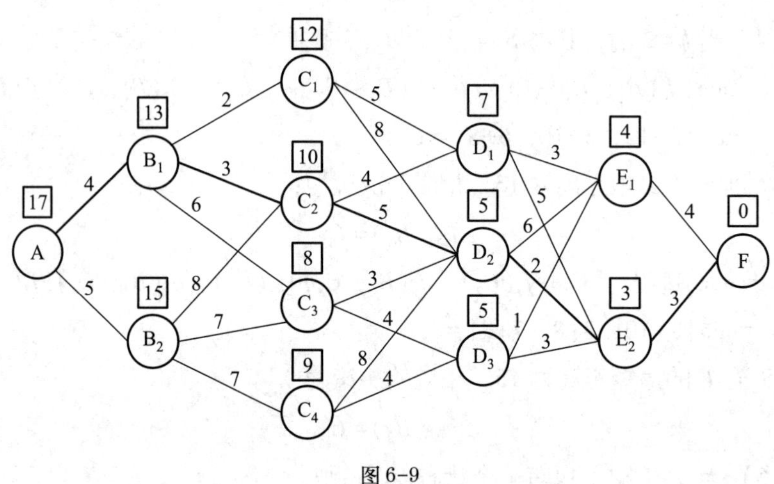

图 6-9

在图 6-9 中，每节点处上方方格内的数，表示该点到终止点 F 的最短距离。图中粗线表示由始发点 A 到终止点 F 的最短路线。这种在图上直接作业的方法，叫标号法。

由于线路网络的两端都是固定的，且线路上数字表示两点间的距离，则从 F 计算到 A 和从 A 计算到 F 的最短路线是相同的。因而标号也可以由 A 开始，从前向后标。只是此时是视 A 为终止点，视 F 为始发点，如图 6-10 所示。

在图 6-10 中，每节点处上方方格内的数，表示该点到终止点 A 的最短距离，图中粗线表示由始发点 F 到终止点 A 的最短路线。

综上所述，在最短路径问题中，无论是建模逆推计算，还是图上标号作业，逆序解法和顺序解法只体现了行进方向不同或对始发点和终止点的互换。实际上，用动态规划方法求解最短路径问题，无论逆序解法还是顺序解法，都是在对行进方向做出规定后，逆着这个方向，从最后一段开始，逐段逆推至第一阶段，找出最短途径。

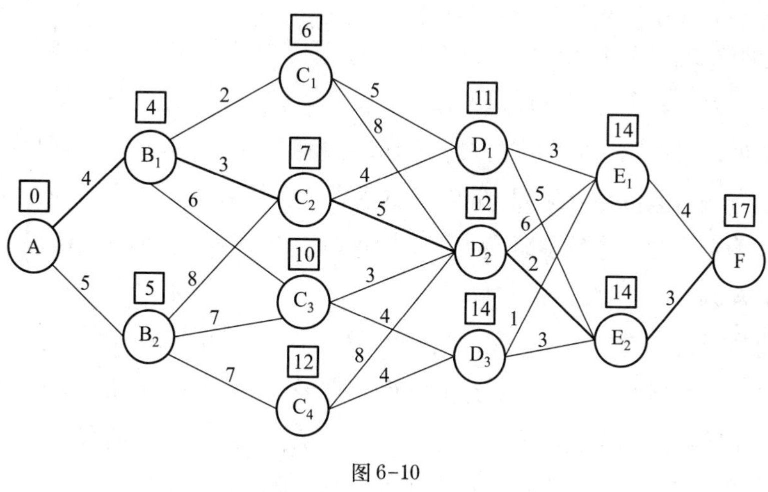

图 6-10

6.4 动态规划的资源分配问题

资源分配问题，就是将一定数量的一种或若干种资源（如原材料、机器设备、资金、劳动力等）恰当地分配给若干个使用者，而使目标函数达到最优。

例如，将数量为 a 的资源分配给 n 个使用者，如何确定分配给各使用者的资源数量，可使产生的总效益最大?

设 x_i 为分配给第 i 个使用者的资源数量，$g_i(x_i)$ 为第 i 个使用者得到 x_i 数量的资源后产生的效益值，其中 $i=1$，2，…，n。

据此，建立该问题的数学模型：

$$\max z = \sum_{i=1}^{n} g_i(x_i)$$

$$\begin{cases} \sum_{i=1}^{n} x_i \leqslant a \\ x_i \geqslant 0 \quad i = 1, 2, \cdots, n \end{cases}$$

在上述数学模型中，当 $g_i(x_i)$ 为线性函数时，它是一个线性规划问题；

当 $g_i(x_i)$ 为非线性函数时，它是一个非线性规划问题。显然，当 n 较大时，求解线性规划、非线性规划问题将会非常复杂。既然动态规划方法具有求解更容易、更高效的优势，那么，能否采用动态规划求解多阶段决策问题的方法，来求解上述资源分配问题呢?

分析发现，在上节介绍的最短路径问题中，由于存在多个途经点，使其决策过程自然具有随时间递进的属性，由此可将决策过程划分为多个阶段。由此可见，最短路径问题本身具有多阶段决策的属性，因而可以顺利引入动态规划方法。但资源分配问题的决策过程与时间进程无关，具有静态规划的特性，不必然要求进行多阶段决策，但也可以创造条件，把它看成一个多阶段决策问题。

也就是说，对于类似的静态规划问题，可以主动创造条件，引入一个反映某种行为顺序的“时间”概念，从而划定多个阶段进行决策。同时，也要确保各个阶段的状态变量满足“无后效性”条件，这样多个阶段之间才能具有逐段递进的关系，进而可用动态规划方法求解。

具体到资源分配问题，将 a 数量的资源分配给 n 个使用者，在决策的递推计算上，可先考虑给使用者 1 分配资源，在此基础上考虑给使用者 1 和 2 分配资源，在此基础上考虑给使用者 1，2，3，…，k 分配资源，在此基础上考虑给使用者 1，2，3，…，k，…，n 分配资源。

这样就将资源分配的决策过程区分为 n 个阶段，每个阶段中可供分配的资源数量为状态变量，分配给每个使用者多少数量的资源为决策变量，然后根据动态规划的原理与方法，逐步获得最终的最优策略。

令 $f_k(x)$ 为将数量为 x（状态变量）的资源分配给前 k 个使用者所得到的最大效益值。因是将数量为 a 的资源分配给 n 个使用者，问题即为求 $f_n(a)$。

1. 第一阶段，$k=1$

因为只给使用者 1 分配资源，故 $f_1(x)=g_1(x)$。

2. 第 k 阶段，$1<k\leqslant n$

设 y（决策变量）为分给第 k 个使用者的资源（其中 $0\leqslant y\leqslant x$），此时还剩 $x-y$ 的资源需要分配给前 $k-1$ 个使用者。

如果采取最优策略，则将 $x-y$ 数量的资源分配给前 $k-1$ 个使用者得到的最大效益值为 $f_{k-1}(x-y)$。

此时，资源分配产生的总效益为：

$$g_k(y)+f_{k-1}(x-y)$$

则资源分配效益最大的递推方程为：

$$f_k(x)=\max_{0\leq y\leq x}\{g_k(y)+f_{k-1}(x-y)\}\quad(k=2,\ 3,\ \cdots,\ n)$$

在资源分配的实际问题中，资源分配的单位往往是整数，如万元数、人数、台数等，则上式中的 y 只能取非负整数 0，1，2，…，x；$x\leq a$。故上式可变为：

$$f_k(x)=\max_{y=0,1,2,\cdots,x}\{g_k(y)+f_{k-1}(x-y)\}$$

例 6-3 国家计划投资 60 万元，供 4 个工厂扩建使用。每个工厂扩建后的利润与投资额的大小有关，投资后的利润函数如表 6-1 所示。问如何确定分配给各工厂的资金数，才能使总利润最大？

表 6-1

利润＼投资	0	10	20	30	40	50	60
$g_1(x)$	0	20	50	65	80	85	85
$g_2(x)$	0	20	40	50	55	60	65
$g_3(x)$	0	25	60	85	100	110	115
$g_4(x)$	0	25	40	50	60	65	70

解：由于资源的使用者为 4 个工厂，故可以将决策过程划分为 4 个阶段。

第一阶段，只投资给第一工厂，求 $f_1(x)$。此时的投资分配方案是唯一的，显然有 $f_1(x)=g_1(x)$。此阶段各种投资金额的最大利润状态如表 6-2 所示。

表 6-2

利润＼投资	0	10	20	30	40	50	60
$f_1(x)=g_1(x)$	0	20	50	65	80	85	85
最优策略	0	10	20	30	40	50	60

第二阶段，投资给第一、第二工厂，求 $f_2(x)$。此时需在第二工厂与第一工厂之间进行投资分配，以取得最大的总利润。此阶段各种投资金额的最

大利润状态计算如下：

1. 投资 60 万元的分配策略

$$f_2(60)=\max_{y=0,10,\cdots,60}\{g_2(y)+f_1(60-y)\}$$

$$=\max\begin{Bmatrix}g_2(0)+f_1(60)\\g_2(10)+f_1(50)\\g_2(20)+f_1(40)\\g_2(30)+f_1(30)\\g_2(40)+f_1(20)\\g_2(50)+f_1(10)\\g_2(60)+f_1(0)\end{Bmatrix}=\max\begin{Bmatrix}0+85\\20+85\\40+80\\50+65\\55+50\\60+20\\65+0\end{Bmatrix}=120$$

最优策略为（40，20），此时最大利润为 120 万元。

2. 投资 50 万元的分配策略

$$f_2(50)=\max_{y=0,10,\cdots,50}\{g_2(y)+f_1(50-y)\}$$

$$=\begin{Bmatrix}g_2(0)+f_1(50)\\g_2(10)+f_1(40)\\g_2(20)+f_1(30)\\g_2(30)+f_1(20)\\g_2(40)+f_1(10)\\g_2(50)+f_1(0)\end{Bmatrix}=\begin{Bmatrix}0+85\\20+80\\40+65\\50+50\\55+20\\60+0\end{Bmatrix}=105$$

最优策略为（30，20），此时最大利润为 105 万元。

3. 投资 40 万元的分配策略

$$f_2(40)=\max_{y=0,10,\cdots,40}\{g_2(y)+f_1(40-y)\}$$

$$=\begin{Bmatrix}g_2(0)+f_1(40)\\g_2(10)+f_1(30)\\g_2(20)+f_1(20)\\g_2(30)+f_1(10)\\g_2(40)+f_1(0)\end{Bmatrix}=\begin{Bmatrix}0+80\\20+65\\40+50\\50+20\\55+0\end{Bmatrix}=90$$

最优策略为（20，20），此时最大利润为 90 万元。

4. 投资 30 万元的分配策略

$$f_2(30)=\max_{y=0,10,20,30}\{g_2(y)+f_1(30-y)\}$$

$$=\begin{Bmatrix} g_2(0)+f_1(30) \\ g_2(10)+f_1(20) \\ g_2(20)+f_1(10) \\ g_2(30)+f_1(0) \end{Bmatrix}=\begin{Bmatrix} 0+65 \\ 20+50 \\ 40+20 \\ 50+0 \end{Bmatrix}=70$$

最优策略为（20，10），此时最大利润为 70 万元。

5. 投资 20 万元的分配策略

$$f_2(20)=\max_{y=0,10,20}\{g_2(y)+f_1(20-y)\}$$

$$=\begin{Bmatrix} g_2(0)+f_1(20) \\ g_2(10)+f_1(10) \\ g_2(20)+f_1(0) \end{Bmatrix}=\begin{Bmatrix} 0+50 \\ 20+20 \\ 40+0 \end{Bmatrix}=50$$

最优策略为（20，0），此时最大利润为 50 万元。

6. 投资 10 万元的分配策略

$$f_2(10)=\max_{y=0,10,}\{g_2(y)+f_1(10-y)\}$$

$$=\begin{Bmatrix} g_2(0)+f_1(10) \\ g_2(10)+f_1(0) \end{Bmatrix}=\begin{Bmatrix} 0+20 \\ 20+0 \end{Bmatrix}=20$$

最优策略为（10，0）或（0，10），此时最大利润为 20 万元。

7. 投资 0 万元的分配策略

$$f_2(0)=0。$$

最优策略为（0，0），最大利润为 0 万元。

第二阶段的计算结果如表 6-3 所示。

表 6-3

利润＼投资	0	10	20	30	40	50	60
$f_2(x)$	0	20	50	70	90	105	120
最优策略	（0，0）	（10，0） （0，10）	（20，0）	（20，10）	（20，20）	（30，20）	（40，20）

第三阶段，投资给第一、第二、第三工厂，求 $f_3(x)$。此时需在第三工厂与前两个工厂之间进行投资分配，以取得最大的总利润。此阶段各种投资金额的最大利润状态计算如下：

1. 投资 60 万元的分配策略

$$f_3(60)=\max_{y=0,10,\cdots,60}\{g_3(y)+f_2(60-y)\}$$

$$=\max\begin{Bmatrix}g_3(0)+f_2(60)\\g_3(10)+f_2(50)\\g_3(20)+f_2(40)\\g_3(30)+f_2(30)\\g_3(40)+f_2(20)\\g_3(50)+f_2(10)\\g_3(60)+f_2(0)\end{Bmatrix}=\max\begin{Bmatrix}0+120\\25+105\\60+90\\85+70\\100+50\\110+20\\115+0\end{Bmatrix}=155$$

最优策略为（20，10，30），最大利润为 155 万元。

2. 投资 50 万元的分配策略

$$f_3(50) = \max_{y=0,10,\cdots,50}\{g_3(y)+f_2(50-y)\}$$

$$=\max\begin{Bmatrix}g_3(0)+f_2(50)\\g_3(10)+f_2(40)\\g_3(20)+f_2(30)\\g_3(30)+f_2(20)\\g_3(40)+f_2(10)\\g_3(50)+f_2(0)\end{Bmatrix}=\begin{Bmatrix}0+105\\25+90\\60+70\\85+50\\100+20\\110+0\end{Bmatrix}=135$$

最优策略为（20，0，30），最大利润为 135 万元。

3. 投资 40 万元的分配策略

$$f_3(40)=\max_{y=0,10,\cdots,40}\{g_3(y)+f_2(40-y)\}$$

$$=\max\begin{Bmatrix}g_3(0)+f_2(40)\\g_3(10)+f_2(30)\\g_3(20)+f_2(20)\\g_3(30)+f_2(10)\\g_3(40)+f_2(0)\end{Bmatrix}=\begin{Bmatrix}0+90\\25+70\\60+50\\85+20\\100+0\end{Bmatrix}=110$$

最优策略为（20，0，20），最大利润为 110 万元。

4. 投资 30 万元的分配策略

$$f_3(30)=\max_{y=0,10,\cdots,30}\{g_3(y)+f_2(30-y)\}$$

$$=\max\begin{Bmatrix} g_3(0)+f_2(30) \\ g_3(10)+f_2(20) \\ g_3(20)+f_2(10) \\ g_3(30)+f_2(0) \end{Bmatrix}=\begin{Bmatrix} 0+70 \\ 25+50 \\ 60+20 \\ 85+0 \end{Bmatrix}=85$$

最优策略为（0，0，30），最大利润为 85 万元。

5. 投资 20 万元的分配策略

$$f_3(20)=\max_{y=0,10,20}\{g_3(y)+f_2(20-y)\}$$

$$=\max\begin{Bmatrix} g_3(0)+f_2(20) \\ g_3(10)+f_2(10) \\ g_3(20)+f_2(0) \end{Bmatrix}=\begin{Bmatrix} 0+50 \\ 25+20 \\ 60+0 \end{Bmatrix}=60$$

最优策略为（0，0，20），最大利润为 60 万元。

6. 投资 10 万元的分配策略

$$f_3(10)=\max_{y=0,10}\{g_3(y)+f_2(10-y)\}$$

$$=\max\begin{Bmatrix} g_3(0)+f_2(10) \\ g_3(10)+f_2(0) \end{Bmatrix}=\begin{Bmatrix} 0+20 \\ 25+0 \end{Bmatrix}=25$$

最优策略为（0，0，10），最大利润为 25 万元。

7. 投资 0 万元的分配策略

$$f_3(0)=0$$

最优策略为（0，0，0），最大利润为 0 万元。

第三阶段计算结果如表 6-4 所示。

表 6-4

利润＼投资	0	10	20	30	40	50	60
$f_3(x)$	0	25	60	85	110	135	155
最优策略	(0，0，0)	(0，0，10)	(0，0，20)	(0，0，30)	(20，0，20)	(20，0，30)	(20，10，30)

第四阶段，投资给第一、第二、第三、第四工厂，求 $f_4(x)$。此时需在第四工厂与前三个工厂之间进行投资分配，以取得最大的总利润。显然，此阶段的求解结果即为最终的最优策略，求 $f_4(x)$ 即为求 $f_4(60)$，因此不用再计算 60 万元以外的其他投资金额的最大利润状态。

$$f_4(60)=\max_{y=0,10,\cdots,60}\{g_4(y)+f_3(60-y)\}$$

$$=\max\begin{Bmatrix}g_4(0)+f_3(60)\\g_4(10)+f_3(50)\\g_4(20)+f_3(40)\\g_4(30)+f_3(30)\\g_4(40)+f_3(20)\\g_4(50)+f_3(10)\\g_4(60)+f_3(0)\end{Bmatrix}=\max\begin{Bmatrix}0+155\\25+135\\40+110\\50+85\\60+60\\65+25\\70+0\end{Bmatrix}=160$$

即投资分配的最优策略为（20，0，30，10），所能产出的最大利润为160万元。

在本例中，若投资的金额不是60万元，而是50万元或40万元，用其他方法求解时，往往要从头再算，导致大量重复性计算。而用动态规划求解，上述求得的各种状态数据仍然有用，这对于优化算法、提高计算效率、减少重复性计算都具有重要价值。

6.5 动态规划的背包问题

有一个著名的背包问题。一个徒步旅行者，可携带物品重量的限度为 a 千克，有 n 种物品可供他选择装入包中，如表6-5所示，已知每种物品的重量及使用价值（作用）。问如何选择携带的物品（各物品的数量，即件数），可使携带的所有物品的使用价值最大？

表6-5

物品	1	2	…	j	…	n
重量（千克/件）	a_1	a_2	…	a_j	…	a_n
每件使用价值	c_1	c_2	…	c_j	…	c_n

视频：动态规划的背包问题（收费资源）

设 x_j 为将第 j 种物品装入包中的数量（件数），则问题的数学模型为：

$$\max z=\sum_{j=1}^{n}c_jx_j$$

$$\begin{cases} \sum_{j=1}^{n} a_j x_j \leqslant a \\ x_j \geqslant 0 \text{ 且为整数} \quad (j=1, 2, \cdots, n) \end{cases}$$

显然，这是一个整数规划问题，与此相类似的还有工厂里的下料问题、运输中的货物装载问题、人造卫星的物品装载问题、综合演练战士携带物品问题等。这些问题当然可用整数规划方法求解。下面换一种思路，用动态规划方法求解。

由于限重 a 千克，有 n 种物品可供选择，可按可装入物品的 n 种类划分为 n 个阶段。令 $f_k(y)$ 为将总重量不超过 y 千克的前 k 种物品装入包内时物品的最大使用价值，其中 $y \geqslant 0$，$k=1$，2，…，n。问题即为求 $f_n(a)$。

求 $f_n(a)$ 的递推关系式为：

$$f_k(y) = \max_{0 \leqslant x_k \leqslant \frac{y}{a_k}} \{c_k x_k + f_{k-1}(y - a_k x_k)\} \quad (2 \leqslant k \leqslant n)$$

其中：状态变量 y 为前 k 种物品的总重量，决策变量 x_k 为装入第 k 种物品的件数。

当 $k=1$ 时，有：

$$f_1(y) = c_1 \left(\frac{y}{a_1}\right), \quad \left[x_1 = \left(\frac{y}{a_1}\right)\right]$$

其中：$\left(\frac{y}{a_1}\right)$ 表示不超过 $\frac{y}{a_1}$ 的最大整数。

例 6-4 可携带物品重量的限度为 5 千克，有 3 种物品可供选择装入包中，如表 6-6 所示，已知每种物品的重量及使用价值（作用）。问应如何选择携带的物品（数量），可使所携带的所有物品的使用价值最大？

表 6-6

物品	1	2	3
重量（千克）	3	2	5
使用价值	8	5	12

解：设 x_j 为将第 j 种物品装入包中的数量（件数）。

$f_k(y)$ 为将总重量不超过 y 千克的前 k 种物品装入时包内物品的最大使用价值。其中 $y \geqslant 0$，$k=1$，2，3。

数学模型如下：

$$\max z=8x_1+5x_2+12x_3$$

$$\begin{cases}3x_1+2x_2+5x_3\leqslant 5\\ x_1,\ x_2,\ x_3\geqslant 0\text{ 且为整数}\end{cases}$$

由于限重 5 千克，有 3 种物品可供选择，故问题是求 $f_3(5)$。

求 $f_3(5)$ 的递推关系式为：

$$f_k(y)=\max_{0\leqslant x_k\leqslant \frac{y}{a_k}}\{c_kx_k+f_{k-1}(y-a_kx_k)\}\quad (2\leqslant k\leqslant 3)$$

由上得：

$$\begin{aligned}f_3(5)&=\max_{\substack{0\leqslant x_3\leqslant \frac{5}{a_3}\\ x_3\text{整数}}}\{12x_3+f_2(5-5x_3)\}\\ &=\max_{\substack{0\leqslant x_3\leqslant \frac{5}{5}\\ x_3\text{整数}}}\{12x_3+f_2(5-5x_3)\}\\ &=\max_{x_3=0,1}\{12x_3+f_2(5-5x_3)\}\\ &=\max\{\underset{(x_3=0)}{0+f_2(5)},\ \underset{(x_3=1)}{12+f_2(0)}\}\end{aligned}$$

故先需求 $f_2(0)$，$f_2(5)$。

$$\begin{aligned}f_2(0)&=\max_{\substack{0\leqslant x_2\leqslant \frac{0}{a_2}\\ x_2\text{整数}}}\{5x_2+f_1(0-2x_2)\}\\ &=\max_{\substack{0\leqslant x_2\leqslant \frac{0}{2}\\ x_2\text{整数}}}\{5x_2+f_1(0-2x_2)\}\\ &=\max_{x_2=0}\{5x_2+f_1(0-2x_2)\}\\ &=\max\{\underset{(x_2=0)}{0+f_1(0)}\}=f_1(0)=0\ (x_1=0,\ x_2=0)\end{aligned}$$

$$\begin{aligned}f_2(5)&=\max_{\substack{0\leqslant x_2\leqslant \frac{5}{a_2}\\ x_2\text{整数}}}\{5x_2+f_1(5-2x_2)\}\\ &=\max_{\substack{0\leqslant x_2\leqslant \frac{5}{2}\\ x_2\text{整数}}}\{5x_2+f_1(5-2x_2)\}\\ &=\max_{x_2=0,1,2}\{5x_2+f_1(5-2x_2)\}\\ &=\max\{\underset{(x_2=0)}{0+f_1(5)},\ \underset{(x_2=1)}{5+f_1(3)},\ \underset{(x_2=2)}{10+f_1(1)}\}\end{aligned}$$

其中：

$$f_1(5)=c_1x_1=8\times\left[\frac{5}{3}\right]=8\quad (x_1=1)$$

$$f_1(3)=c_1x_1=8\times\left[\frac{3}{3}\right]=8 \quad (x_1=1)$$

$$f_1(1)=c_1x_1=8\times\left[\frac{1}{3}\right]=0 \quad (x_1=0)$$

$$f_1(0)=c_1x_1=8\times\left[\frac{0}{3}\right]=0 \quad (x_1=0)$$

故：

$$\begin{aligned} f_2(5) &= \max\{\underset{(x_2=0)}{0+f_1(5)},\ \underset{(x_2=1)}{5+f_1(3)},\ \underset{(x_2=2)}{10+f_1(1)}\} \\ &= \max\{8,\ 5+8,\ 10\}=13 \quad (x_1=1,\ x_2=1) \end{aligned}$$

故：

$$\begin{aligned} f_3(5) &= \max\{\underset{(x_3=0)}{0+f_2(5)},\ \underset{(x_3=1)}{12+f_2(0)}\} \\ &= \max\{0+13,\ 12+0\} \\ &= 13 \quad (x_1=1,\ x_2=1,\ x_3=0) \end{aligned}$$

所以，最优解为 $X=(1,\ 1,\ 0)$，最优值 $z=13$。

可以看出，求解上述整数规划问题，既可运用前面介绍的分支定界法和割平面法等方法，也可运用本章介绍的动态规划方法。

本章小结

动态规划是解决多阶段决策过程最优化的一种方法。运用动态规划的理论与方法，不仅可以得到全过程的解，还可以得到所有子过程的解，求解也更容易、更高效。本章概念较多，原理性较强，且数学模型的形式没有一个统一的标准，因此具有与其他章节不同的学习特点，需要学习者慢慢领会和理解。本章各知识点需要学习者掌握的程度如下图所示。

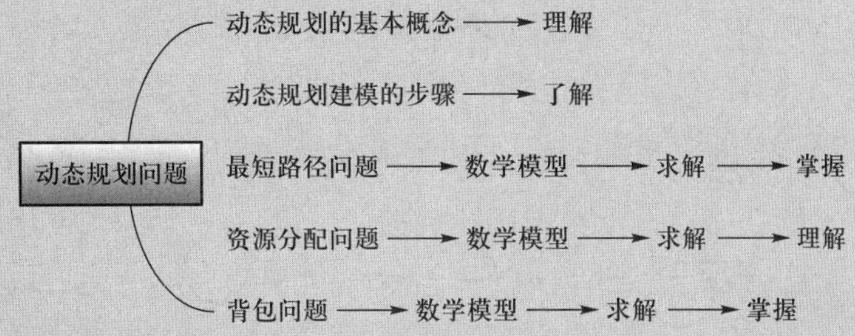

关键术语

动态规划（Dynamic Programming）

贝尔曼最优化原理（Bellman's Principle of Optimality）

最短路径问题（Shortest Path Problem）

资源分配问题（Resources Allocation Problem）

背包问题（Knapsack Problem）

复习思考题

1. 对动态规划方法，下列说法正确的是（　　）。

A. 动态规划方法是解决多阶段决策问题的一种方法

B. 在动态规划中，状态转移函数是状态和决策的函数

C. 动态规划的一个最优策略的子策略总是最优的

D. 动态规划可用来求解任意非线性规划问题

2. 对动态规划方法，下列说法错误的是（　　）。

A. 最优化原理是“无论初始状态和初始决策如何，对前面决策所造成的某一状态而言，余下的决策序列必构成最优策略”

B. 动态规划可以用来求解一组约束的线性整数规划问题

C. 动态规划模型的状态变量既需要反映过程演变的特征，又须满足后效性

D. 动态规划的指标函数一般是“和” 的形式

3. 图 6-11 中 S 到 F 的最短距离为（　　）。

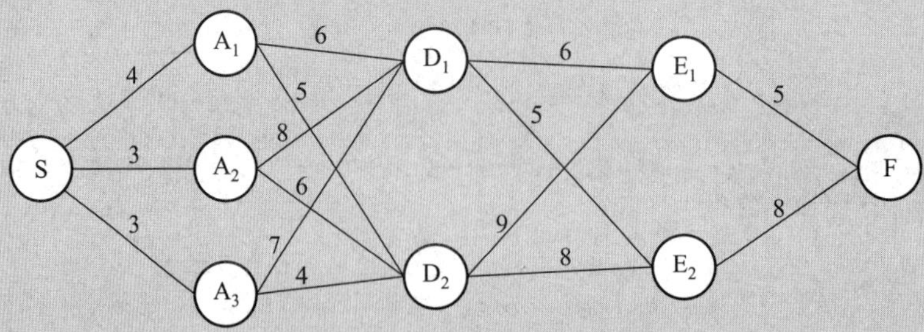

图 6-11

A. 21　　　　B. 23　　　　C. 24　　　　D. 19

4. 下面说法正确的是（　　）。

A. 投资分配问题的目标函数必须是线性函数，因此投资分配问题属于线性规划问题

B. 若投资分配问题模型为线性，可以用单纯形法和动态规划两种方法求解

C. 投资分配问题的状态变量也需要满足无后效性原则

D. 投资分配问题的最优策略的子策略也必须是最优的

5. 下面说法正确的是（　　）。

A. 背包问题的目标函数可以是线性函数也可以是非线性函数

B. 背包问题模型为整数规划模型

C. 背包问题的状态变量也需要满足无后效性原则

D. 背包问题可以用匈牙利算法进行求解

6. 求下面问题的最优解。

$$\max z = x_1 \cdot x_2 \cdot x_3$$

约束条件为：

$$x_1 + x_2 + x_3 = 4$$

$$x_1,\ x_2,\ x_3 \geqslant 0$$

7. 一艘货轮在 A 港装货后驶往 E 港，中途需靠港加油、加淡水三次。从 A 港到 E 港，可能的航运路线及两港之间的距离如图 6-12 所示。E 港有 3 个码头 E_1、E_2、E_3。试求最合理的停靠码头及航线，以使总路程最短。[1]

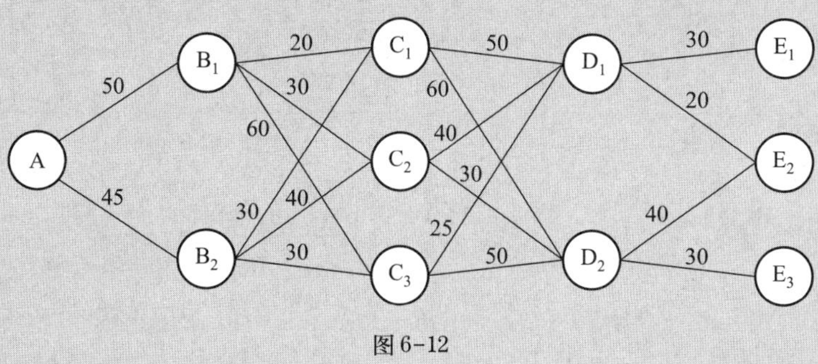

图 6-12

8. 现有天然气站 A，需铺设管道到用气单位 F，可以选择的设计路线如图 6-13 所示，中间各点是加压站，各线路的费用已标在线段旁（单位：万

元)。试设计费用最低的路线。

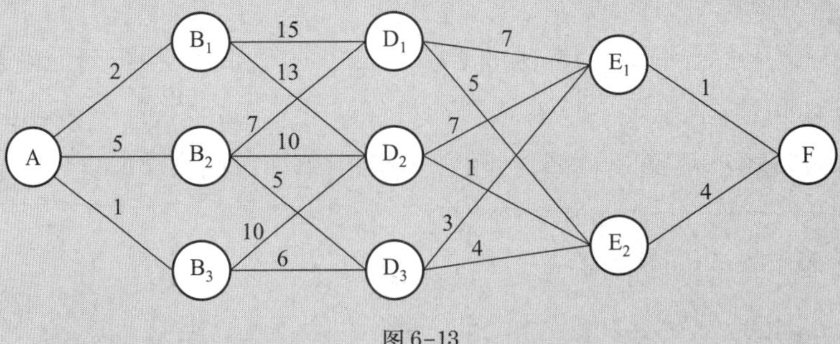

图 6-13

9. 某厂生产三种产品，各种产品重量与利润的关系如表 6-7 所示。现将此三种产品运往市场出售，运输能力总重量不超过 7 吨。问如何安排运输可使总利润最大?

表 6-7

种类	1	2	3
重量（吨）	2	3	4
单件利润（元）	80	130	180

10. 求下列问题的最优解

$$\max z=4x_1+5x_2+6x_3$$

$$\begin{cases}3x_1+4x_2+5x_3\leqslant 10\\ x_1,\ x_2,\ x_3\geqslant 0 \text{ 且为整数}\end{cases}$$

延伸阅读

[1] Mitten, L. G. Composition Principles for Synthesis of Optimal Multi-stage Processes [J]. Operations Research, 1964, Vol. 12: 610-619.

[2] Mitten, L. G. Preference Order Dynamic Programming [J]. Management Science, 1974, Vol. 21: 43-46.

[3]《运筹学》教材编写组. 运筹学 [M]. 3 版. 北京：清华大学出版社，2005.

［4］《数学辞海》编辑委员会. 数学辞海［M］. 第五卷. 北京：中国科学出版社，2002.

［5］腾宇，等. 动态规划原理及应用［M］. 成都：西南交通大学出版社，2011.

［6］［美］休伯特，等. Combinatorial Data Analysis：Optimization by Dynamic Programming（组合数据分析：通过动态规划进行优化）［M］. 北京：清华大学出版社，2011.

［7］［美］Dimitri PBertsekas. 抽象动态规划［M］. 北京：清华大学出版社，2014.

参考文献

《运筹学》教材编写组. 运筹学［M］. 3 版. 北京：清华大学出版社，2005：191-250.

第七章　网络计划技术

【本章导读】 网络计划技术（Network Planning Technology）是20世纪50年代开始发展起来的一种科学管理方法，广泛应用于军事、航天、工程等各个领域。学习本章首先要搞清楚三个概念：网络图，网络计划，网络计划技术。网络图即由“箭线”和“节点”组成的有序网状图形。网络计划即用网络图模型表达“任务构成”“工作顺序”并加注“工作时间参数”的进度计划。网络计划技术即运用网络图的基本理论分析和解决计划管理问题的一种科学方法。

本章知识点及逻辑关系如思维导图所示。

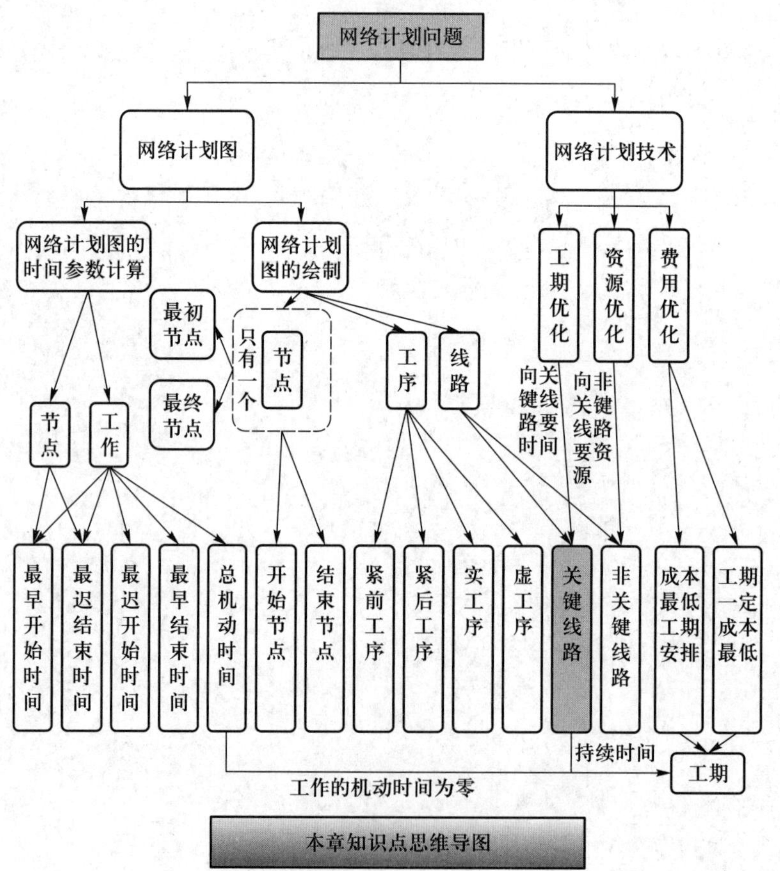

本章知识点思维导图

7.1 网络计划技术概述

网络计划技术是20世纪50年代后期在军事、航天等领域发展起来的。根据应用起源不同，网络计划技术区分为关键路径法（Critical Path Method，CPM）与计划评审技术（Program Evaluation and Review Technique，PERT）。

7.1.1 网络计划技术的发展

亨利·劳伦斯·甘特

20世纪初，亨利·劳伦斯·甘特（Henry Laurence Gantt，1861—1919年）创造了横道图法，又称甘特图法。通过条状图来显示项目、进度和其他时间相关的内在关系，以及随时间进展的情况。如图7-1所示。

工作名称	进度(天)																	
	1	2	3	4	5	6	7	8	9	10	11	12	13	14	15	16	17	18
测量放线																		
开挖																		
填路基																		
排水设施																		
清除杂物																		
路面施工																		
路肩施工																		
清理场地																		

图7-1 横道图

甘特图以作业排序为目的，将活动与时间联系起来，帮助企业描述工作中心和时间进度等。甘特图形象直观，易于编制和理解，但不能明确反映各项工作之间的相互关系，也不能明确反映影响工期的关键工作和关键线路，无法对复杂的管理工作进行有效组织。

随着社会生产的不断发展，工程项目的规模越来越大，影响因素越来越多。1956年，美国杜邦·耐莫斯公司的摩根·沃克（M. R. Walker）与莱明顿公司的詹姆斯·凯利（J. E. Kelley）合作，利用公司的 Univac 计算机，开发了运用计算机描述合理安排工程项目进度计划的关键路径法（CPM），如图 7-2 所示，用于复杂系统的管理。CPM 借助网络来表示各项工作与所需时间，以及各项工作之间的相互关系。通过网络分析，研究工程费用与工期的相互关系，并找出在计划编制及执行过程中的关键线路。1958 年初，工程管理人员将 CPM 用于一家价值千万美元的新化工厂的建设，与传统的横道图法相比，使工期缩短了 4 个月。后来，CPM 又被用于设备维修领域，使因设备维修需停产 125 小时的工程缩短了 78 小时，仅一年就节约成本近 100 万美元。自此以后，网络计划技术的关键路径法得以广泛应用。

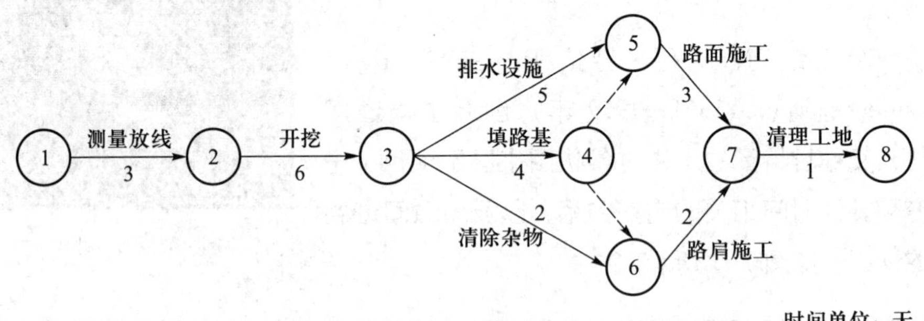

图 7-2　网络计划的关键路径法示意图

1958 年，美国海军特种计划局启动北极星导弹核潜艇研制计划。该计划规模庞大，组织管理复杂，整个工程由 8 家总承包商、250 家分包商、3 000 家三包商、9 000 多家厂商承担。项目组采用网络计划评审技术（PERT）对各项工作安排进行评价和审查，使原定 6 年的研制计划提前 2 年完成。1961 年，美国在阿波罗载人登月计划中又采用 PERT，管控了 255 亿美元规模的资金投入，运行了 7 000 人规模的中心试验室，把 120 所大学、2 万多家企业共计 42 万人组织在一起，取得了人类首次登月成功的非凡成就。从此 PERT 声誉大振，风靡全球。统计资料表明，在不增加人力、物力、财力的既定条件下，采用 PERT 可使进度提前 15%～20%，节约成本 10%～15%。

CPM 和 PERT 是独立发展起来的两种计划方法，在具体做法上有不同之处。CPM 假定每一活动的时间是确定的，而 PERT 的活动时间基于概率估计。CPM 不仅考虑活动时间，也考虑活动费用及费用与时间的权衡，而 PERT 则较少考虑费用问题。CPM 采用节点型网络图，PERT 采用箭线型网络图。但两者所依据的基本原理基本相同，均是通过网络形式表达某个项目计划中各项具体活动的逻辑关系。现在，人们也将其合称为网络计划技术。

后来，为了适应各种计划管理的需要，以 CPM 为基础，又开发出其他一些网络计划法，如搭接网络技术（DLN）、图形评审技术（GERT）、决策网络计划法（DN）、风险评审技术（VERT）、仿真网络计划法和流水网络计划法等。当前，网络计划技术被许多国家认为是最行之有效的、先进的、科学的管理方法之一。

华罗庚

林知炎

1965 年，自华罗庚教授引入网络计划技术后，中国才开始对其进行研究和应用，并收到了一定的效果，但最主要的研究和应用集中在 20 世纪 80 年代。当时涌现出多部关于网络计划技术的专著，如 1981 年周慧兴编著的《网络计划技术》，1982 年朱瑶翠编著的《企业管理中的网络计划技术》，1987 年林知炎编著的《网络计划技术》。90 年代后研究者偏少，主要在企业管理专著中有专门章节涉及计划技术。我国国家技术监督局和建设部先后在网络计划技术应用方面颁布了《网络计划技术》（GB/T 13400. 1、GB/T 13400. 2、GB/T 13400. 3-92)、《工程网络计划技术规程》（JGJ/T 121-99）等国家标准和行业标准，此后，又对原标准进行了修订，更新颁布了《网络计划技术　第 2 部分：网络图画法的一般规定》（GB/T 13400. 2-2009)、《网络计划技术　第 3 部分：在项目管理中应用的一般程序》（GB/T 13400. 3-2009)、《网络计划技术　第 1 部分：常用术语》（GB/T 13400. 1-2012）以及《工程网络计划技术规程》（JGJ/T 121—2015)。这为工程网络计划技术在实际应用中提供了可以遵循的、统一的技术标准，保证了计划的科学性，提高了我国工程项目的科学管理水平。

21 世纪随着计算机技术迅速发展，网络计划技术研究得到一定程度的重视，但研究力度和领域仍然偏小，在数学理论、建模等方面的发展空间很大。

7.1.2 网络计划技术的特点

网络计划技术有以下几个主要特点：

（1）明确表达各项工作的逻辑关系，如图 7-3 所示；

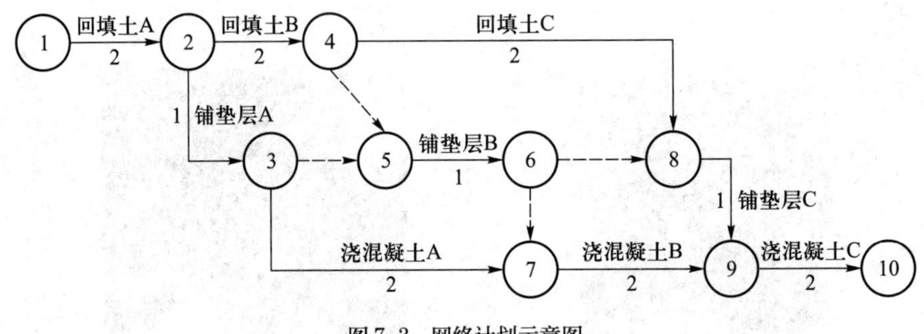

图 7-3 网络计划示意图

（2）通过时间参数计算，确定关键工作和关键线路（见 7.4 节）；

（3）掌握可以机动的时间，进行网络计划的优化（见 7.6 节）。

7.1.3 网络计划技术的分类

（1）按工作的表示方式不同，网络计划可分为双代号网络计划和单代号网络计划。

双代号网络计划由两个节点、一个箭线组合起来表达一个施工过程。施工过程名称写在箭线的上面，持续时间写在箭线的下面，如图 7-4 所示。

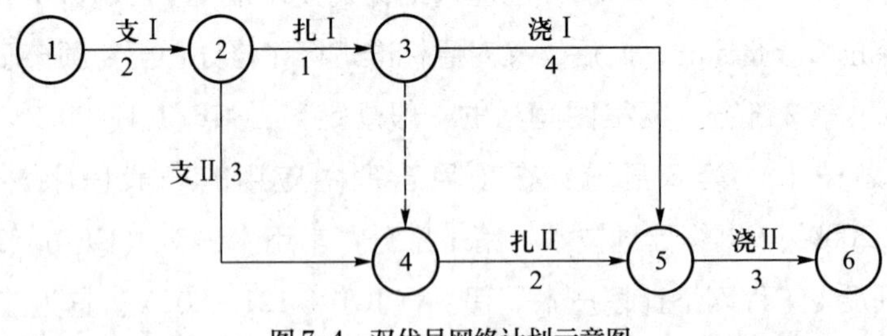

图 7-4 双代号网络计划示意图

单代号网络计划由一个节点表达一个施工过程。节点里面最上面代表施工过程编号，中间代表施工过程名称，最下面表达的是持续时间，箭线仅表示各项工作的相互制约和相互依赖关系，如图 7-5 所示。

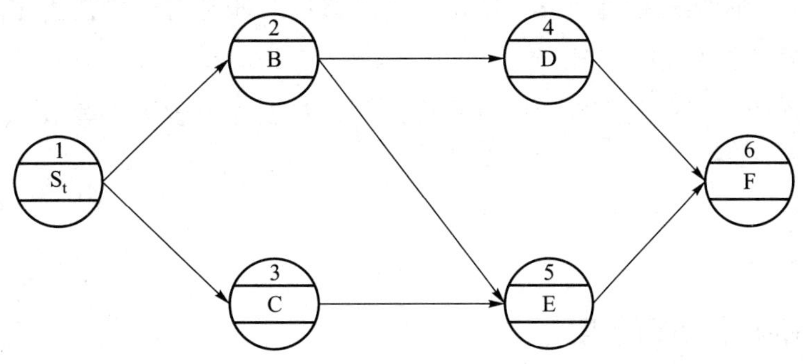

图 7-5 单代号网络计划示意图

(2) 按逻辑关系及工作持续时间是否确定，网络计划可分为肯定型网络计划和非肯定型网络计划。

肯定型网络计划，指工作、工作与工作之间的逻辑关系，以及工作持续时间都可以确定。其类型主要有：关键路径法（CPM）、搭接网络计划、有时限的网络计划、多级网络计划和流水网络计划。

非肯定型网络计划，指工作、工作与工作之间的逻辑关系，以及工作持续时间，三者中有一项或多项不确定。其类型主要有：计划评审技术（PERT）、图示评审技术（GERT）、风险评审技术（VERT）、决策网络技术法（DN）、随机网络计划技术（QERT）和仿真网络计划技术等。

常用的是 CPM 和 PERT 二种类型。CPM 属于肯定型，工作时间采用“一个估计值”（最可能时间），适用于工程建设项目，往往兼顾时间和费用两大因素，力求用最低费用去确定工期。PERT 属于非肯定型，工作时间采用“三个估计值”（最乐观时间、最可能时间、最悲观时间），适用于科研项目和一次性计划，它着重考虑时间因素，主要用于控制进度。

7.1.4 网络计划技术工作的基本原理

实施网络计划技术，在指导思想上要坚持统筹兼顾、合理安排，应遵循以下的工作原理：

(1) 绘制工作计划的网络图。把工程中各项活动的前后次序和相互关系，用一张网络图清晰地表示出来。

(2) 对网络图进行参数计算。根据网络图计算出每项活动的开始时间和结束时间，指出关键活动和非关键活动，并计算机动时间。

（3）对网络图进行优化。依据计算的参数对任务进行调整优化，改进初始方案，选择最优方案。

（4）控制工程的实施。执行网络计划，对工程进度进行有效协调、控制和监督。

7.2 网络计划图的组成

网络计划图是在网络图上标注时标和时间参数的进度计划图，实际上是有时序的有向赋权图。现统一给出专用的术语和符号。

7.2.1 工序（工作）

在网络图中，用带箭头的线段（箭线）表示工序（工作）。箭线的长度与持续的时间一般不成比例，若成比例就称之为带时间比例尺的网络图。

按照是否消耗时间和资源，工序分为实工序和虚工序。

实工序指在一项工程或任务中的一项作业或一道工序，需要消耗时间及各种资源。如图 7-6 所示，一条实箭线表示一项工作，箭头表示工序结束，箭尾表示工序开始，一条实箭线的上方（或左方）表示工作的名称（或字母代号），其下方（或右方）表示该工作的持续时间。

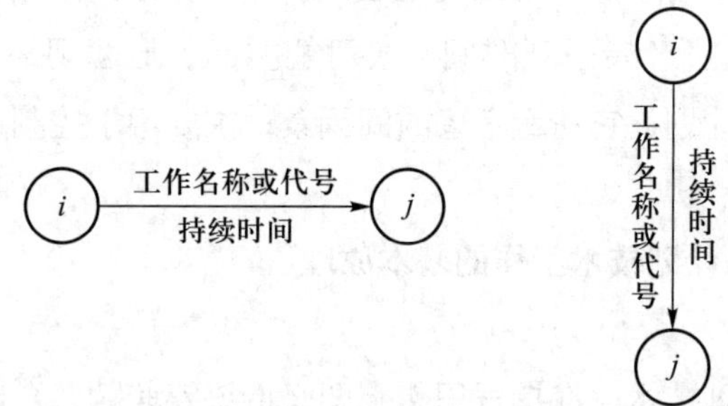

图 7-6 双代号网络计划图实工序表示法

虚工序是虚设的工序，主要用来表达相邻工序之间的衔接关系，不需要消耗时间和任何其他资源。如图 7-7 所示，一条虚箭线不表示一项工作，仅表示相邻工作之间相互依存、相互制约的逻辑关系。通常虽不消耗资源和时间，但在双代号网络图中具有不可替代的作用。一条虚箭线的上方（或左方）不标注工作的名称（或字母代号），其下方（或右方）表示该工作的持续时间，通常为0。

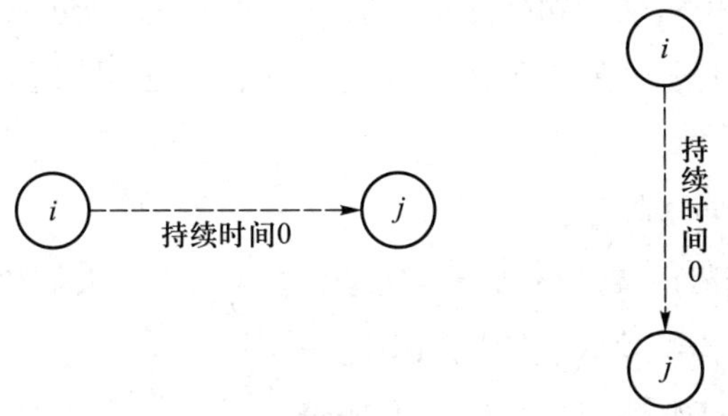

图7-7 双代号网络计划图虚工序表示法

工序的其他几个概念：

紧前工序：紧接某项工序的先行工序。

紧后工序：紧接某项工序的后续工序。

后继工序：自某工序之后至终点节点在同一条线路上的所有工序。

先行工序：自起点节点至某工序之前在同一条线路上的所有工序。

平行工序：可与某些工序同时进行的工序。

A工序的紧前工序、紧后工序和平行工序如图7-8所示。

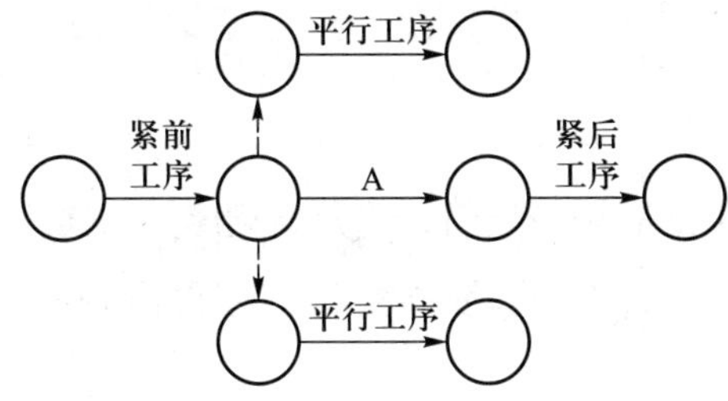

图7-8 各工序之间关系示意图

7.2.2 节点

节点用圆圈表示，前后两工作（工序）的交点表示工作的开始、结束和连接关系。它是瞬间概念，不消耗任何时间和资源。

开始节点：表示一项工作的开始。

结束节点：表示一项工作的结束。

最初节点：指双代号网络图中的第一个节点，表示项目的开始。在一个网络图中，只有一个最初节点，编号最小，无任何的紧前工序和先行工序，无内向箭线。

最终节点：指双代号网络图中的最后一个节点，表示项目的结束。在一个网络图中，只有一个最终节点，编号最大，无任何的紧后工序和后继工序，无外向箭线。

节点编号的要求如下：

（1）从最初节点向最终节点，从左往右、从小往大依次编排。

（2）箭头节点编号大于箭尾节点编号。

（3）不能有重复编号。如图 7-9 所示。

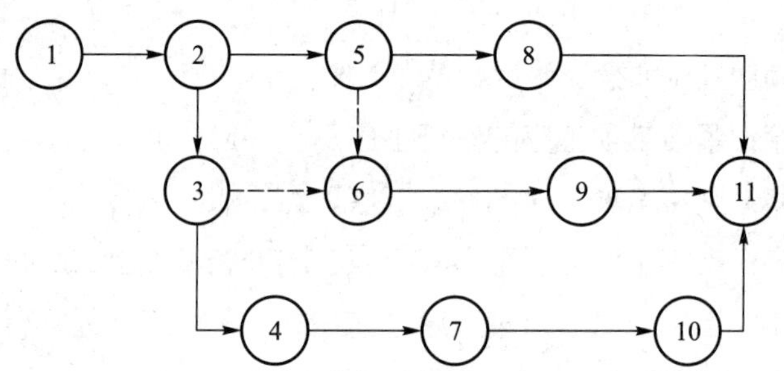

图 7-9　双代号网络图节点编号示意图

7.2.3　线路

线路指网络图中从最初节点沿箭线方向顺序到达最终节点的通路。根据线路时间不同，将线路分为关键线路和非关键线路两种。关键线路一般用粗实线表示。

线路时间：完成每条线路的全部工作所必需的总持续时间。

关键线路：在网络图的所有线路中，各工作的持续时间最长的线路，即持续时间最长的线路为关键线路。

非关键线路：在网络图的所有线路中，除关键线路之外的其他所有的线路。

次关键线路：在网络图的所有线路中，工作持续时间第二长的线路。

例 7-1　一个网络计划，如图 7-10 所示，找出各条线路和线路的持续时间。

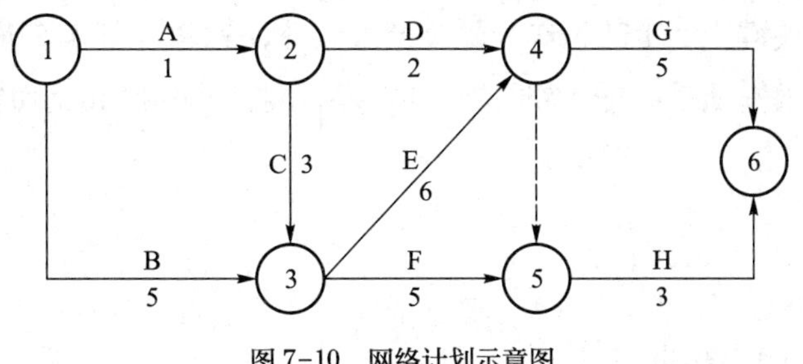

图 7-10 网络计划示意图

图 7-10 中的线路及持续时间见表 7-1。

表 7-1

线路	线路的组成	线路的持续时间
1	①→②→④→⑥	8
2	①→②→④→⑤→⑥	6
3	①→②→③→④→⑤→⑥	13
4	①→②→③→④→⑥	15
5	①→③→④→⑤→⑥	14
6	①→③→④→⑥	16
7	①→③→⑤→⑥	13
8	①→②→③→⑤→⑥	12

关键线路 ①→③→④→⑥ 持续时间 16

次关键线路 ①→②→③→④→⑥ 持续时间 15

关键线路主要有以下特点：

（1）关键线路的线路时间，代表整个网络图的计划总工期，在延长关键线路上的任何工作的时间都会导致总工期的后延；

（2）在同一个网络计划中，至少存在一条关键线路；

（3）关键线路上的工作称为关键工作，均无任何机动时间；

（4）缩短某些关键工作的持续时间，有可能将关键线路转化为非关键线路；

（5）关键线路一般用粗实线表示。

非关键线路主要有以下特点：

（1）非关键线路的线路时间，仅代表该条线路的计划工期；

（2）非关键工作均有机动时间；

（3）非关键线路上的工作，除关键工作外，其余均为非关键工作；

（4）如果拖延某些非关键工作的持续时间，非关键线路可能转化为关键线路。

7.3 网络计划图的绘制

视频：网络计划图的绘制（收费资源）

本节主要介绍双代号网络计划图的绘制。首先需要介绍的是工序之间的逻辑关系。各工序之间的逻辑关系，既包括客观上的由工艺所决定的工序上的先后顺序关系，也包括组织管理所要求的工序之间的相互制约、相互依赖的关系。逻辑关系表达是否正确，是网络图能否反映工程实际情况的关键。逻辑关系一旦搞错，图中各项参数的计算以及关键线路和工程工期都将随之发生错误。

7.3.1 绘图的逻辑关系

网络计划图必须按照既定的逻辑关系进行绘制。逻辑关系的表达主要有以下几个方面：

（1）A 完成后进行 B；B 完成后进行 C。如图 7-11（a）所示。

（2）A、B 均完成后进行 C。如图 7-11（b）所示。

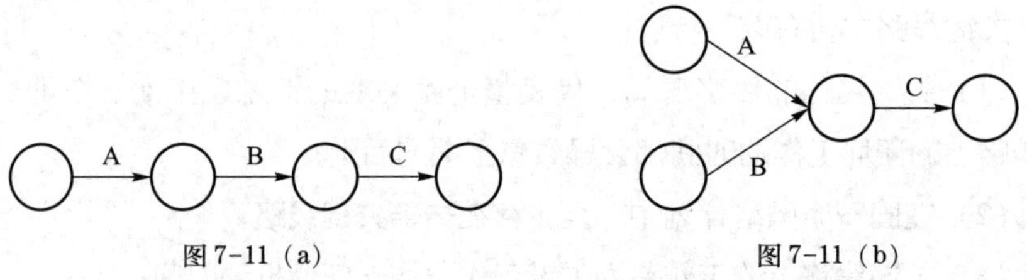

图 7-11（a）　　图 7-11（b）

（3）A、B 均完成后同时进行 C 和 D。如图 7-11（c）所示。

（4）A 完成后进行 C；A、B 均完成后进行 D。如图 7-11（d）所示。

（5）A、B 均完成后进行 D；A、B、C 均完成后进行 E；D、E 均完成后进行 F。如图 7-11（e）所示。

（6）A 完成后进行 C；A、B 均完成后进行 D；B 完成后进行 E。如图 7-11（f）所示。

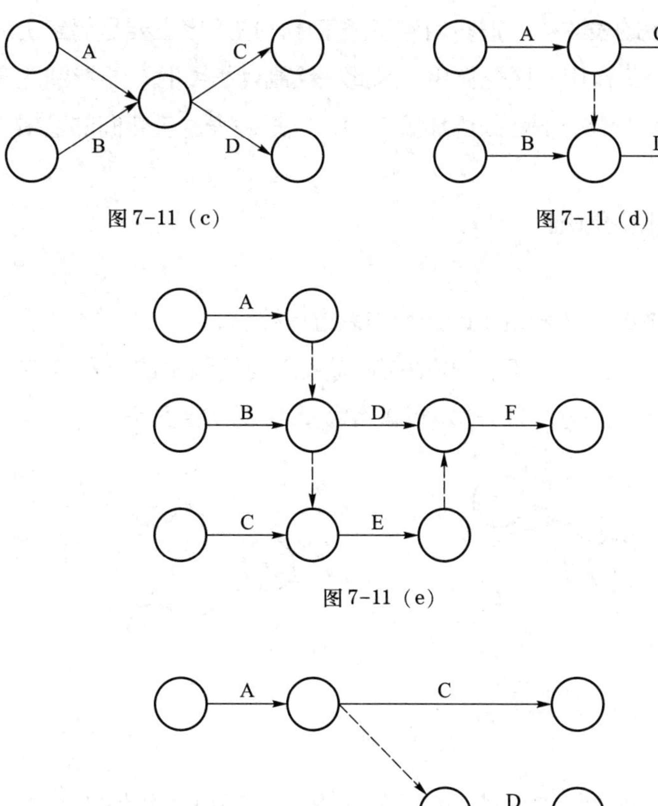

图 7-11（c）

图 7-11（d）

图 7-11（e）

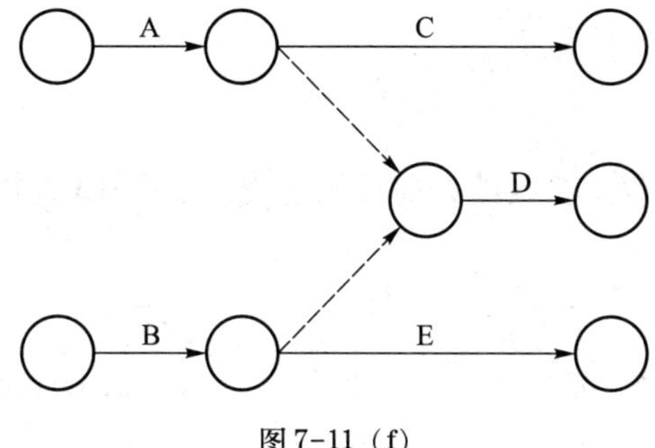

图 7-11（f）

（7）A、B 两项工作分成三个施工段，分段流水施工：

A_1 完成后进行 A_2、B_1；A_2 完成后进行 A_3、B_2；A_2、B_1 完成后进行 B_2；A_3、B_2 完成后进行 B_3。如图 7-11（g）所示。

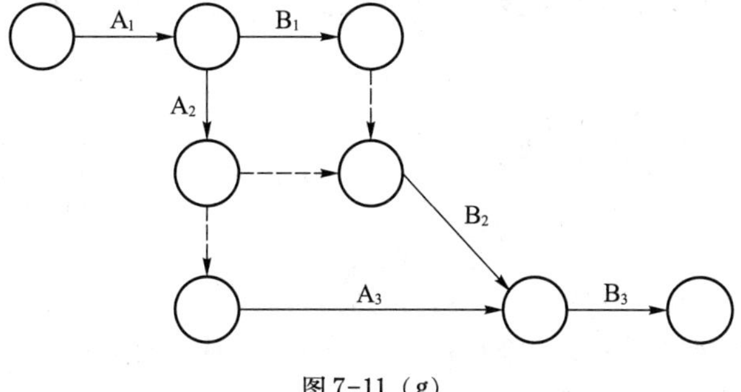

图 7-11（g）

在逻辑关系的表达中，很多用到了虚工序。虚工序主要是起到工序之间的连接作用、断开作用、区分作用。因此在绘制网络图时，要特别注意虚工序的使用，在某些情况下必须添加虚工序，以正确表达工序间的逻辑关系。

7.3.2 绘图的原则

（1）网络图必须按照既定的逻辑关系进行绘制。

（2）防止出现从一个节点出发，顺箭头方向又回到原出发点的循环回路。图 7-12（a）正确，图 7-12（b）错误，出现闭合回路。

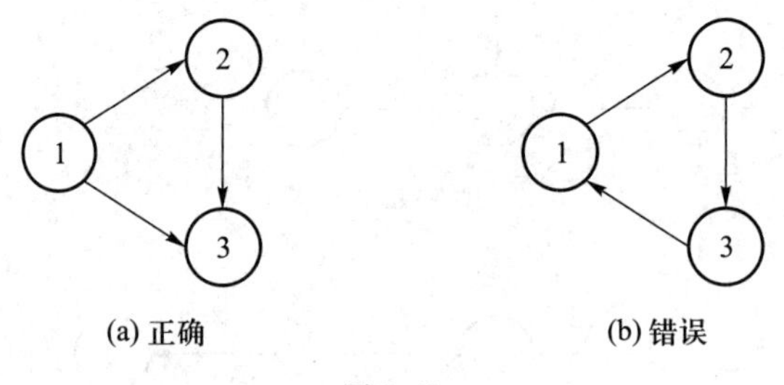

图 7-12

（3）严禁出现双向箭头或无箭头的连线，图 7-13 为错误的画法。

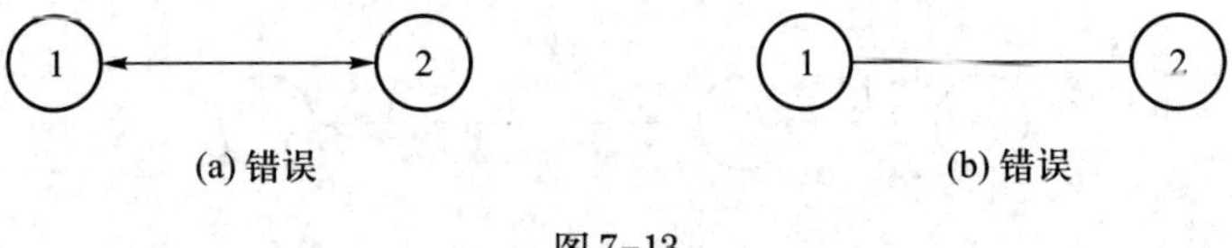

图 7-13

（4）同一项工作在一个网络图中不能表达 2 次以上。图 7-14（a）错误，工作 D 重复；图 7-14（b）正确。

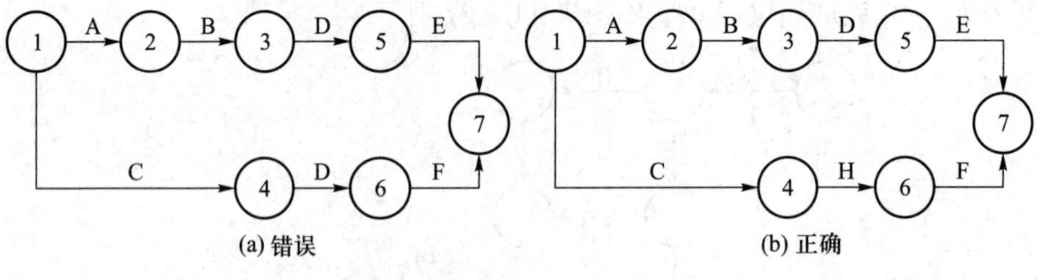

图 7-14

（5）一个网络图中，只能有一个最初节点和一个最终节点。图 7-15（a）错误，最初节点和最终节点都不唯一。图 7-15（b）正确。

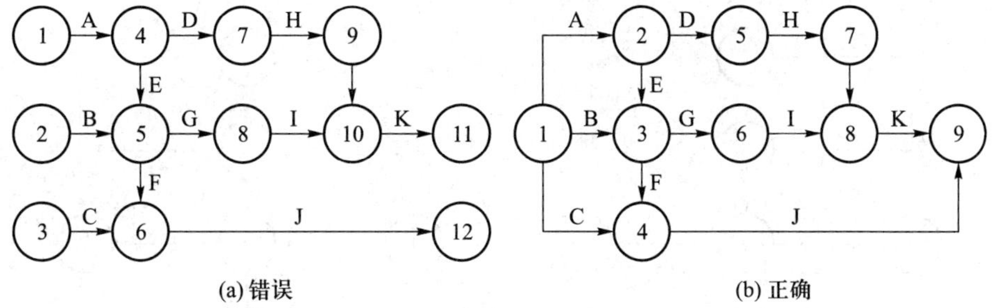

图 7-15

（6）严禁出现没有箭尾节点或没有箭头节点的连线，即遵循“一箭二圈”（一项工作只有一个开始节点，一个结束节点。两个节点之间只能有一项工作)。图 7-16（a)、（b）均为错误的画法。

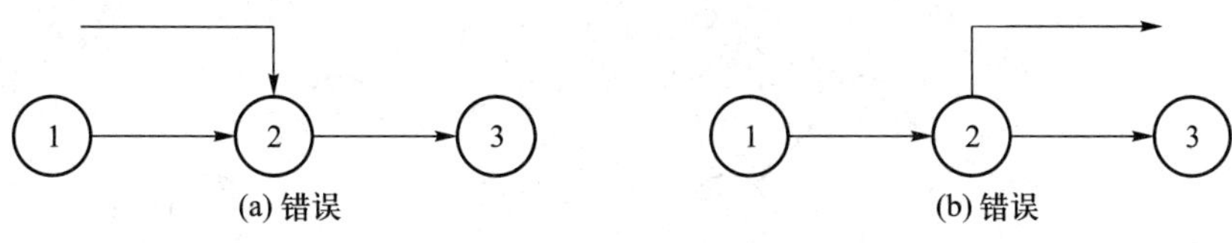

图 7-16

（7）绘制网络图时，应尽量避免箭线交叉，当交叉不可避免时，可采用过桥法、断线法、指向法等几种表示方法。如图 7-17 所示。

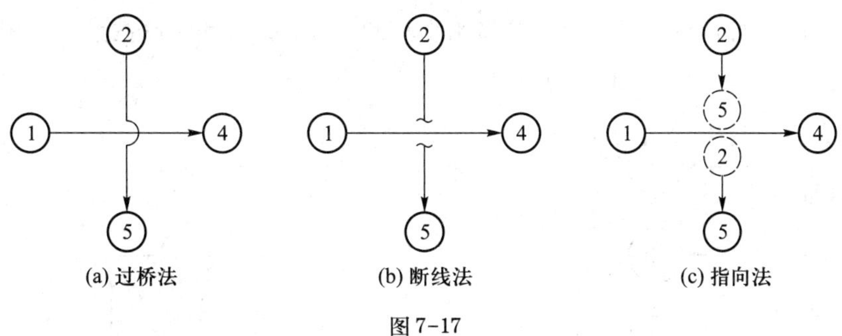

图 7-17

（8）当网络图的开始节点有多条外向箭线或结束节点有多条内向箭线时，为使图形简洁，可采用母线法绘制，但不允许出现竖向的母线。图 7-18（a）正确，图 7-18（b）错误，出现竖向母线。

（9）网络图中节点必须由小到大编号，编号严禁重复，但可以不连续。图 7-19（a）正确，图 7-19（b）错误，节点编号大小有问题。

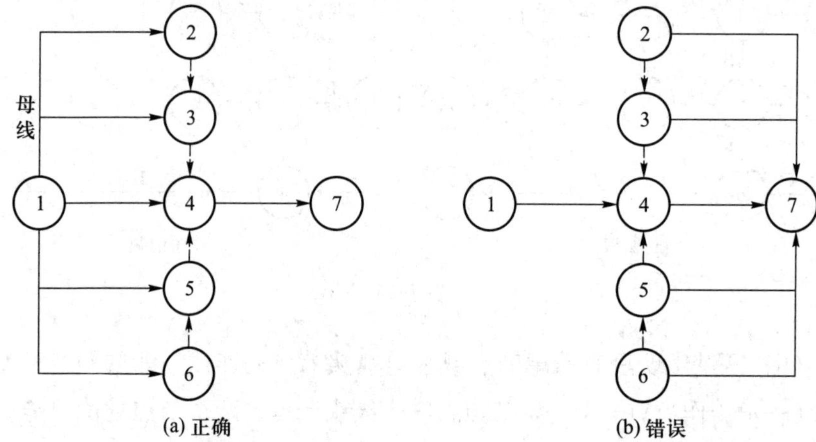

图 7-18

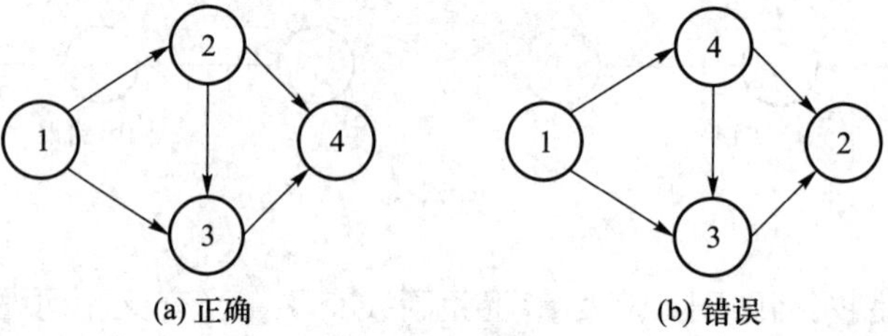

图 7-19

（10）禁止在箭线上引入或者引出其他箭线，除非用母线法绘图。图 7-20（a）正确，图 7-20（b）错误。

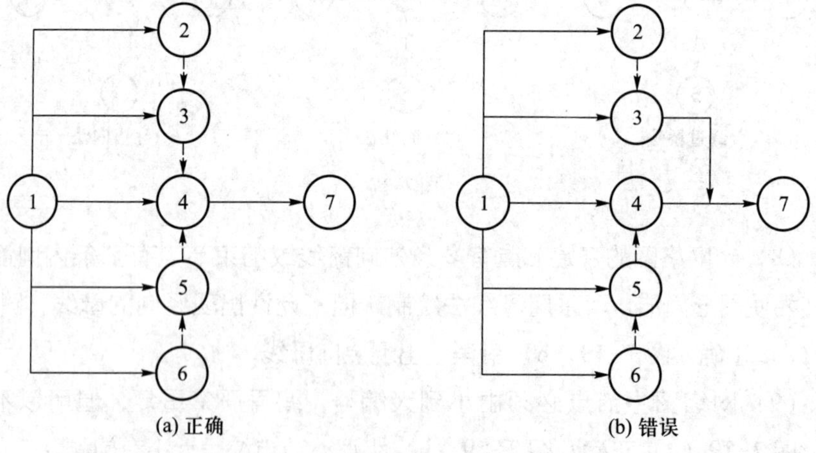

图 7-20

7.3.3 绘图的方法

第一步，进行任务分工，然后具体划分需要施工的工作。

第二步，确定需要完成工作计划的所有逻辑关系。

第三步，确定每一项工作所需要的持续时间，并制定详细的工程分析表。

第四步，根据所制定的工程分析表，绘制并修改网络图。主要注意以下几个方面：

（1）绘制无紧前工序的工作箭线，使它们具有相同的开始节点，以保证网络图只有一个最初节点。

（2）依次绘制其他工序的工作箭线。

（3）当各项工序箭线都绘制出来之后，应合并那些没有紧后工序的箭线节点，以保证网络图只有一个最终节点（多目标网络计划除外）。

（4）当确认所绘制的网络图正确后，即可进行节点编号。网络图的节点编号在满足前述要求的前提下，有时采用不连续的编号方法，以避免以后增加工作时而改动整个网络图的节点编号。

例 7-2 已知各工作之间的逻辑关系如表 7-2 所示，则可按下述步骤绘制网络图。

表 7-2

工作名称	A	B	C	D
紧前工作	—	—	A、B	B

分析：

（1）绘制工作箭线 A 和工作箭线 B，如图 7-21（a）所示。

（2）按前述原则绘制工作箭线 C，如图 7-21（b）所示。

（3）按前述原则绘制工作箭线 D 后，将工作箭线 C 和 D 的箭头节点合并，以保证网络图只有一个终点节点。当确认给定的逻辑关系表达正确后，再进行节点编号。表 7-2 所给定的逻辑关系对应的双代号网络图如图 7-21（c）所示。

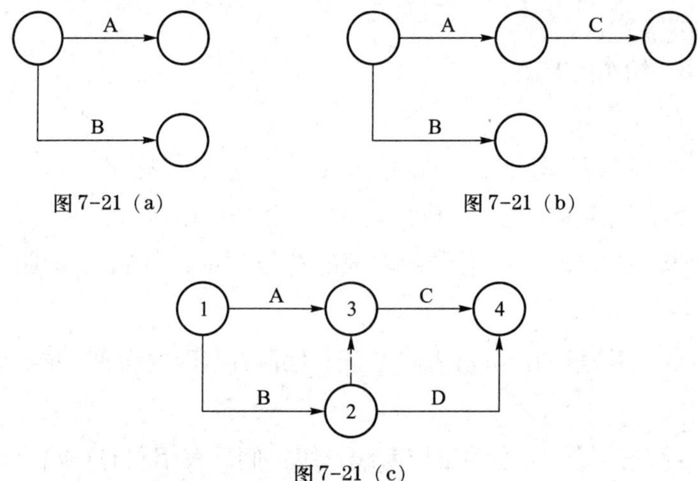

图 7-21（a）　图 7-21（b）

图 7-21（c）

例 7-3　有一部影片需要分上、下两集在甲、乙两个部队交替放映，中间有一个传片人，放映顺序先甲部队后乙部队，部队到达影院和返回各需要 30 分钟，上、下两集各需要 50 分钟，传片人从甲部队到乙部队或从乙部队到甲部队各需 40 分钟。绘制整个项目的网络图。

分析：工作项目

（甲部队）

到影院 A：　30 分钟

放上集 B：　50 分钟

放下集 C：　50 分钟

返　回 D：　30 分钟

（传片人）

送上集 E：　40 分钟

返回甲部队 F：　40 分钟

送下集 G：　40 分钟

（乙部队）

到影院 H：　30 分钟

放上集 I：　50 分钟

放下集 J：　50 分钟

返　回 K：　30 分钟

绘制甲部队，如图 7-22（a）所示。

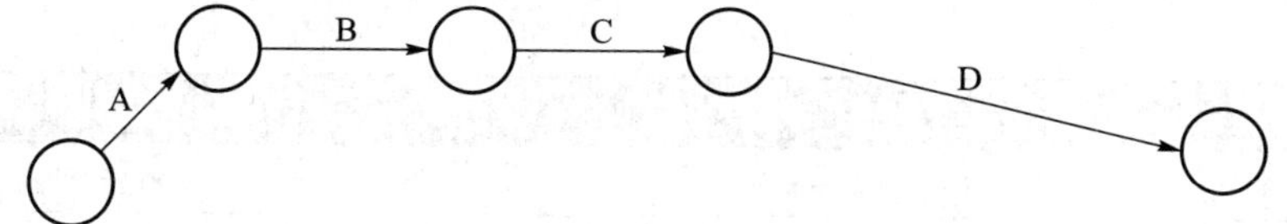

图 7-22（a） 甲部队网络计划图

绘制乙部队，如图 7-22（b）所示。

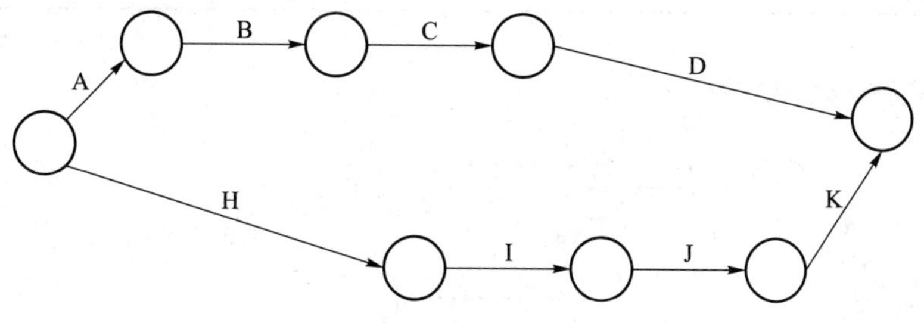

图 7-22（b） 乙部队网络计划图

绘制传片人，如图 7-22（c）所示。

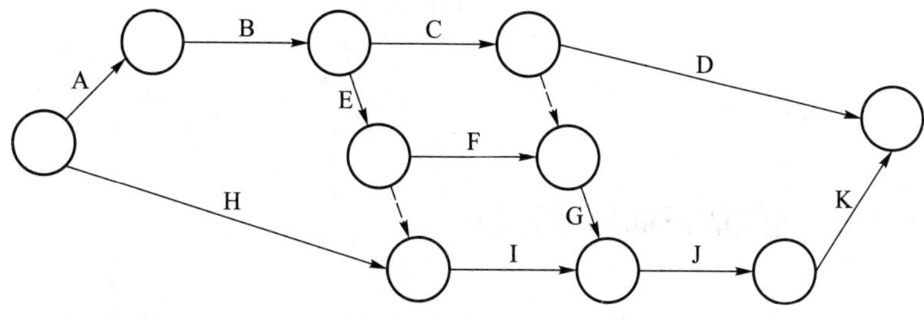

图 7-22（c） 传片人网络计划图

绘制最终的网络计划图，如图 7-22（d）所示。

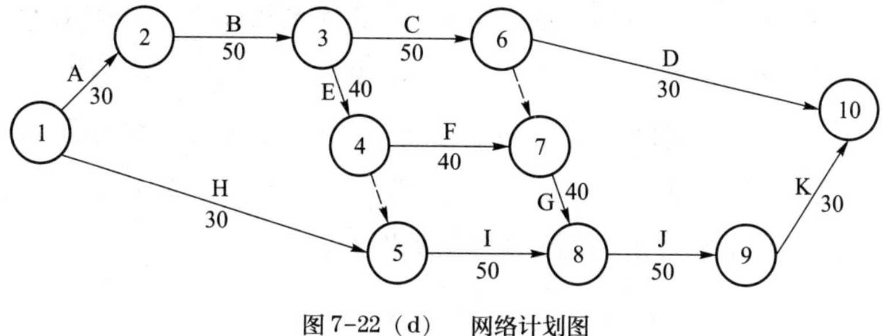

图 7-22（d） 网络计划图

在图 7-22（d）中，线路一共有 5 条，其持续时间和各线路，见表 7-3。

表 7-3

线路	线路的组成	线路的持续时间
1	①→②→③→⑥→⑩	160 分钟
2	①→②→③→⑥→⑦→⑧→⑨→⑩	250 分钟
3	①→②→③→④→⑦→⑧→⑨→⑩	280 分钟
4	①→②→③→④→⑤→⑧→⑨→⑩	250 分钟
5	①→⑤→⑧→⑨→⑩	160 分钟

关键线路如图 7-23 所示。

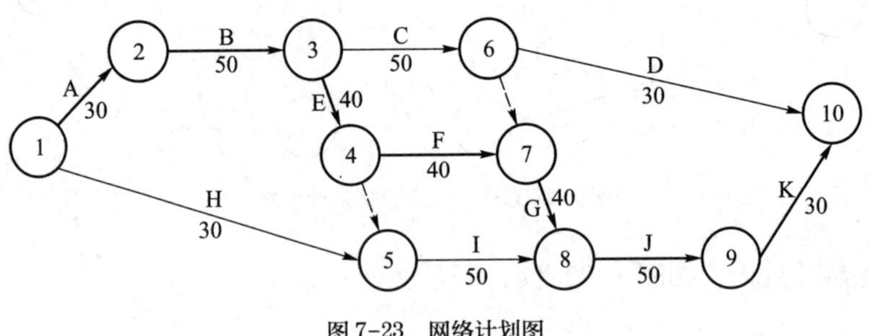

图 7-23　网络计划图

7.4　网络计划图的时间参数计算

绘制好原始网络计划图后，首要工作就是计算网络计划图的参数，这是网络计划技术方法的重要环节。通过参数计算能够找出关键线路，揭示主要矛盾，掌握各项工作开始、结束时间和机动时间，从而为完善、优化网络计划图和控制、指导计划的执行提供数量依据。本节仅介绍双代号网络计划图的时间参数计算，包括节点计算法和工作计算法。网络计划图的节点时间参数包括：节点最早开始时间，节点最迟结束时间。网络计划图的工作时间参数包括：工作持续时间，工作最早开始时间，工作最早完成时间，工作最迟开始时间，工作最迟完成时间，工作机动时间。

视频：网络计划图的时间参数计算（收费资源）

7.4.1　节点时间参数的计算

节点本身不占用时间，它只表示某项工作应在某一时刻才能开始或必须在某一时刻以前结束的时间点。节点时间参数有两个：一是最早开始时间；二是最迟结束时间。这两个参数是其他参数计算的依据，因此是最基本的参数。

1. 节点的最早开始时间 $T_E(i)$

节点的最早开始时间是指从该节点开始的各项任务工作最早可能开始工作的时刻。节点 i 的最早开始时间记为 $T_E(i)$。计算 $T_E(i)$ 应从最初节点开始，自左至右沿箭线方向逐个计算。最初节点的最早开始时间可任意指定，一般取为零。对其他节点，若只有一个箭线进入，则箭尾节点的最早开始时间加上箭线工作的持续时间，就是该节点的最早开始时间；若同时有几个箭线进入该节点，则对每个箭线进行上述计算，取其中最大者，作为该节点的最早开始时间。这是因为后续工作必须等它前面所有的工作都完成后，也就是等它前面所有工作中最后的工作完成以后，才能开始。

最早开始时间的计算公式如下：

若节点 1 是最初节点，可令 $T_E(1)=0$。

对于其他节点 i，如图 7-24 所示，最早开始时间可用式 7-1 表示。

$$T_E(i)=\max\{T_E(j_k)+T(j_k,i),\ k=1,\ 2,\ \cdots,\ n\} \tag{7-1}$$

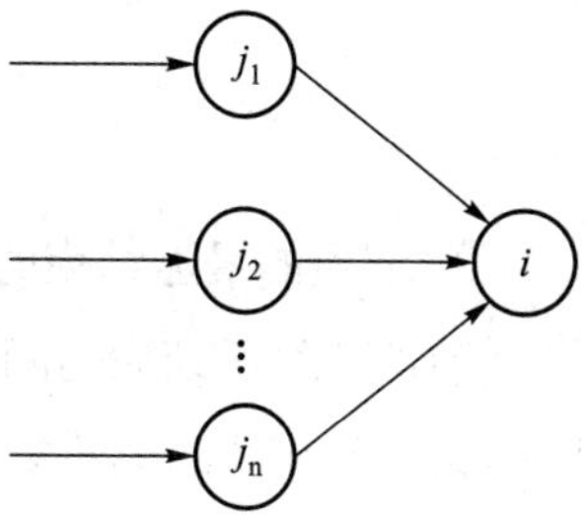

图 7-24

式中：$T_E(j_k)$ 表示 j_k 这个节点的最早开始时间；

$T(j_k,\ i)$ 表示工作 $(j_k,\ i)$ 的持续时间。

例 7-4 计算网络图 7-25 中各个节点的最早开始时间。

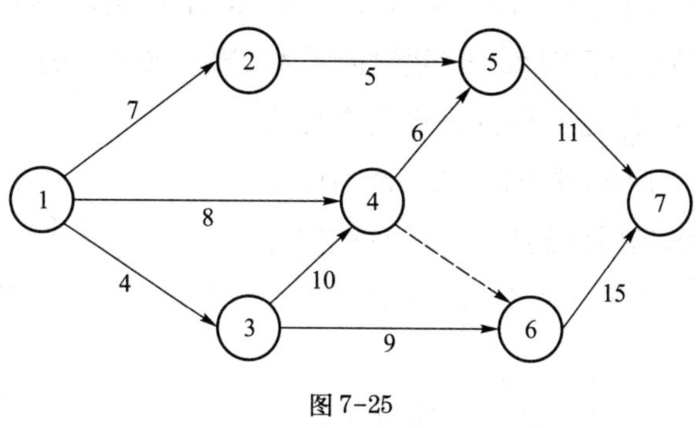

图 7-25

按上面的公式，有：

$$T_E(1)=0$$

$$T_E(2)=\max\{T_E(1)+T(1,\ 2)\}=0+7=7$$

$$T_E(3)=\max\{T_E(1)+T(1,3)\}=0+4=4$$

$$T_E(4)=\max\{T_E(1)+T(1,4),\ T_E(3)+T(3,4)\}=14$$

$$T_E(5)=\max\{T_E(4)+T(4,5),\ T_E(2)+T(2,5)\}=20$$

$$T_E(6)=\max\{T_E(4)+T(4,6),\ T_E(3)+T(3,6)\}=14$$

$$T_E(7)=\max\{T_E(5)+T(5,7),\ T_E(6)+T(6,7)\}=31$$

计算结果可用图 7-26 表示。

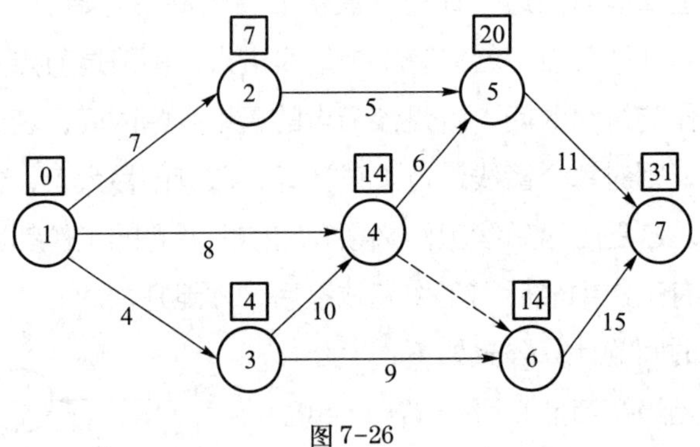

图 7-26

2. 节点的最迟结束时间 $T_L(i)$

节点的最迟结束时间是指以该节点为结束节点的各项工作最迟必须完成的时刻。若在此时刻不能完成，势必影响后续工作不能按时完成，从而影响整个任务的完成。节点 i 的最迟结束时间记为 $T_L(i)$。计算 $T_L(i)$ 应从最终节点开始，自右向左，逆箭线方向逐个计算。若节点 n 是最终节点，可令 $T_L(n)=T_E(n)$。对其他节点，若只有一个箭线离开，则用箭头节点的最迟结束时间减去箭线工作的持续时间，就是该节点的最迟结束时间；若同时有几个箭线离开该节点，则对每个箭线进行上述计算，取其中最小者，作为该节点的最迟结束时间。这是因为先行工作必须保证它的各后续工作能按时完成。否则超过此时刻，必将影响后续某项工作的开工期，从而影响整个任务按时完成。最迟结束时间的计算公式如下：

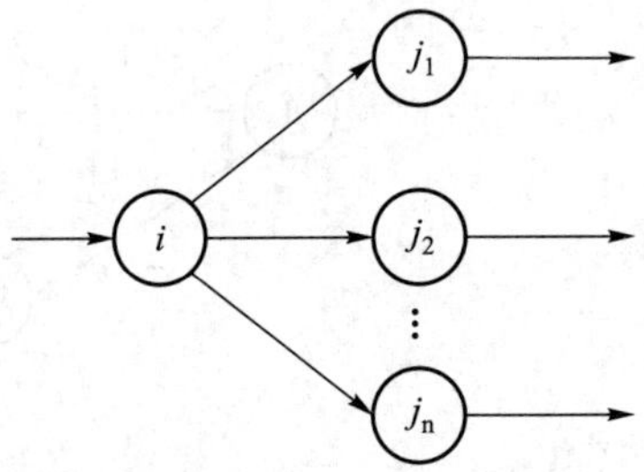

若节点 n 是最终节点，可令 $T_L(n)=T_E(n)$，对其他节点 i，如图 7-27 所示，最迟结束时间可用式 7-2 表示。

图 7-27

$$T_L(i)=\min\{T_L(j_k)-T(i,j_k),\ k=1,2,\cdots,n\} \tag{7-2}$$

继续对图 7-25 进行讨论，根据式 7-2 可算出：

$$T_L(7)=31$$

$$T_L(6)=\min\{T_L(7)-15\}=16$$

$$T_L(5)=\min\{T_L(7)-11\}=20$$

$$T_L(4)=\min\{T_L(6)-0,\ T_L(5)-6\}=14$$

$$T_L(3)=\min\{T_L(6)-9,\ T_L(4)-10\}=4$$

$$T_L(2)=\min\{T_L(5)-5\}=15$$

$$T_L(1)=\min\{T_L(4)-8,\ T_L(3)-4,\ T_L(2)-7\}=0$$

计算结果可用图 7-28 表示。

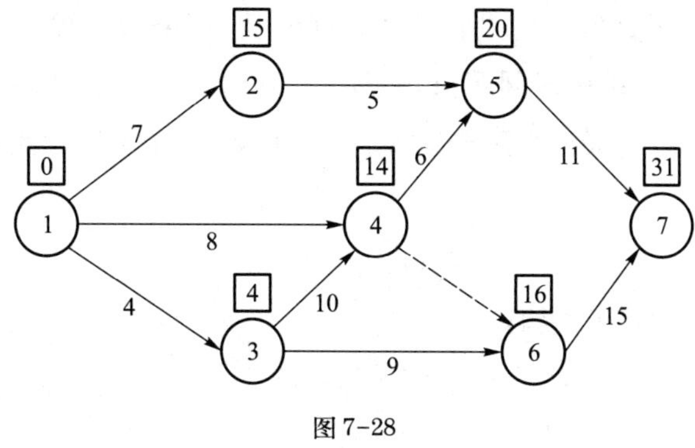

图 7-28

7.4.2 工作参数的计算

工作参数有六个，包括工作的持续时间、工作的最早开始时间、最早结束时间、最迟开始时间、最迟结束时间、总机动时间。工作的持续时间对于肯定型网络计划图来说是确定的，对于非肯定型网络计划图来说是不确定的。非肯定型网络计划图的工作持续时间将在下一节介绍。

1. 工作的最早开始时间 $T_{ES}(i,\ j)$

工作的最早开始时间指该项工作最早可以开始的时刻，工作（i，j）的最早开始时间记为 $T_{ES}(i,\ j)$，它应等于开始节点的最早开始时间。

$$T_{ES}(i,\ j)=T_E(i) \tag{7-3}$$

2. 工作的最早结束时间 $T_{EF}(i,\ j)$

工作的最早结束时间指该项工作最早可能结束的时刻，工作（i，j）的最早结束时间记为 $T_{EF}(i,\ j)$，计算公式为：

$$T_{EF}(i,\ j)=T_{ES}(i,\ j)+T(i,\ j) \tag{7-4}$$

在图 7-25 中，可推算出：

$$T_{EF}(1,\ 2)=T_{ES}(1,\ 2)+T(1,\ 2)=7$$

$$T_{EF}(1,\ 3)=T_{ES}(1,\ 3)+T(1,\ 3)=4$$

$$T_{EF}(1,\ 4)=T_{ES}(1,\ 4)+T(1,\ 4)=8$$

$$T_{EF}(3,\ 4)=T_{ES}(3,\ 4)+T(3,\ 4)=4+10=14$$

$$T_{EF}(2,\ 5)=T_{ES}(2,\ 5)+T(2,\ 5)=7+5=12$$

$$T_{EF}(4,\ 5)=T_{ES}(4,\ 5)+T(4,\ 5)=14+6=20$$

$$T_{EF}(3,\ 6)=T_{ES}(3,\ 6)+T(3,\ 6)=4+9=13$$

$$T_{EF}(5,\ 7)=T_{ES}(5,\ 7)+T(5,\ 7)=20+11=31$$

$$T_{EF}(6,\ 7)=T_{ES}(6,\ 7)+T(6,\ 7)=14+15=29$$

3. 工作的最迟结束时间 $T_{LF}(i,\ j)$

工作（i，j）的最迟结束时间 $T_{LF}(i,\ j)$ 定义为该工作结束节点的最迟结束时间：

$$T_{LF}(i,\ j)=T_L(j) \tag{7-5}$$

在图 7-25 中，可推算出：

$$T_{LF}(1,\ 2)=15$$

$$T_{LF}(1,\ 3)=4$$

$$T_{LF}(1,\ 4)=14$$

$$T_{LF}(2,\ 5)=20$$

$$T_{LF}(3,\ 4)=14$$

$$T_{LF}(3,\ 6)=16$$

$$T_{LF}(4,\ 5)=20$$

$$T_{LF}(5,\ 7)=31$$

$$T_{LF}(6,\ 7)=31$$

4. 工作的最迟开始时间 $T_{LS}(i,\ j)$

工作（i，j）的最迟开始时间 $T_{LS}(i,\ j)$ 等于该工作最迟结束时间减去该工作的持续时间，即：

$$T_{LS}(i,\ j)=T_{LF}(i,\ j)-T(i,\ j)=T_L(j)-T(i,\ j) \tag{7-6}$$

在图 7-28 中，可计算出：$T_{LS}(1,\ 2)=8$

$$T_{LS}(1,\ 3)=0$$

$$T_{LS}(1,\ 4)=6$$

$$T_{LS}(2,5)=15$$
$$T_{LS}(3,4)=4$$
$$T_{LS}(3,6)=7$$
$$T_{LS}(4,5)=14$$
$$T_{LS}(5,7)=20$$
$$T_{LS}(6,7)=16$$

5. 工作的总机动时间 $R(i,j)$

工作（i，j）的总机动时间 $R(i,j)$ 的计算公式为：

$$\begin{aligned} R(i,j) &= T_{LS}(i,j)-T_{ES}(i,j) \\ &= T_{LF}(i,j)-T_{EF}(i,j) \\ &= T_L(j)-T_E(i)-T(i,j) \end{aligned} \tag{7-7}$$

若某项工作可以增加持续时间，而不影响整个任务的完成期，则最大可能增加的时间，就是该工作的总机动时间。换句话说，工作的总机动时间是以不影响整个任务的完工期为条件的。正因如此，它与该工作所在线路的其他工作有一定的关联。某项工作的总机动时间是储存在该工作所在线路中的，可以把其一部分或全部转让给同一线路上的其他工作使用。当某项工作占用了这部分机动时间以后，同一线路上的其他工作就不得再作使用。

在图 7-25 中，用式 7-7 可算得：

$$R(1,2)=8$$
$$R(1,4)=6$$
$$R(2,5)=8$$
$$R(3,6)=3$$
$$R(6,7)=2$$

其他工作的总机动时间均为 0。

7.4.3 关键线路的确定

网络计划图中可能有多条线路，其中持续最长的线路称为关键线路。记关键线路的持续时间为 T_c。从最初节点到最终节点的任一条线路 L 的持续时间记为 $T_w(L)$，称 $S(L)=T_c-T_w(L)$ 为线路 L 的总富裕时间（或总机动时间）。显然，关键线路上的总富裕时间为零。对关键线路上的任一工作，其总机动时间也必为零。反之，总机动时间为零的工作即为关键工作。把关键工作连接起来的线路，就是关键线路。

在图 7-25 中，总机动时间为零的工作有：

$$(1,\ 3),\ (3,\ 4),\ (4,\ 5),\ (5,\ 7)$$

因此关键线路即为 1→3→4→5→7。

在网络计划技术中，掌握和控制关键线路是至关重要的。如果关键线路上某项工作推迟了一天，那么整个任务的完工期也要推迟一天。

关键线路在一定的条件下也是相对的，如果次关键线路或非关键线路上的某项工作推迟了，相应的线路也可能上升为关键线路。这就是为什么有时在确定关键线路的同时，还要确定次关键线路。另外，在网络图中还可能出现多条关键线路，这时就更要注意加强管理、严格控制，以保证任务按时完成。

7.4.4 图算法

节点，工作的时间参数和关键线路的确定均可以在图形上完成，这种方法称为图算法。图算法是一种简单有效的方法，采取的计算步骤主要有：

（1）计算节点最早开始时间（顺向计算）；

（2）计算节点最迟结束时间（逆向计算）；

（3）确定关键线路；

（4）计算工作的总机动时间（非关键线路）。

例 7-5 如图 7-29 所示，计算节点和工作的时间参数，并确定关键线路。

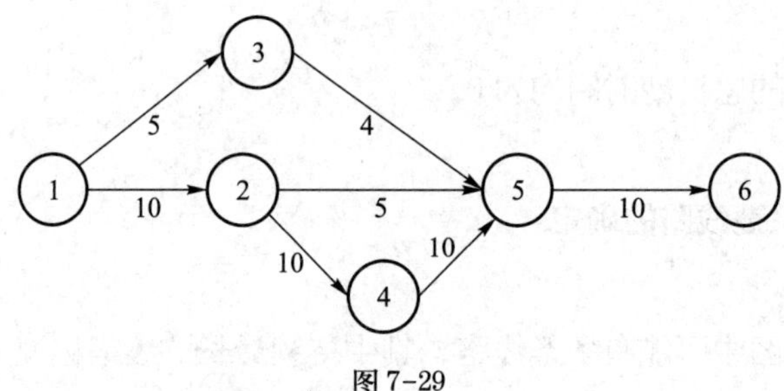

图 7-29

分析：

1. 顺向计算节点最早开始时间 $T_E(i)$

（1）计算节点 1 的最早开始时间 $T_E(1)=0$，如图 7-30（a）所示。

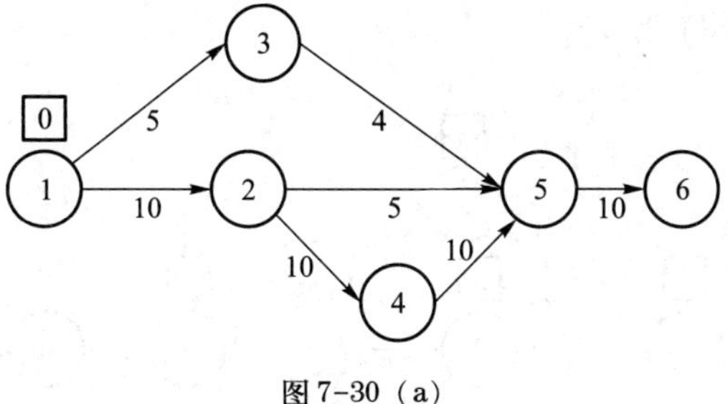

图 7-30（a）

（2）计算节点 2、节点 3 的最早开始时间。

$$T_E(2)=\max\{T_E(1)+T(1,2)\}=0+10=10$$

$$T_E(3)=\max\{T_E(1)+T(1,3)\}=0+5=5$$

如图 7-30（b）所示。

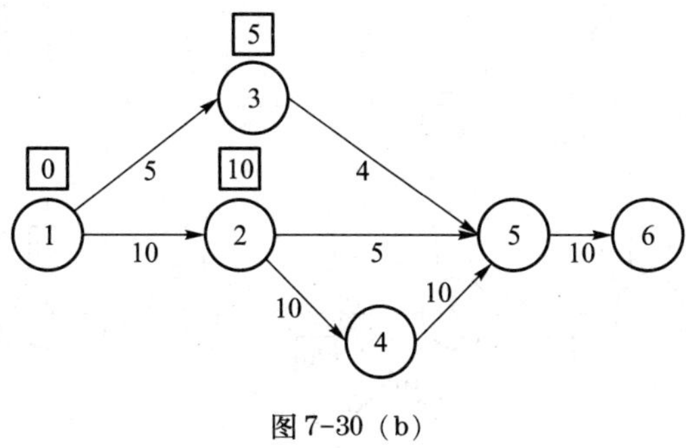

图 7-30（b）

（3）计算节点 4 的最早开始时间。

$$T_E(4)=\max\{T_E(2)+T(2,4)\}=10+10=20$$

如图 7-30（c）所示。

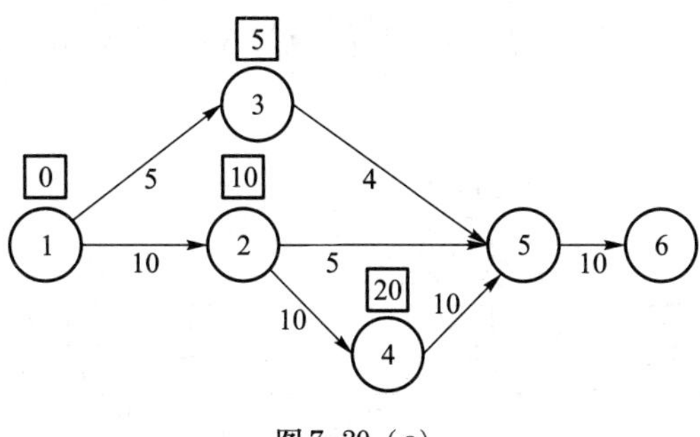

图 7-30（c）

（4）计算节点 5 的最早开始时间。

$$T_E(5)=\max\{T_E(4)+T(4,5),\ T_E(2)+T(2,5),\ T_E(3)+T(3,5)\}=30$$

如图 7-30（d）所示。

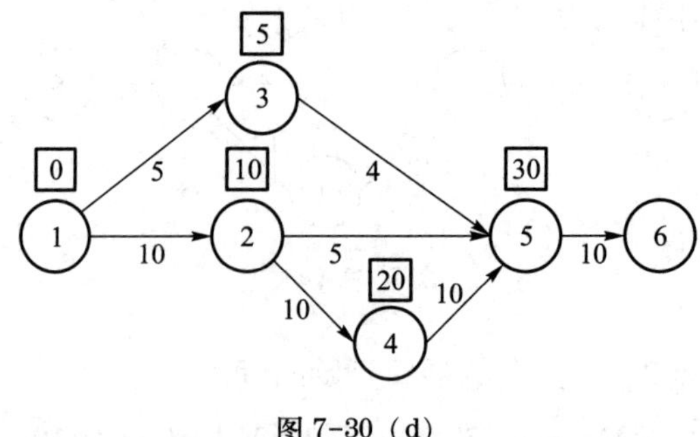

图 7-30（d）

（5）计算节点 6 的最早开始时间。

$$T_E(6)=\max\{T_E(5)+T(5,6)\}=40$$

如图 7-30（e）所示。

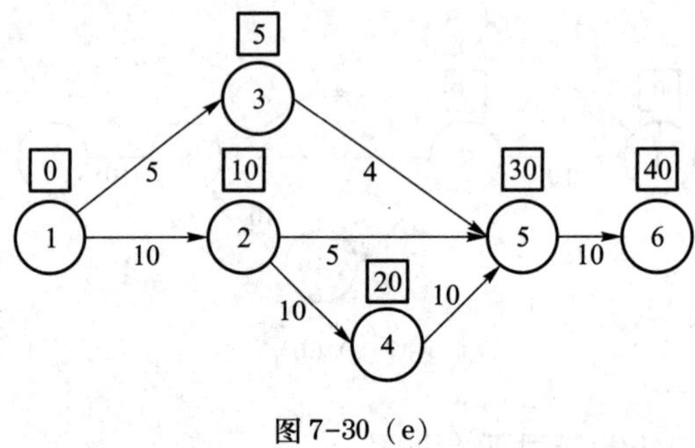

图 7-30（e）

得出工期 $T=40$。

2. 逆向计算节点最迟结束时间 $T_L(i)$

（1）计算节点 6 的最迟结束时间 $T_L(6)=T=40$，如图 7-31（a）所示。

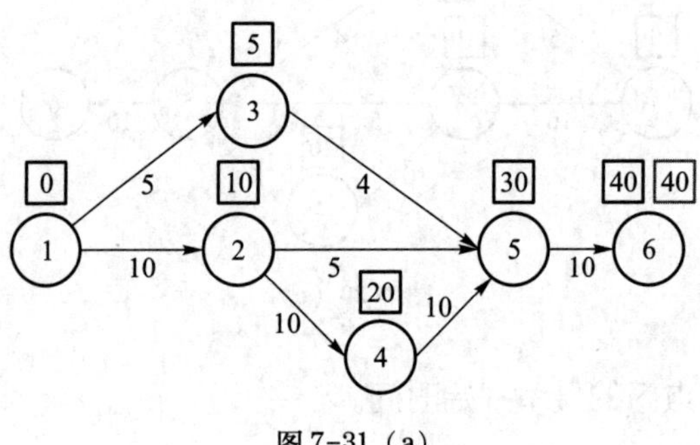

图 7-31（a）

（2）计算节点 5 的最迟结束时间。

$$T_L(5)=\min\{T_L(6)-10\}=30$$

如图 7-31（b）所示。

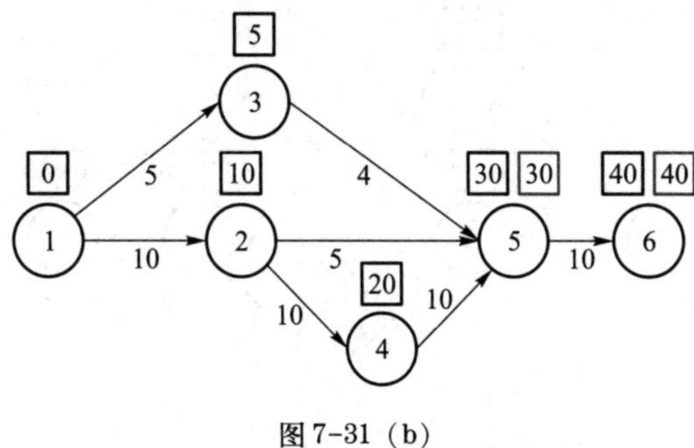

图 7-31（b）

（3）计算节点 4 的最迟结束时间。

$$T_L(4)=\min\{T_L(5)-10\}=20$$

如图 7-31（c）所示。

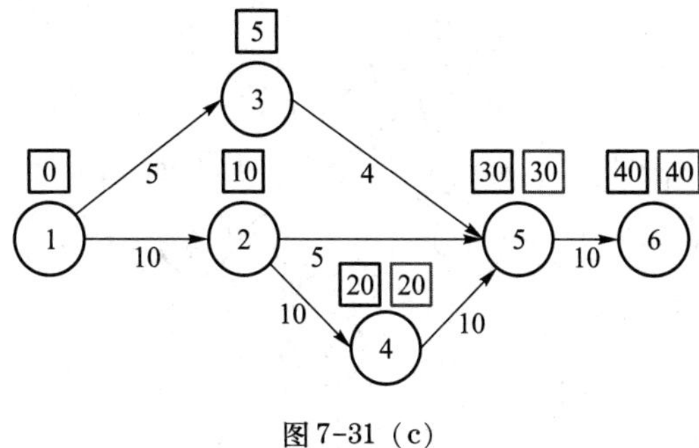

图 7-31（c）

（4）计算节点 2 的最迟结束时间。

$$T_L(2)=\min\{T_L(4)-10,\ T_L(5)-5\}=10$$

如图 7-31（d）所示。

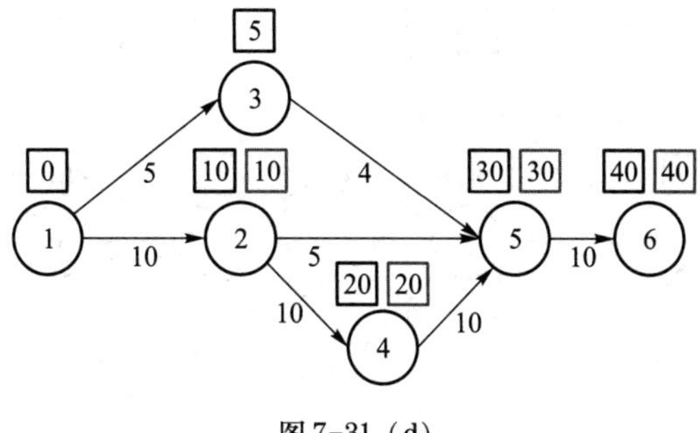

图 7-31（d）

（5）计算节点 3 的最迟结束时间。

$$T_L(3)=\min\{T_L(5)-4\}=26$$

如图 7-31（e）所示。

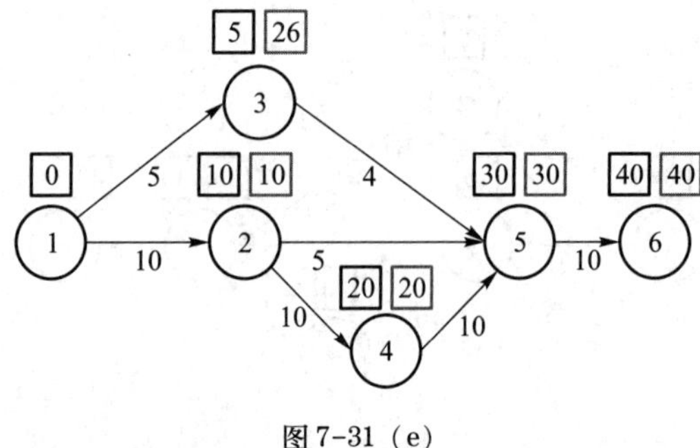

图 7-31（e）

（6）计算节点 1 的最迟结束时间。

$$T_L(1)=\min\{T_L(2)-10,\ T_L(3)-5\}=0$$

如图 7-31（f）所示。

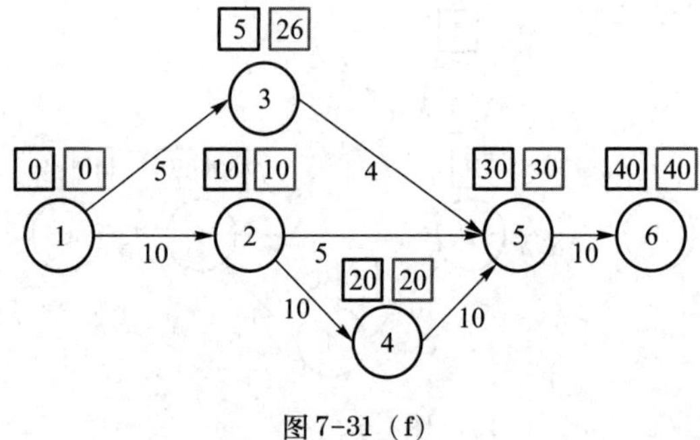

图 7-31（f）

3. 根据图形，确定关键线路

$$T_E(i)=T_L(i)$$

关键线路如图 7-31（g）所示。

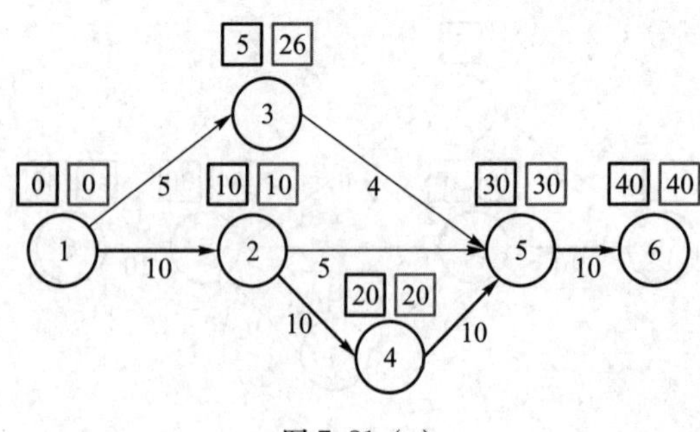

图 7-31（g）

4. 计算非关键线路上的机动时间

$$R(3,5)=30-5-4=21$$

$$R(2,5)=30-10-5=15$$

$$R(1,3)=26-0-5=21$$

7.5 非肯定型网络计划图的参数计算

若项目中各项活动所需时间是一个预先知道的准确数，这样的项目适用于肯定型网络计划。若项目中各项活动时间是一个随机变量，这样的项目需要用 PERT 等非肯定型（或随机）网络计划实施管理。

7.5.1 工序（工作）的持续时间

非肯定型网络计划的工序作业时间不确定，通常用“三点时间估计法”来估计工序作业时间，并以此为依据计算总工期。

三点时间估计法要求先估计：完成一个工序所需的最乐观时间 t_o（在最有利的条件下完成该工序所需的时间，Optimistic Time），最可能时间 t_m（在正常的条件下完成该工序所需的时间，Most Likely Time），最悲观时间 t_p（在最不利的条件下完成该工序所需要的时间，Pessimistic Time）。

三点时间估计法的计算理论依据是：将工序持续时间视为一个连续型的随机变量，并假定三个估计均服从 β 概率分布（Beta Probability Distribution）。在这个假定基础上，由每项活动的三个时间估计，为每项活动计算一个期望（平均或折中）工期 t_e 和方差 t_{σ^2}。

期望值为：

$$t_e=\frac{t_o+4t_m+t_p}{6}$$

方差为：

$$t_{\sigma^2}=\left(\frac{t_p-t_o}{6}\right)^2$$

由于网络计划总工期等于关键线路上各工序作业时间之和，根据同分布中心极限定理，当关键线路上的工序数充分多时且各工序的均值和方差都存在，则网络计划总工期近似地服从正态分布，即 $T\sim N(TE_K,\ \sigma^2)$，其均值等于各项活动期望工期之和，其方差等于各项活动的方差之和。

网络计划总工期的期望 TE_K 及方差 E 为：

$$TE_K=\sum_{i=1}^{K}\left(\frac{t_{oi}+4t_{mi}+t_{pi}}{6}\right)$$

$$E=\sigma^2=\sum_{i=1}^{K}\left(\frac{t_{pi}-t_{oi}}{6}\right)^2$$

式中：K 为关键线路上的工序数。

其概率密度函数为：

$$f(T)=\frac{1}{\sqrt{2\pi}\sigma}e^{-\frac{(T-TE_K)^2}{2\sigma^2}}$$

使用 PERT 不像 CPM 网络那样重视求工序时间参数，人们更感兴趣的是两类问题：一类是在指令工期前完工的概率；另一类是按要求的完工概率计算所需的工期。

7.5.2 指令工期前完工的概率

一般地，指令工期 T_S 前完工的时间概率可据其正态分布函数求解：

$$P(T\leqslant T_S)=\int_{-\infty}^{T_s}\frac{1}{\sqrt{2\pi}\ \sigma}e^{-\frac{(T-TE_k)^2}{2\sigma^2}}dT$$

在计算任务按期完工的概率时，为了便于查正态分布表，需要将 $N(TE_K,\ \sigma^2)$ 化为标准正态分布，即令 $Z=\frac{T_S-TE_K}{\sigma}$，因此指令日期完工的概率分布函数为：

$$P(T\leqslant T_S)=\int_{-\infty}^{\frac{T_S-TE_K}{\sigma}}\frac{1}{\sqrt{2\pi}}e^{-\frac{T^2}{2}}dT=\Phi\left(\frac{T_S-TE_K}{\sigma}\right)$$

根据正态分布表可查出完工的概率。

7.5.3 按要求完工概率计算所需工期

同样，如果已知要求的完工概率，可从正态分布表中查出相应的：

$$Z=\frac{T_S-TE_K}{\sigma}$$

从而根据 $T=TE_K+Z \cdot \sigma$ 求得在上述完工概率下所必需的工期 T。

例 7-6　某部队组织一活动的最乐观时间为 10 天，最可能时间为 15 天，最悲观时间为 20 天，这项活动的期望工期为：

$$t_e=\frac{10+4\times15+20}{6}=15$$

$$t_{\sigma^2}=\left(\frac{20-10}{6}\right)^2=2.78$$

其 β 概率分布如图 7-32 所示。

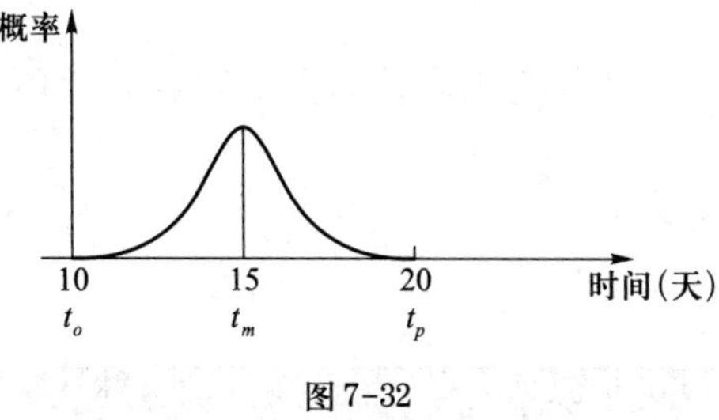

图 7-32

例 7-7　已知某计划中各道工序的最乐观时间、最悲观时间、最可能时间值，如表 7-4 所示（单位为月）。求：① 每道工序平均工时 t_e，均方差 t_σ；② 画出网络计划图，求关键线路的平均工期；③ 求在 26 个月完工的概率。

表 7-4

工序	t_o	t_m	t_p
(1，2)	7	8	9
(1，3)	5	7	8
(2，6)	6	9	12
(3，4)	4	4	4
(3，5)	7	8	10
(3，6)	10	13	19
(4，5)	3	4	6
(5，6)	4	5	7
(5，7)	7	9	11
(6，7)	3	4	8

分析：根据逻辑关系画出网络计划图，如图 7-33 所示。

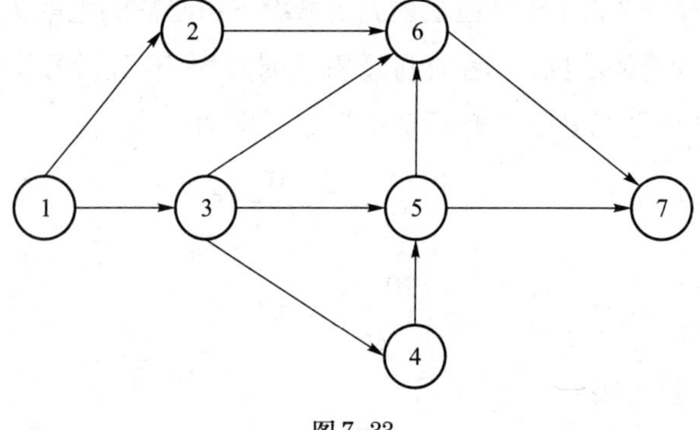

图 7-33

计算出每道工序的平均工时和均方差，如表 7-5 所示。关键线路如图 7-34 所示。

表 7-5

工序	t_o	t_m	t_p	t_e	t_σ
(1, 2)	7	8	9	8	0.333
(1, 3)	5	7	8	6.833 3	0.5
(2, 6)	6	9	12	9	1
(3, 4)	4	4	4	4	0
(3, 5)	7	8	10	8.166 7	0.5
(3, 6)	10	13	19	13.5	1.5
(4, 5)	3	4	6	4.166 7	0.5
(5, 6)	4	5	7	5.166 7	0.5
(5, 7)	7	9	11	9	0.667
(6, 7)	3	4	8	4.5	0.833 3

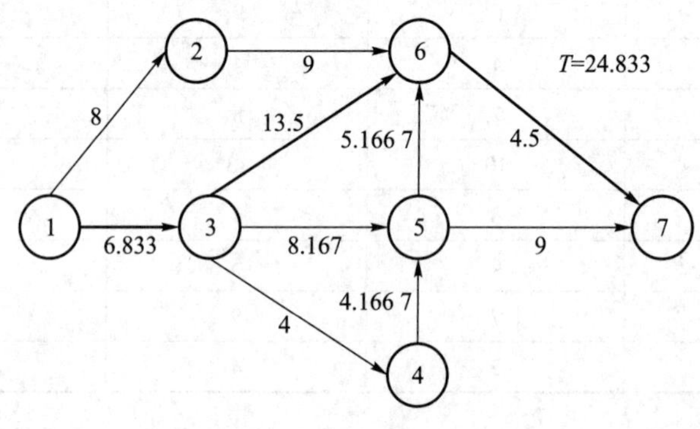

图 7-34

26 个月完工的概率：

$$\sigma=\sqrt{0.5^2+1.5^2+0.833^2}=1.787$$

$$P(T\leqslant 26)=\Phi\left(\frac{26-24.833}{\sqrt{\sigma_{13}^2+\sigma_{36}^2+\sigma_{67}^2}}\right)=\Phi\left(\frac{1.167}{1.787}\right)=\Phi(0.6530)$$

查正态分布表，得 0.742 2。

计划在 26 个月完工概率为 74.22%。

一般完工概率为：

$0\leqslant p(T\leqslant T_S)\leqslant 0.3$ 冒进

$0.3\leqslant p(T\leqslant T_S)\leqslant 0.7$ 正常

$0.7\leqslant p(T\leqslant T_S)\leqslant 1.0$ 保守

可以求出该项目完工的概率曲线图，如图 7-35 所示。

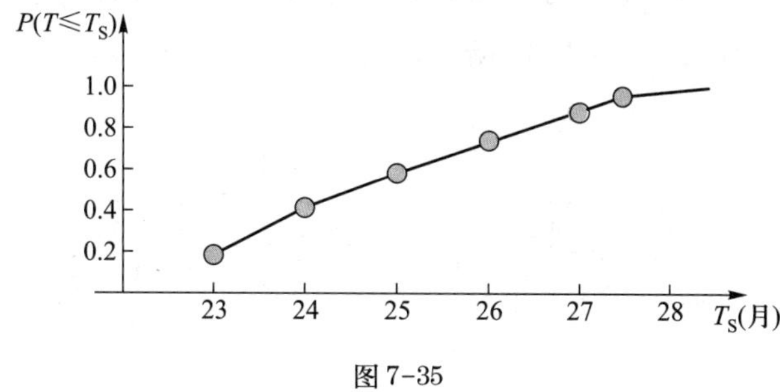

图 7-35

7.6 网络计划的优化

绘制网络计划图，计算时间参数，确定关键线路，得到的可能只是一个初始的计划方案。一般情况下，根据上级要求和实际的资源配置，需对初始方案进行优化，即为网络计划的优化。网络计划的优化包括工期优化、资源优化和费用优化三个方面（见本章参考文献）。

7.6.1 工期优化

工期优化是通过压缩关键工作的持续时间达到缩短工期的目的。优化宗旨是“向关键线路要时间”。须掌握的原则有：

（1）不能将关键工作压缩为非关键工作。

（2）当出现多条关键线路时要将各条关键线路做相同程度的压缩。

选择需要压缩持续时间的关键工作时应考虑的因素有：

（1）应是缩短持续时间对质量影响不大的工作。

（2）应是有充足备用资源的工作。

（3）应是缩短持续时间所需增加费用最少的工作。

采取的措施主要有：

（1）优先保证或增加关键活动的人力、物力，以保证或减少关键活动时间。

（2）调集非关键活动的人力物力支援关键活动，即适当延长非关键活动的时间来缩短关键活动时间。

（3）采用平行作业方式缩减单个关键活动的时间，即把一个活动分解成平行的几个活动，如图 7-36 所示。

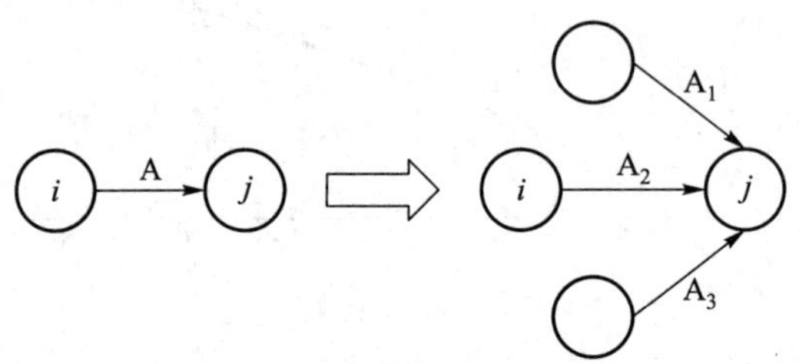

图 7-36

（4）采用平行交叉作业方式缩减串联关键活动的时间，即采取图 7-37 形式。

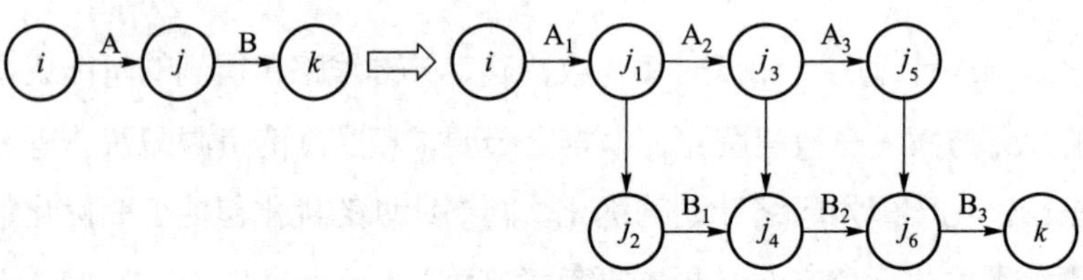

图 7-37

7.6.2 资源优化

资源优化就是在项目工期不变的情况下，均衡地利用资源。其宗旨是

"向非关键线路要资源"。实际工程项目包括的工作繁多，需要投入的资源种类很多，均衡利用资源是比较烦琐的事情。为简化计算，具体操作如下：

（1）优先安排关键工作所需要的资源。

（2）利用非关键活动的时差后移，错开各工作的开始时间，避开在同一时区内集中使用统一资源，以免出现高峰。

（3）在确实受到资源制约，或在考虑综合经济效益的条件下，在许可时，也可适当推迟工程的工期，实现错开高峰的目的。

例 7-8 如图 7-38 所示，工期 11 天不变，制订资源尽可能均衡的优化方案。图中符号表达的含义为"工作代号，持续时间（资源/天）"，即括号外数字表示工作的持续时间，括号内数字表示该工作每天需要的资源。

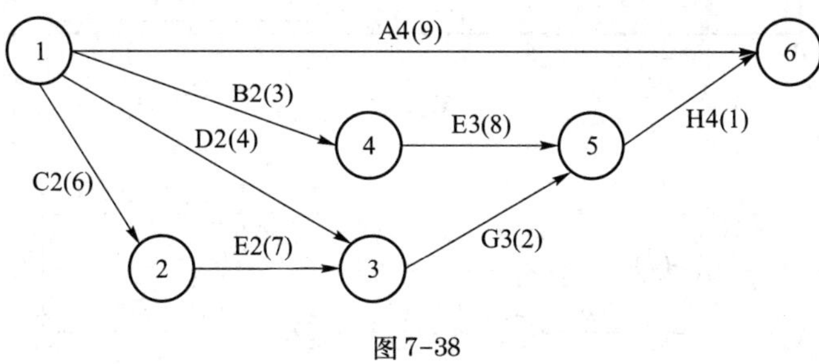

图 7-38

分析：该网络计划图的关键线路如图 7-39 所示，1-2-3-5-6。

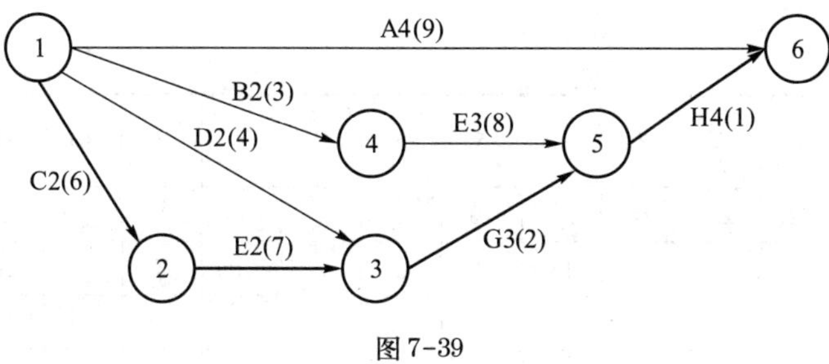

图 7-39

安排关键工作所需要的资源，初始方案如图 7-40、表 7-6 所示。第 1 天至第 4 天，资源分别为 22、24，而第 6 天至第 11 天，资源为 2、1，资源严重不均衡，需要调整。

优化初始方案，利用非关键活动 A 时差后移，错开开始时间，即把 A 移到第 8 天开始，如图 7-41 所示，得到表 7-6 中方案，但资源仍不够均衡。

继续优化，利用非关键活动 E 时差后移，错开开始时间，即把 E 移到第 6 天开始，得到表 7-6 中方案，资源利用相对较好，但仍有改进空间。

继续优化，再后移 B，把 B 移到第 3 天开始，得到表 7-6 中最终方案，每天的资源均为 10。

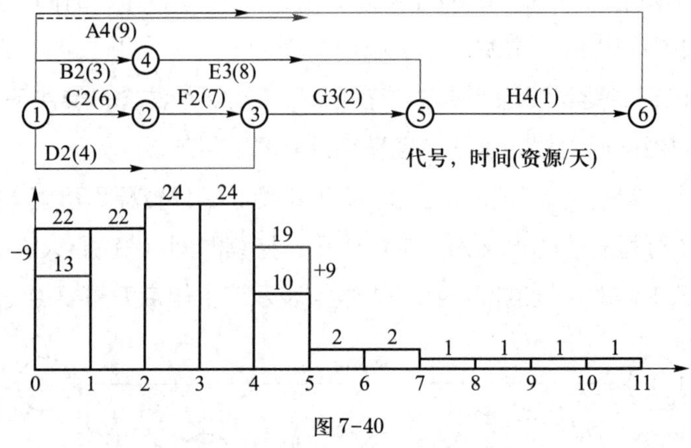

图 7-40

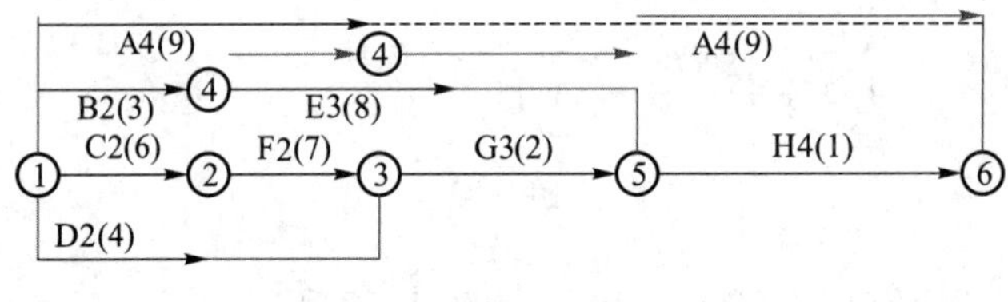

图 7-41

表 7-6

W_i	1	2	3	4	5	6	7	8	9	10	11	$\sum_{1}^{11} W_i^2$
初始方案	22	22	24	24	10	2	2	1	1	1	1	2 232
后移 A	13	13	15	15	10	2	2	10	10	10	10	1 296
后移 E	13	13	7	7	10	10	10	10	10	10	10	1 136
后移 B	10	10	10	10	10	10	10	10	10	10	10	1 100
均衡结果	10	10	10	10	10	10	10	10	10	10	10	1 100

根据表 7-6，可利用均衡度指标的平方和推导非关键活动后移一天的判别式。

设第 k 天非关键活动资源为 w_k，第 p 天非关键活动资源为 w_p，移动的资源为 w_{ij}。

根据表 7-6 知：

$$w_k^2+w_p^2 \geqslant (w_k-w_{ij})^2+(w_p+w_{ij})^2 = w_k^2+w_p^2+2w_{ij}(w_{ij}+w_p-w_k)$$

所以：

$$w_k-w_p \geqslant w_{ij}$$

这就是每天资源平方和减少的条件，也是一个非关键活动后移一天的判别式。

7.6.3　费用优化

费用优化又称工期—成本优化，即：① 寻找工程总成本最低时的工期安排；② 按工期要求寻求实现工程最低成本的计划安排。

1. 费用与时间的关系

施工成本由直接费和间接费组成。直接费由人工费、材料费、机械使用费等组成，直接费会随着工期的缩短而增加。间接费包括经营管理的全部费用，它一般会随着工期的缩短而减少。

工程费用与工期的关系如图 7-42 所示。

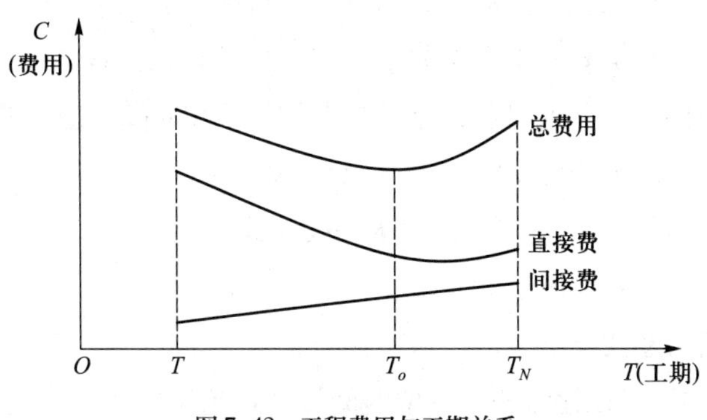

图 7-42　工程费用与工期关系

2. 费用优化的基本原理

工作间接费与持续时间之间的关系被近似地认为是一条直线关系。直线斜率称为间接费率，指工期或作业持续时间每缩短一个单位时间引起间接费的变化率。

工作直接费与持续时间之间的关系为非线性关系，为简化计算，近似地用一条割线表示，如图 7-43 所示。该割线的斜率称为直接费率，指工期或作业持续时间每缩短一个单位时间引起直接费的变化率。

直接费率可按下式计算：

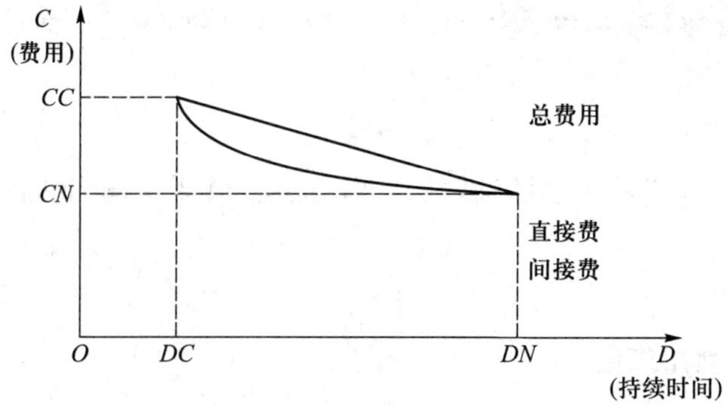

图 7-43　工作持续时间与直接费的关系

$$K_{i-j}=\frac{CC_{i-j}-CN_{i-j}}{DN_{i-j}-DC_{i-j}}$$

式中：K_{i-j}：工作 i–j 的费用率；

CC_{i-j}：将工作 i–j 持续时间缩短为最短持续时间后，完成该工作所需要的直接费用；

CN_{i-j}：工作 i–j 在正常条件下完成所需要的直接费用；

DN_{i-j}：工作 i–j 的正常持续时间；

DC_{i-j}：工作 i–j 的最短持续时间。

假定在网络计划中通过压缩某关键工作的持续时间，使工期缩短了一个单位时间 Δt，由此引起的费用变化为 ΔC，则有：

$$\Delta C=(K_{i-j}-\xi)\Delta t$$

式中：ξ 为工程间接费的费率；

其他符号意义同上。

$\Delta C<0$，说明工期缩短一个单位时间 Δt 后，费用减少了，工期更优了。

3. 费用优化的方法步骤

费用优化的基本思路是：不断地在网络计划中找出直接费率最小的关键工作，缩短其持续时间，同时考虑间接费随工期缩短而减少的数值，最后求得工程总成本最低时的最优工期。

按照上述基本思路，费用优化可按以下步骤进行：

（1）按工作的正常持续时间确定计算工期和关键线路。

（2）计算各项工作的直接费率。

（3）当只有一条关键线路时，应找出直接费率最小的一项关键工作，作为缩短持续时间的对象；当有多条关键线路时，应找出组合直接费率最小的一组关键工作，作为缩短持续时间的对象。

（4）对选定的压缩对象，比较其直接费率与工程间接费率的大小：①压缩对象的直接费率大于工程间接费率，说明压缩关键工作的持续时间会使工程总费用增加，此时应停止缩短关键工作的持续时间，在此之前的方案即为优化方案；②压缩对象的直接费率等于工程间接费率，说明压缩关键工作的持续时间不会使工程总费用增加，故应缩短关键工作的持续时间；③压缩对象的直接费率小于工程间接费率，说明压缩关键工作的持续时间会使工程总费用减少，故应缩短关键工作的持续时间。

（5）当需要缩短关键工作的持续时间时，其缩短值的计算公式为：

$$\Delta t = \min(DN-DC, TF^{f}_{\min})$$

其中：DN 为工作正常持续时间，DC 为工作最短持续时间，$TF^{f}_{\min}$为关键线路持续时间与非关键线路持续时间的最小差值，以避免把关键工作压缩成非关键工作。

（6）计算关键工作持续时间缩短后总费用的变化。

（7）重复上述（3）~（6）步骤，直至得到优化方案。

例 7-9 已知某工程双代号网络计划如图 7-44 所示，图中箭线下方括号外数字为工作正常时间，括号内数字为最短持续时间；箭线上方括号内数字为工作的直接费费率。假设该工程间接费费率为 22 元/天，时间单位为小时。试确定其最优工期。

分析：

1. 计算初始工期，确定关键线路

TC=20 天，关键线路如图 7-44 所示（①→②→⑤→⑥）。

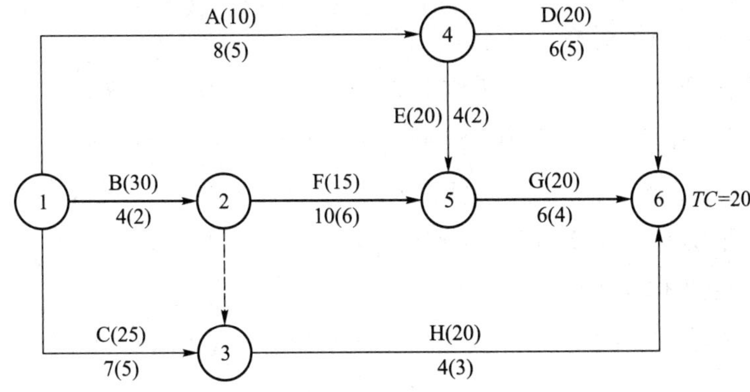

图 7-44 费用优化初始网络图

2. 第一次优化

（1）确定压缩对象，可行方案有：

① 压缩工作 1-2，$k_{1-2}=30$（元/天）。

② 压缩工作 2-5，$k_{2-5}=15$（元/天）。

③ 压缩工作 5-6，$k_{5-6}=20$（元/天）。

选择方案②压缩工作 2-5，因（$k_{2-5}=15$）<（$\xi=22$）（元/天），故可压缩。

（2）确定压缩时间：$\Delta t_{2-5}=\min(DN-DC,\ TF^{f}_{\min})=\min(10-6,\ 2)=$ 2 天。

（3）费用变化：$\Delta C=\Delta t(k_{2-5}-\xi)=2\times(15-22)=-14$（元）。

$T1=TC-2=20-2=18$（天），优于 $TC=20$（天）。

（4）第一次优化后的网络图如图 7-45（a）所示。

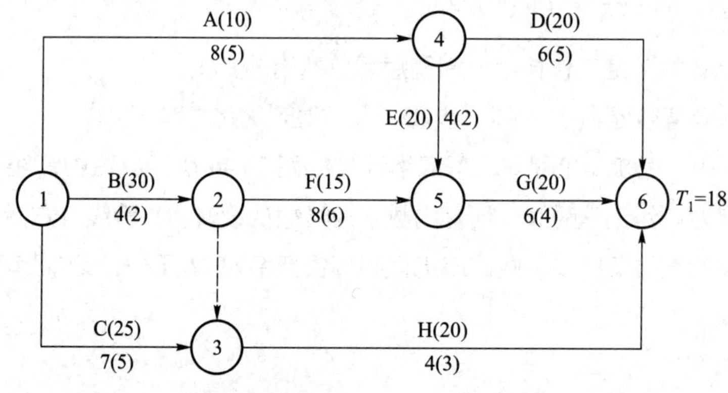

图 7-45（a） 第一次优化后的网络图

3. 第二次优化

（1）确定压缩对象，可行方案有：

① 同时压缩工作 1-2 和工作 1-4，$k_{1-2}+k_{1-4}=40$（元/天）；

② 同时压缩工作 1-2 和工作 4-5，$k_{1-2}+k_{4-5}=50$（元/天）；

③ 同时压缩工作 2-5 和工作 1-4，$k_{2-5}+k_{1-4}=25$（元/天）；

④ 同时压缩工作 2-5 和工作 4-5，$k_{2-5}+k_{4-5}=35$（元/天）；

⑤ 压缩工作 5-6，$k_{5-6}=20$ 元/天。

选择方案⑤压缩工作 5-6，因 $k_{5-6}(=20)<\xi(=22)$（元/天），故可压缩。

（2）压缩时间：$\Delta t_{5-6}=\min(D_n-D_c,\ TF^{f}_{\min})=\min(6-4,\ 4)=2$ 天。

（3）费用变化：$\Delta C=\Delta t(k_{5-6}-\xi)=2\times(20-22)=-4$（元）。

$T_2=T_1-2=18-2=16$ 天，优于 $T_1=18$ 天。

（4）第二次优化后的网络图如图 7-45（b）所示。

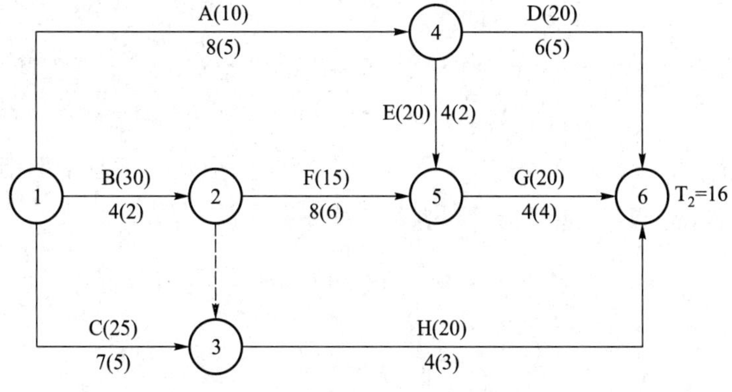

图 7-45（b） 第二次优化后的网络图

4. 第三次优化

确定压缩对象，可行方案有：

① 同时压缩工作 1-2 和工作 1-4，$k_{1-2}+k_{1-4}=40$（元/天）；

② 同时压缩工作 1-2 和工作 4-5，$k_{1-2}+k_{4-5}=50$（元/天）；

③ 同时压缩工作 2-5 和工作 1-4，$k_{2-5}+k_{1-4}=25$（元/天）；

④ 同时压缩工作 2-5 和工作 4-5，$k_{2-5}+k_{4-5}=35$（元/天）。

选择方案③同时压缩工作 2-5 和工作 1-4，但 $k_{1-4}+k_{2-5}(=25)>\xi(=22)$（元/天），故不能压缩。

结论：该工作最优工期为 16 天，最优计划方案同上，如图 7-45（c）所示。

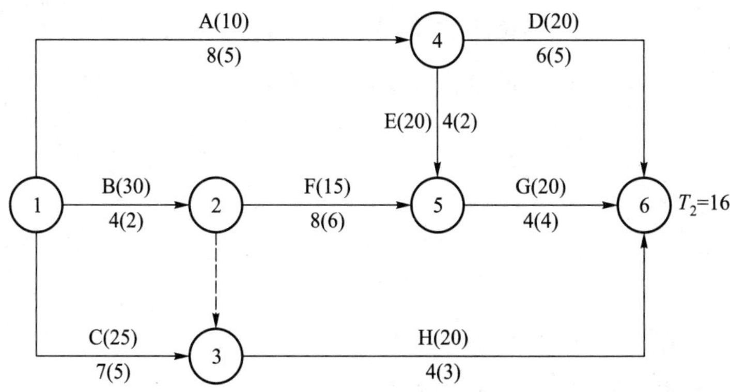

图 7-45（c） 优化后的网络图

本章小结

网络计划技术是运用网络图的基本理论来分析和解决计划管理问题的一种科学方法，依起源有关键路径法（CPM）与计划评审技术（PERT）之分。本章概念较多，计算逻辑性较强。其计算优化过程，要与图形相结合。本章知识点需要学习者掌握的程度如下图所示。

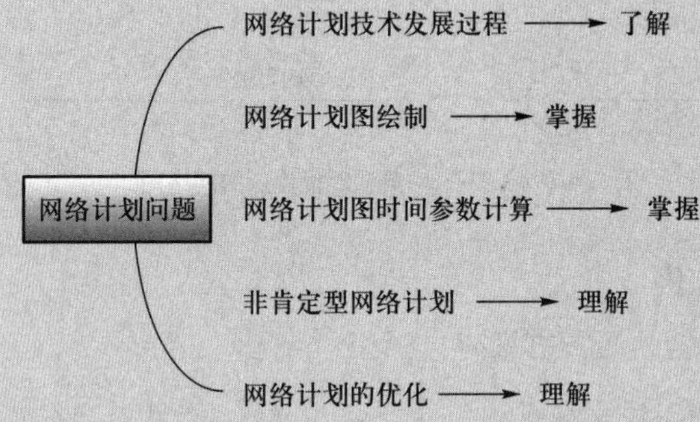

关键术语

网络计划技术（Network Planning Technology）
关键线路（Critical Path）
时间参数（Time Parameter）
网络计划的优化（Optimization of Network Planning）
关键路径法（Critical Path Method）
计划评审技术（Program Evaluation and Review Technique）

复习思考题

1. 对网络计划，下面说法错误的是（　　）。

A. 节点表示以它开始工作可以开始的瞬间

B. 网络计划中的总工期等于各工序时间之和

C. 节点不消耗任何资源

D. 整个网络计划图只能有一个最初节点

2. 对网络计划中，关于工序和线路说法错误的是（　　）。

A. 实工序在网络计划图中用实线表示，要消耗时间及各种资源

B. 虚工序用来表达相邻工序之间的衔接关系，不需要消耗时间和任何其他资源

C. 网络计划图中关键线路只有一条，且由关键节点连成

D. 网络计划图中非关键线路不止一条

3. 对网络计划图绘制下面的说法错误的是（　　）。

A. 采用网络图绘制工程项目进度安排时，偶尔会出现“回路”现象

B. 一个工作只能有一个开始节点和一个结束节点

C. 箭号必须从一个节点开始到另一个节点结束

D. 两个节点之间只能有一条箭线

4. 下面说法错误的是（　　）。

A. 资源优化的宗旨是“向关键线路要资源”

B. 非肯定型网络计划各项活动的时间是随机的

C. 肯定型网络计划各项活动的时间是确定的

D. 总时差为零的各项工作所组成的线路是网络图中的关键线路

5. 下面说法错误的是（　　）。

A. 时间优化的目标是缩短关键线路的时间

B. 采用平行作业或交叉作业方式可达到时间优化的目的

C. 工作的总时差越小，表明该工作在整个网络中的机动时间就越长

D. 利用非关键活动的时差后移可以解决资源优化问题

6. 图 7-46 中关键线路为（　　）。

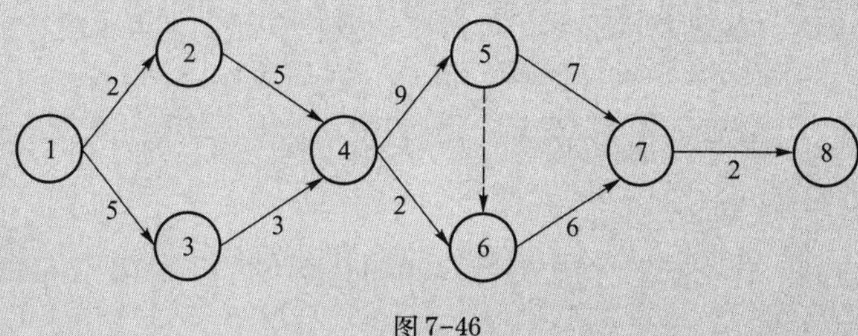

图 7-46

7. 如图 7-47 所示，各项工作旁边的 3 个数分别为工作的最乐观时间、

最可能时间和最悲观时间，确定其关键线路和周期。

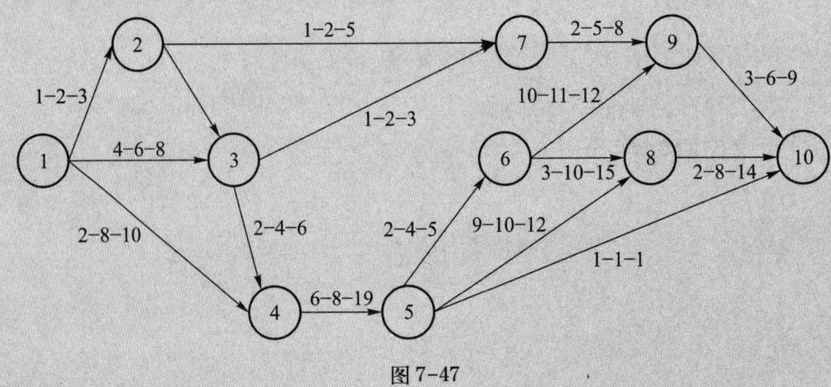

图 7-47

8. 绘制表 7-7 所示的网络图，计算节点的最早开始时间和最迟结束时间，并确定关键线路。

表 7-7

工序	工时	紧前工序	工序	工时	紧前工序
A	5	-	F	4	B，C
B	8	A，C	G	8	C
C	3	A	H	2	F，G
D	6	C	I	4	E，H
E	10	B，C	J	5	F，G

延伸阅读

［1］《运筹学》教材编写组. 运筹学［M］. 3 版. 北京：清华大学出版社，2005.

［2］姚玉玲，刘靖伯. 网络计划技术与工程进度管理［M］. 北京：人民交通出版社，2008.

［3］亨利·劳伦斯·甘特——甘特图的发明者［EB/OL］. 中国社会科学网（引用日期 2017-09-06）.

［4］廖胜芳，等. 网络计划技术原理与应用［M］. 北京：北京航空学

院出版社，1987.

［5］王庆育. 高等学校教材软件工程［M］. 北京：清华大学出版社，2004.

［6］曹吉鸣，林知炎. 工程施工组织与管理［M］. 上海：同济大学出版社，2002.

［7］中国建筑学会建筑统筹管理分会著译. 工程网络计划技术规程（JGJ/T 121—99）［M］. 北京：中国建筑工业出版社，1999.

［8］中国建筑学会建筑统筹管理分会著译. 工程网络计划技术规程（JGJ/T 121—2015）［M］. 北京：中国建筑工业出版社，2015.

［9］范永进，朱瑶翠，曹俊. 经济新常态和企业新变革［M］. 上海：上海社会科学院出版社，2017.

［10］白思俊. 网络计划的计算机辅助分析［M］. 西安：陕西科学技术出版社，1991.

参考文献

《运筹学》教材编写组. 运筹学［M］. 3 版. 北京：清华大学出版社，2005：286-302.

第八章 对 策 论

【本章导读】 对策论又称博弈论（Games Theory），是研究具有斗争、对抗或竞争性质现象的数学理论和方法。它是现代数学的一个分支，是运筹学的一个重要学科。

对策论广泛应用于政治、经济、军事等活动中，与人们的工作、生活密切相关。例如下棋、打牌、体育比赛中有对策问题，军事斗争、集团竞争中

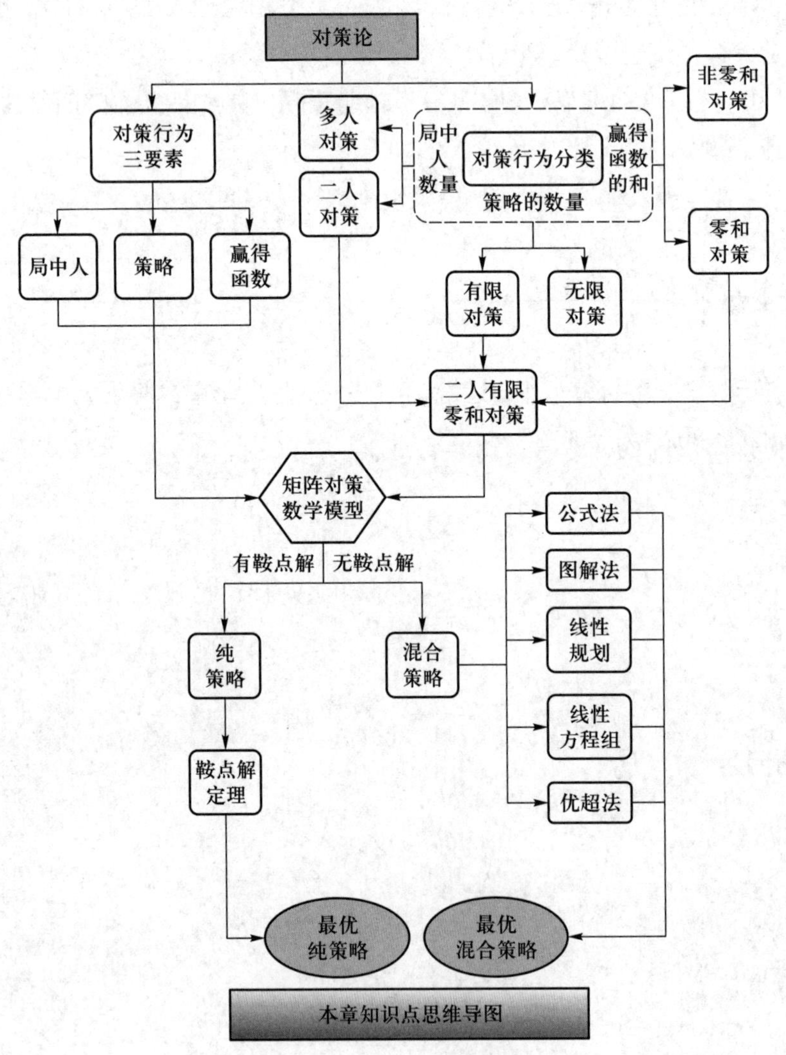

本章知识点思维导图

也有对策问题。因此，从古至今，对策论都是政治家和军事家们注意研究的问题。1970 年，世界第二位、美国第一位获诺贝尔经济学奖的经济学家保罗 · 萨缪尔森（Paul A. Samuelson）有一句名言[1]至[4]：“要想在现代社会做个有文化的人，你必须对对策论有一个大致了解。”本章将为您开启一扇通往对策论的大门。

保罗 · 萨缪尔森

本章知识点之间的逻辑关系可见思维导图。

8.1 对策论概述

具有竞争或对抗性质的行为，可以称为对策行为。对策论就是研究在对策行为中，斗争各方是否存在最合理的行动方案，以及如何找到这个合理方案的理论和方法。对策论的发展历史并不长，但由于它所研究的现象与人们的政治、军事活动乃至日常的生活都有着密切的关系，所以日益引起人们的广泛关注。[5]

对策论作为一门学科是在 20 世纪 40 年代发端的。1944 年，数学家冯 · 诺依曼和经济学家摩根施特恩（O. Morgenstern）写成《博弈论与经济行为》 一书，该书成为博弈论（对策论）的经典之作。该书不仅建立了博弈论严格的公理化体系，而且对大量的经济活动进行了深入的分析，奠定了博弈论的基础，标志着现代系统博弈理论的初步形成。

1950 年前后，纳什的关于非合作博弈论的重要论文彻底改变了人们对竞争和市场的看法，他给出了著名的纳什均衡解的概念和证明，从而揭示了博弈均衡与经济均衡的内在联系。纳什的研究奠定了现代非合作博弈论的基石。

摩根施特恩

THEORY OF GAMES AND ECONOMIC BEHAVIOR

By JOHN VON NEUMANN, and OSKAR MORGENSTERN

PRINCETON PRINCETON UNIVERSITY PRESS 1947

《博弈论与经济行为》

纳什

此后，对策论被运用于经济领域中并取得了显著成效。1996 年英国剑桥大学教授詹姆斯·米尔里斯（J. A. Mirrlees）和美国哥伦比亚大学名誉教授威廉·维克里（W. Vickrey）把对策论应用于不对称信息下的经济激励理论，获诺贝尔经济学奖，使信息经济学成为国际学术界关注的焦点。

詹姆斯·米尔里斯

威廉·维克里

2001 年，美国加州大学伯克利分校经济学教授乔治·阿克尔洛夫（G. A. Akerlof）、斯坦福大学商学院研究生院前任院长迈克尔·斯宾塞（A. M. Spence）、哥伦比亚大学经济学家约瑟夫·斯蒂格利茨（J. E. Stiglize）等，把对策论应用于不对称信息市场分析获得诺贝尔经济学奖。

乔治·阿克尔洛夫

迈克尔·斯宾塞

约瑟夫·斯蒂格利茨

2005 年，耶路撒冷希伯莱大学数学研究生院教授罗伯特·奥曼（Robert J. Aumann）和美国马里兰大学公共政策学院教授托马斯·谢林（Thomas C. Schelling）因在对策论方面的重大贡献，获得诺贝尔经济学奖。

2007 年，美国明尼苏达大学教授莱昂尼德·赫维奇（Leonid Hurwicz）、普林斯顿大学教授埃里克·马斯金（Eric S. Maskin）、芝加哥大学教授罗杰·迈尔森（Reger B. Myerson）等，因在创立和发展“机制设计理论”方面所作的贡献，获诺贝尔经济学奖。这一理论有助于经济学家、各国政府和企业识别在何种情况下市场机制有效、何种情况下市场机制无效，帮助人们确定有效的贸易机制、政策手段和决策过程。

罗伯特·奥曼

托马斯·谢林

莱昂尼德·赫维奇

埃里克·马斯金

罗杰·迈尔森

8.2 对策论的基本概念

在我国，对策论的思想很早就已经存在，“田忌赛马”就是一个典型的例子。战国时期，齐威王提出与大司马田忌赛马。双方约定各选三匹马参赛，比赛分三轮进行，每轮各出一匹马，以千金为注，负者要付给胜者千金。已经知道，在同等级的马中，田忌的马不如齐王的马，而如果田忌的马比齐王的马高一等级，则田忌的马胜。于是田忌的谋士孙膑让田忌以他的下马对齐王上马，以上马对齐王的中马，以中马对齐王的下马。于是田忌一负二胜，赢得了千金。由此看来，对抗双方各采取什么样的出马顺序对胜负至关重要。[6]

8.2.1　对策行为的基本要素

对策行为具有三个基本要素，即局中人、策略集和赢得函数。分析对策行为首先必须清楚这三个基本要素。

1. 局中人（Player）

在一局对策中，有权决定自己行动方案的参加者称为局中人，通常用 I 表示局中人的集合。“田忌赛马”的局中人集合可表示为：$I=\{$齐王，田忌$\}$，一般要求一个对策行为中至少有两个局中人。

局中人这一概念具有广义性，可以理解为一个人，也可以理解为某一集体，甚至是一种自然事物。例如，球队、交战国、企业等。当研究不确定气候条件的生产决策时，可把大自然当作一个局中人。另外，在对策中，利益完全一致的参加者只能被看作一个局中人。例如，桥牌游戏中，虽然有 4 个人参加，但由于东与西、南与北是联盟关系，有着完全一致的目的，东与西只能看成一个局中人，南与北也只能看成一个局中人，所以桥牌游戏中的局中人只有二个。

需要明确的是，对于对策行为中的局中人，有三个基本假设：① 局中人是理性的。即假设每个局中人的行为都是理性的或合乎理性的，他们在对策行为中不会感情用事，而是精于判断和计算，总是以利己为动机，力图以最小的代价获得最大的利益。② 局中人具有这些理性的共同知识。即所有的局中人都拥有充分和相同的关于其他局中人的特征和行动的知识。③ 局中人知道对策规则。

2. 策略集（Strategy Sets）

在一局对策中，可供局中人选择的一个实际可行的完整的行动方案称为一个策略。完整的行动方案是指一局对策中自始至终的全局规划，而不是其中某一步或某几步的安排。在“田忌赛马”这一引例中，如果用（上、中、下）表示上、中、下马参赛的顺序，那么（上、中、下）便是一个完整的行动方案，即为一个策略。显然局中人齐王和田忌各自都有（上、中、下）、（上、下、中）、（中、上、下）、（中、下、上）、（下、上、中）、（下、中、上）六个策略。

所有策略组成的集合称为策略集。参加对策的每一个局中人 $i(i\in I)$ 都有自己的策略集 S_i。一般来说，每一个局中人的策略集中至少包含两个策略。

3. 赢得函数（Payoff Function）

在一局对策中，每个局中人都出一个策略，这时就构成了一个局势。在每个局势下，每个局中人使用每个策略都会有一种得失，这种得失被称为赢得函数。这种得失可能是胜利或失败，可能是收入或支出，也可能是名次的先后。每个局中人在一局对策中的得失，通常不仅与其采取的策略有关，而且与其他局中人采取的策略有关。也就是说，每个局中人的得失是全体局中人所采取的一组策略的函数，这一函数称为局中人的赢得函数。

在“田忌赛马”这一引例中，当齐王和田忌各自采取不同策略时，齐王的赢得函数值如表 8-1 所示。

表 8-1

田忌 \ 齐王	上 中 下	上 下 中	中 上 下	中 下 上	下 上 中	下 中 上
上、中、下	3	1	1	1	−1	1
上、下、中	1	3	1	1	1	−1
中、上、下	1	−1	3	1	1	1
中、下、上	−1	1	1	3	1	1
下、上、中	1	1	1	−1	3	1
下、中、上	1	1	−1	1	1	3

在一局对策中，各局中人选定的策略形成的策略组称为一个局势，即若 s_i 表示第 i 个局中人所采取的一个策略，则 n 个局中人的策略组：

$$s=(s_1, s_2, \cdots, s_n)$$

就是一个局势。全体局势的集合 S 可用各局中人策略集的笛卡儿积表示，即

$$S=S_1 \times S_2 \times \cdots \times S_n$$

当局势出现后，对策的结果也就随之确定了，即对任意一个局势 $s \in S$，局中人 i 可以得到一个赢得函数 $H_i(s)$。显然，$H_i(s)$ 是关于局势 S 的函数，称为第 i 个局中人的赢得函数。

当局中人、策略集和赢得函数这三个要素确定后，一个对策模型也就确定了。

8.2.2 对策问题分类

根据局中人的数量，可以将对策区分为二人对策和多人对策；多人对策又可划分为结盟对策和不结盟对策。根据局中人策略集合中的策略个数，可以分为有限对策和无限对策。根据全部局中人赢得函数的代数和（赢者为正，输者为负）是否为零，可以分为零和对策和非零和对策。其分类结果如图 8-1 所示。

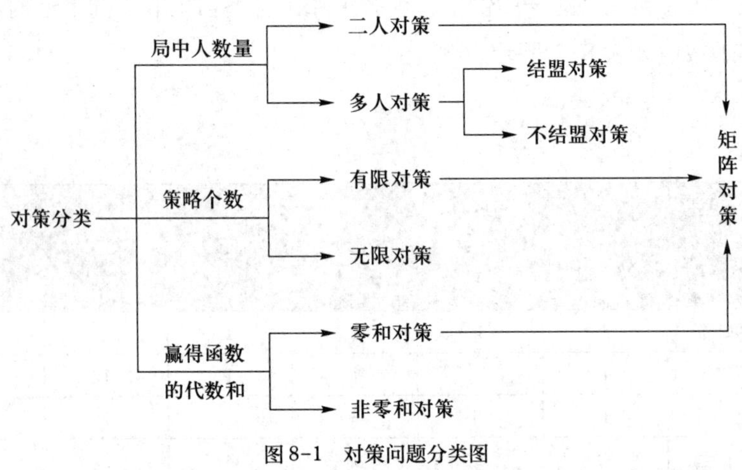

图 8-1 对策问题分类图

在众多的对策模型中，占有最重要地位的是二人有限零和对策（Two Person Finite Zero-sum Game），这类对策又称矩阵对策。矩阵对策是到目前为止在理论研究和求解方法方面都比较完善的一个对策分支。矩阵对策可以说是一类最简单的对策模型，其研究思想和方法十分具有代表性，体现了对策论的一般思想和方法，且矩阵对策的理论结果是研究其他对策模型的基础。基于上述原因，本章节重点介绍的是矩阵对策的基本理论和基本方法。

视频：矩阵对策数学模型及最优纯策略求解（收费资源）

8.3 矩阵对策的最优纯策略

二人有限零和对策就是矩阵对策，是指只有两个对策局中人，每个局中人都只有有限个策略可供选择。在任一局势下，两个局中人的赢得函数之和总是等于零，即对策双方的利益激烈对抗、互为制约，一方赢得多少，另一方就需要损失多少。“田忌赛马”就是矩阵对策的典型例子。齐王和田忌各有 6 个策略，一局对策结束后，齐王的赢得必为田忌的损失，反之亦然。

8.3.1 矩阵对策的数学模型

一般用Ⅰ、Ⅱ表示两个局中人，假设局中人Ⅰ有 m 个策略 α_1，α_2，…，α_m，局中人Ⅱ有 n 个策略 β_1，β_2，…，β_n，则局中人Ⅰ、Ⅱ的策略集分别为：

$$S_1=\{\alpha_1,\ \alpha_2,\ \cdots,\ \alpha_m\}$$

$$S_2=\{\beta_1,\ \beta_2,\ \cdots,\ \beta_n\}$$

当局中人Ⅰ选定策略 α_i，局中人Ⅱ选定策略 β_j 后，就形成了一个局势（α_i，β_j）。可见这样的局势有 $m\times n$ 个。对任一局势（α_i，β_j），记局中人Ⅰ的赢得值为 a_{ij}，并称：

$$A=\begin{bmatrix} a_{11} & a_{12} & \cdots & a_{1n} \\ a_{21} & a_{22} & \cdots & a_{2n} \\ \vdots & \vdots & & \vdots \\ a_{m1} & a_{m2} & \cdots & a_{mn} \end{bmatrix}$$

为局中人Ⅰ的赢得矩阵，记为 $A=(a_{ij})_{m\times n}$。又因对策是零和的，所以局中人Ⅱ的赢得矩阵为 $-A$。

当局中人Ⅰ、Ⅱ和策略集 S_1、S_2 及局中人Ⅰ的赢得矩阵 A 确定后，一个矩阵对策也就给定了。通常，将一个矩阵对策记作：

$$G=\{\text{Ⅰ},\ \text{Ⅱ};\ S_1,\ S_2;\ A\}\ \text{或}\ G=\{S_1\ \ S_2;\ A\}$$

由上可见，建立二人有限零和对策数学模型，就是根据实际问题的条件，确定局中人Ⅰ和局中人Ⅱ的策略集合，以及相应的赢得矩阵。

下面通过一个军事战例介绍如何建立二人有限零和对策（矩阵对策）的数学模型。

例 8-1 俾斯麦海空海作战。进入 1943 年的第二次世界大战，日军与盟军在西南太平洋战场的新几内亚战役进入焦灼状态。为扭转战局，日军大本营策划了一次军事运输行动，由海军少将木村昌福指挥运输舰队，从南太平洋新不列颠群岛的拉包尔出发，穿过俾斯麦海，去支援困守在新几内亚莱城地域的日军。木村昌福知道，在日本运输舰队穿过俾斯麦海的 3 天航程中，必将遭到盟军的空中袭击，他要谋划的是尽可能减少损失。盟军西南太平洋空军司令肯尼将军获悉日军的增援动向后，决定组织陆基航空兵对日军运输舰队实施空中打击。

自然条件对于双方来说是已知的。从拉包尔出发到莱城去的海上航线有两条，即北线和南线，通过时间均为 3 天。天气预报表明，未来 3 天中，北线阴雨，能见度差；南线则天气晴好，能见度佳。盟军的轰炸机群在南线。由于在第二次世界大战期间，盟军空军还不是很发达，只有一个侦察机组，盟军的侦察机要么只能搜索北线，要么只能搜索南线。

敌对双方如何运用对策论的方法辅助决策呢？

解：运用矩阵对策的方法建立数学模型。

（1）这次空海作战的局中人自然是木村昌福与肯尼。

（2）局中人各自的策略集分别是：

木村昌福策略集：{派日本舰队走北线，派日本舰队走南线}

肯尼策略集：{派盟军侦察机搜索北线，派盟军侦察机搜索南线}

（3）在各种局势下，每个局中人的赢得函数是：

当盟军派侦察机搜索北线，日本舰队也恰好走北线。虽然发现较早，但由于北线能见度差，加上轰炸机群在南线，因此在日军 3 天的航程中，只能实施两天有效轰炸，这两天就是盟军的赢得。

当盟军侦察机搜索北线，而日本舰队走南线时，由于发现晚，尽管盟军轰炸机群在南线，但有效轰炸时间为两天。

当盟军侦察机搜索南线，而日本舰队走北线时，因发现晚，盟军轰炸机群在南线，及北线天气恶劣，有效轰炸只能实施一天。

当盟军侦察机搜索南线时，日本舰队也走南线。日军舰队被迅速发现，盟军轰炸机群所需航程很短，加之天气晴好，盟军空军三天皆可实施轰炸。

所有的赢得函数就构成了一个赢得矩阵，表 8-2 所示为肯尼的赢得。

表 8-2

肯尼 \ 木村昌福	日本舰队走北线	日本舰队走南线
派侦察机搜索北线	2	2
派侦察机搜索南线	1	3

即肯尼的赢得矩阵为：

$$A=\begin{bmatrix}2 & 2\\1 & 3\end{bmatrix}$$

肯尼的赢得，即是木村昌福的损失，因此木村昌福的赢得矩阵为：

$$-A=\begin{bmatrix}-2 & -2\\-1 & -3\end{bmatrix}$$

通过此例可以发现，建立二人有限零和对策的数学模型，关键是确定对策行为三要素即局中人、策略集和赢得函数。当这三个要素确定后，一个矩阵对策的数学模型也就确立了。此后，各局中人面临的问题便是如何选取对自己最有利的策略，以谋取最大的赢得或最小的损失。

8.3.2 矩阵对策最优纯策略的定义

为理解什么是矩阵对策的最优纯策略，仍以俾斯麦海空海作战为例。

肯尼肯定选择侦察北线。因为如果选择侦察南线，而日军走了北线，肯尼只能实施一天有效轰炸，相对于选择侦察北线，肯尼就损失了一天。因此肯尼会选择比较稳妥的方法，侦察北线。

木村昌福也会选择走北线。因为不管对方选择哪个策略，日军舰队走北线的损失都比走南线要小。

因此，肯尼的选择为：

$$u_1=\max_{1\leqslant i\leqslant m}\ \min_{1\leqslant j\leqslant n}a_{ij}=\min_{1\leqslant j\leqslant n}a_{i_0j}=2$$

木村昌福的选择为：

$$u_2=\min_{1\leqslant j\leqslant n}\ \max_{1\leqslant i\leqslant m}a_{ij}=\max_{1\leqslant i\leqslant m}a_{ij_0}=2$$

历史的真实情况就是如此。肯尼派侦察机搜索北线，而木村昌福指挥运输舰队也走了北线。盟军飞机在恶劣天气条件下，于一天后发现日本运输舰队，实施了两天有效轰炸，对日本运输舰队造成重创。俾斯麦海空海作战，成为第二次世界大战中新几内亚战争的转折点。

从这场博弈可以看出，肯尼与木村昌福的博弈都遵循一种较理智、稳妥的准则，即从每个局势里选择造成最小损失的策略，在损失最小的前提下谋求最大的赢得，即“从最坏处着想，去争取最好的结果”。

例 8-2 设矩阵对策 $G=\{S_1\quad S_2;\quad A\}$，其中 $S_1=\{\alpha_1,\ \alpha_2,\ \alpha_3,$

$\alpha_4\}$，$S_2=\{\beta_1, \beta_2, \beta_3\}$，且有：

$$A=\begin{bmatrix}-4 & 2 & -6\\ 4 & 3 & 5\\ 8 & -1 & -10\\ -3 & 0 & 6\end{bmatrix}$$

由于假设两个局中人都是理智的，都善于“从最坏处着想，去争取最好的结果”，所以每个局中人都必须考虑到对方会设法使己方赢得最少，谁都不能存有侥幸心理。

当局中人Ⅰ选取策略α_1时，他的最小赢得是-6，这是选取此策略的最坏结果。一般地，局中人Ⅰ选取策略α_i时，他的最小赢得是 $\min\limits_j\{a_{ij}\}$（$i=1, 2, \cdots, m$）。对本例而言，Ⅰ选取策略α_1、α_2、α_3、α_4时，其最小赢得分别是-6、3、-10、-3。在最坏的情况下，最好的结果是3。因此，局中人Ⅰ应选取策略α_2。这样，不管局中人Ⅱ选取什么策略，局中人Ⅰ的赢得均不小于3。

同理，对于局中人Ⅱ来说，选取策略β_j时的最坏结果是赢得矩阵A中第j列各元素的最大者，即$\max\limits_i\{a_{ij}\}$（$j=1, 2, \cdots, n$）。对本例而言，Ⅱ选取策略β_1、β_2、β_3时，其最大损失分别是8、3、6。在最坏的情况下，最好的结果是损失3。因此，局中人Ⅱ应选取策略β_2。这样，不管局中人Ⅰ选取什么策略，局中人Ⅱ的损失均不超过3。

对本例而言，赢得矩阵A的各行最小元素的最大值与各列最大元素的最小值相等，即：

$$\max_i\{-6, 3, -10, -3\}=\min_j\{8, 3, 6\}=3$$

所以，该矩阵对策的解（最佳局势）为$\{\alpha_2, \beta_2\}$，结果是Ⅰ赢得3、Ⅱ损失3。α_2，β_2也就分别是局中人Ⅰ、Ⅱ的最优纯策略。

上述两个案例之解，均体现了对策均衡的特性，任何一方如果擅自改变己方策略，都将为此付出代价。

通过上述分析，对于一般矩阵对策，给出如下定义：

定义1：设$G=\{S_1\quad S_2;\ A\}$为矩阵对策，其中双方的策略集和赢得矩阵分别为$S_1=\{\alpha_1, \alpha_2, \cdots, \alpha_m\}$、$S_2=\{\beta_1, \beta_2, \cdots, \beta_n\}$、$A=(a_{ij})_{m\times n}$。若有等式：

$$\max_i[\min_j(a_{ij})]=\min_j[\max_i(a_{ij})]=a_{i^*j^*} \tag{8-1}$$

成立，则称 $V_G=a_{i^*j^*}$ 为对策 G 的值，局势（α_{i^*}，β_{j^*}）为对策 G 纯策略意义下的解或平衡局势。α_{i^*} 和 β_{j^*} 分别称为二个局中人Ⅰ、Ⅱ的最优纯策略。之所以把策略 α_{i^*} 和 β_{j^*} 称为最优纯策略，也是为了与混合策略的概念（将在后续章节学习）相区别。

由定义 1 可知，在矩阵对策中两个局中人都采取最优纯策略（若最优纯策略存在）才是理智行动。一方采取上述策略时，若另一方存在侥幸心理而不采取相应的策略，他就会为自己的侥幸付出代价。事实上，当 $a_{i^*j^*}>0$ 时，局中人Ⅰ有立于不败之地的策略，所以他不会冒险，必定会选取他的最优策略。这就迫使局中人Ⅱ不能存在侥幸心理，相应地也必须选取最优策略。同理，当 $a_{i^*j^*}<0$ 时，也会得出局中人双方都将采取最优策略的结论。

由于 $a_{i^*j^*}$ 既是其所在行的最小元素，又是其所在列的最大元素，即：

$$a_{ij^*}\leqslant a_{i^*j^*}\leqslant a_{i^*j}$$

所以，可以将这一事实推广到一般矩阵对策，可得定理 1。

定理 1：矩阵对策 $G=\{S_1\quad S_2;\quad A\}$ 在纯策略意义上有解的充分必要条件是：存在纯局势（α_{i^*}，β_{j^*}），使得对于一切 $i=1$，2，…，m；$j=1$，2，…，n 均有：

$$a_{ij^*}\leqslant a_{i^*j^*}\leqslant a_{i^*j} \tag{8-2}$$

证明：

先证充分性：

对于任意的 i 和 j，由式 8-2 有：

$$a_{ij^*}\leqslant a_{i^*j^*}\leqslant a_{i^*j},$$

故有：

$$\max_i a_{ij^*}\leqslant a_{i^*j^*}\leqslant \min_j a_{i^*j}$$

又因为：

$$\min_j \max_i a_{ij}\leqslant \max_i a_{ij^*}$$

$$\min_j a_{i^*j}\leqslant \max_i \min_j a_{ij}$$

所以有：

$$\min_j \max_i a_{ij}\leqslant a_{i^*j^*}\leqslant \max_i \min_j a_{ij} \tag{1}$$

另一方面，对于任意的 i 和 j，有：

$$\min_j a_{ij}\leqslant a_{ij}\leqslant \max_i a_{ij}$$

所以有：

$$\max_i \min_j a_{ij} \leqslant \min_j \max_i a_{ij} \tag{2}$$

由式（1）和（2）可知：

$$\max_i[\min_j(a_{ij})] = \min_j[\max_i(a_{ij})] = a_{i^*j^*}$$

$$V_G = a_{i^*j^*}$$

再证必要性：

根据纯策略意义下有解的定义，设由 i^*，j^*，使得：

$$\min_j a_{i^*j} = \max_i \min_j a_{ij}$$

$$\max_i a_{ij^*} = \min_j \max_i a_{ij}$$

则由：

$$\max_i \min_j a_{ij} = \min_j \max_i a_{ij}$$

有：

$$\max_i a_{ij^*} = \min_j \max_i(a_{ij}) \leqslant a_{i^*j^*} \leqslant \min_j(a_{i^*j}) = \max_i \min_j(a_{ij}) \tag{3}$$

又由：

$$a_{ij^*} \leqslant \max_i a_{ij^*} \qquad \min_j a_{i^*j} \leqslant a_{i^*j} \tag{4}$$

由式（3）和（4）可得：

$$a_{ij^*} \leqslant \max_i a_{ij^*} \leqslant a_{i^*j^*} \leqslant \min_j a_{i^*j} \leqslant a_{i^*j}$$

即：

$$a_{ij^*} \leqslant a_{i^*j^*} \leqslant a_{i^*j}$$

证毕。

定义2：设 $f(x, y)$ 为定义在 $x \in A$ 及 $y \in B$ 上的实值函数，若存在 $x^* \in A$、$y^* \in B$，使得一切 $x \in A$ 和 $y \in B$ 满足：

$$f(x, y^*) \leqslant f(x^*, y^*) \leqslant f(x^*, y) \tag{8-3}$$

则称（x^*，y^*）为函数 $f(x, y)$ 的一个鞍点。

矩阵对策在纯策略意义下有解且 $V_G = a_{i^*j^*}$ 的充要条件是：$a_{i^*j^*}$ 是矩阵 A 的一个鞍点。因此，矩阵对策纯策略意义的最优解又称鞍点解。如图 8-2 所示。

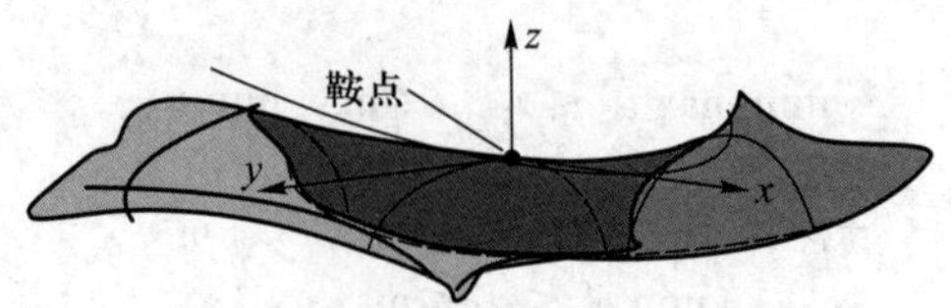

图8-2　矩阵函数 $f(x, y)$ 的鞍点

平衡局势（α_{i^*}，β_{j^*}）具有这样的性质：

（1）当局中人Ⅰ选取了纯策略α_{i^*}后，局中人Ⅱ为了使其损失最小，只有选择纯策略β_{j^*}，否则就可能丢得更多；

（2）当局中人Ⅱ选取了纯策略β_{j^*}后，局中人Ⅰ为了得到最大的赢得也只能选取纯策略α_{i^*}，否则就会赢得更少；

（3）双方的竞争在局势（α_{i^*}，β_{j^*}）下达到了一个平衡状态。

例 8-3　求对策的解。设矩阵对策 $G=\{S_1,\ S_2;\ A\}$，其中 $S_1=\{\alpha_1,\ \alpha_2,\ \alpha_3,\ \alpha_4\}$，$S_2=\{\beta_1,\ \beta_2,\ \beta_3,\ \beta_4\}$，赢得矩阵为：

$$A=\begin{bmatrix}3 & 7 & 4 & 5\\ 2 & 2 & 3 & 4\\ 3 & 5 & 4 & 4\\ 2 & 3 & 1 & 6\end{bmatrix}$$

解：直接在 A 提供的赢得表上计算，有：

$$\begin{array}{c} \\ \alpha_1\\ \alpha_2\\ \alpha_3\\ \alpha_4\\ \max\end{array}\begin{array}{c}\left[\begin{array}{cccc}\beta_1 & \beta_2 & \beta_3 & \beta_4\\ 3 & 7 & 4 & 5\\ 2 & 2 & 3 & 4\\ 3 & 5 & 4 & 4\\ 2 & 3 & 1 & 6\end{array}\right]\\ \begin{array}{cccc}3^* & 7 & 4 & 6\end{array}\end{array}\begin{array}{c}\min\\ 3^*\\ 2\\ 3^*\\ 1\\ \ \end{array}$$

于是有：

$$\max_i[\min_j(a_{ij})]=\min_j[\max_i(a_{ij})]=a_{i^*j^*}=3$$

其中：

$$i=1,\ 3;\ j=1$$

故（α_1，β_1），（α_3，β_1）都是对策的解，且 $V_G=3$。

由例 8-3 可知，一般矩阵对策的解可以是不唯一的。当解不唯一时，解与解之间的关系将会具有一些特性。

8.3.3　矩阵对策最优纯策略的基本性质

性质 1：无差别性：若（α_{i_1}，β_{j_1}）和（α_{i_2}，β_{j_2}）是矩阵对策的两个解，则 $a_{i_1j_1}=a_{i_2j_2}$。

$$A=\begin{pmatrix} a_{11} & a_{12} & \cdots & a_{1n} \\ a_{21} & a_{22} & \cdots & a_{2n1} \\ \vdots & \vdots & \cdots & \vdots \\ a_{m1} & a_{m2} & \cdots & a_{mn} \end{pmatrix}$$

证明：若（α_{i_1}，β_{j_1}）和（α_{i_2}，β_{j_2}）是对策的两个解，则根据定义有：

$$V_G=a_{i_1j_1}$$

$$V_G=a_{i_2j_2}$$

故：

$$a_{i_1j_1}=a_{i_2j_2}$$

证毕。

性质2：可交换性：若（α_{i_1}，β_{j_1}）和（α_{i_2}，β_{j_2}）是对策的两个解，则（α_{i_1}，β_{j_2}）和（α_{i_2}，β_{j_1}）也是对策的两个解。

证明：若（α_{i_1}，β_{j_1}）和（α_{i_2}，β_{j_2}）是对策的两个解，则根据定理1有：

$$a_{ij_1}\leqslant a_{i_1j_1}\leqslant a_{i_1j}$$

$$a_{ij_2}\leqslant a_{i_2j_2}\leqslant a_{i_2j}$$

又根据定义：

$$a_{ij_2}\leqslant a_{i_1j_2}$$

$$a_{i_1j_1}\leqslant a_{i_1j}$$

则：

$$a_{ij_2}\leqslant a_{i_1j_2}\leqslant a_{i_1j_1}\leqslant a_{i_1j}$$

故（α_{i_1}，β_{j_2}）是对策的解。

同理，根据定义：

$$a_{ij_1}\leqslant a_{i_2j_1}$$

$$a_{i_2j_2}\leqslant a_{i_2j}$$

又根据定义：

$$a_{i_2j_1}\leqslant a_{i_2j_2}$$

则：

$$a_{ij_1}\leqslant a_{i_2j_1}\leqslant a_{i_2j_2}\leqslant a_{i_2j}$$

故（α_{i_2}，β_{j_1}）也是对策的解。

证毕。

例 8-4 某单位采购员在秋天时要决定冬天取暖用煤的采购量。已知在正常气温条件下需要用煤 15 吨，在较暖和较冷气温条件下需要用煤 10 吨和 20 吨。假定冬季的煤价随着天气寒冷的程度而变化，在较暖、正常、较冷气温条件下每吨煤价分别为 100 元、150 元、200 元。又设秋季时每吨煤价为 100 元。在没有关于当年冬季气温准确预报的情况下，秋季应购多少吨煤，能使总支出最少?[7]

解：局中人 I 为采购员，他有三个策略：策略 α_1 是秋天买煤 10 吨，策略 α_2 是秋天买煤 15 吨，策略 α_3 是秋天买煤 20 吨。

局中人 II 可以看作大自然（可以当作理智的局中人），大自然也有三个策略：策略 β_1 为较暖，策略 β_2 为正常，策略 β_3 为较冷。

现把该单位冬天取暖用煤全部费用作为采购员的赢得矩阵。

	β_1(较暖)	β_2(正常)	β_3(较冷)	取最小
α_1(10 吨)	−1 000	−1 750	−3 000	−3 000
α_2(15 吨)	−1 500	−1 500	−2 500	−2 500
α_3(20 吨)	−2 000	−2 000	−2 000	−2 000
取最大	−1 000	−1 500	−2 000	

$$\max_i[\min_j(a_{ij})]=\min_j[\max_i(a_{ij})]=a_{33}=-2\ 000$$

该最优策略为（α_3，β_3），即秋季购煤 20 吨合理。

8.4 矩阵对策的混合策略

由上节讨论可知，对矩阵对策 $G=\{S_1, S_2; A\}$ 来说，局中人 I 有把握的至少赢得是：

$$u_1=\max_{1\leqslant i\leqslant m}\min_{1\leqslant j\leqslant n}a_{ij}=\min_{1\leqslant j\leqslant n}a_{i_0 j}$$

局中人 II 有把握的至多损失是：

$$u_2=\min_{1\leqslant j\leqslant n}\max_{1\leqslant i\leqslant m}a_{ij}=\max_{1\leqslant i\leqslant m}a_{ij_0}$$

当 $u_1=u_2$ 时，矩阵对策 G 存在纯策略意义下的解（又称纯策略意义下的纳什均衡解）。

当 $u_1\neq u_2$ 时，则总有 $u_1<u_2$。因为局中人 I 的赢得值不会多于局中人 II 的损失值。这样根据定义 1，对策不存在纯策略意义下的解。

例 8-5 设矩阵博弈 $G=\{S_1, S_2; A\}$，其中：

$$S_1=\{\alpha_1, \alpha_2\}, S_2=\{\beta_1, \beta_2\}, A=\begin{bmatrix}0.5 & 0.2\\0.3 & 0.4\end{bmatrix}$$

$$\mu_1=\max_{1\leqslant i\leqslant 2}\min_{1\leqslant j\leqslant 2}a_{ij}=\max\{0.2, 0.3\}=0.3 \quad i^*=2$$

$$\mu_2=\min_{1\leqslant j\leqslant 2}\max_{1\leqslant i\leqslant 2}a_{ij}=\min\{0.5, 0.4\}=0.4 \quad j^*=2$$

$$u_1<u_2$$

当双方均根据从最不利情形中选取最有利结果的原则选择纯策略时，应分别选取 α_2，β_2，此时局中人Ⅰ将赢得 0.4，比其预期赢得 0.3 还多，原因就在于局中人Ⅱ选择了 β_2。故 β_2 对于局中人Ⅱ来说并不是最优的，因而他会考虑选择 β_1。局中人Ⅰ亦会采取相应的办法改而选择 α_1 使赢得为 0.5，而局中人Ⅱ有可能仍采取 β_2 来对付局中人Ⅰ的策略 α_1。这样局中人Ⅰ选择 α_1 和 α_2 的可能性及局中人Ⅱ选择 β_1 和 β_2 的可能性都不能排除。对于两个局中人来说，不存在一个双方均可接受的平衡局势，或者说当 $u_1<u_2$ 时，矩阵对策不存在纯策略意义下的最优解。

在这种情况下，是否可以设想给出一个选取不同策略的概率分布？如在例 8-5 中，局中人Ⅰ以概率 x 选取纯策略 α_1，以概率 $1-x$ 选取纯策略 α_2；局中人Ⅱ以概率 y 选取纯策略 β_1，以概率 $1-y$ 选取纯策略 β_2。于是，对局中人Ⅰ来说，他的赢得可用期望值 $E(x, y)$ 来描述：

$$\begin{aligned}E(x, y)&=0.5xy+0.2x(1-y)+0.3(1-x)y+0.4(1-x)(1-y)\\&=0.4xy-0.2x-0.1y+0.4\\&=(0.2x-0.05)(2y-1)+0.35\end{aligned}$$

局中人Ⅰ可以以概率 0.25 选取纯策略 α_1，以概率 0.75 选取纯策略 α_2，这种策略是局中人Ⅰ的策略集 $\{\alpha_1, \alpha_2\}$ 上的一个概率分布，称为混合策略。

同样局中人Ⅱ也可以制定这样一个混合策略：分别以概率 0.5 选取纯策略 β_1，以概率 0.5 选取纯策略 β_2。

8.4.1 混合策略的基本定义

定义 3：设矩阵对策 $G=\{S_1, S_2; A\}$，其中双方的策略集和赢得矩阵分别为 $S_1=\{\alpha_1, \alpha_2, \cdots, \alpha_m\}$，$S_2=\{\beta_1, \beta_2, \cdots, \beta_n\}$，$A=(a_{ij})_{m\times n}$。

令：

$$S_1^* = \left\{x \in E^m \mid x_i \geqslant 0,\ i=1,\ 2,\ \cdots,\ m;\ \sum_{i=1}^{m} x_i = 1\right\}$$

$$S_2^* = \left\{y \in E^n \mid y_j \geqslant 0,\ j=1,\ 2,\ \cdots,\ n;\ \sum_{j=1}^{n} y_j = 1\right\}$$

则 S_1^* 和 S_2^* 分别称为局中人Ⅰ、Ⅱ的混合策略集；$x \in S_1^*$，$y \in S_2^*$ 分别称为局中人Ⅰ和Ⅱ的混合策略；对 $x \in S_1^*$，$y \in S_2^*$，称（x，y）为一个混合局势。局中人Ⅰ的赢得函数记为：

$$E(x,\ y) = x^T A y = \sum_{i=1}^{m} \sum_{j=1}^{n} a_{ij} x_i y_j \tag{8-4}$$

这样得到一个新的对策，记为 $G' = \{S_1^*,\ S_2^*,\ E\}$，称对策 G' 为对策 G 的混合拓充。

由定义 3 可知，纯策略是混合策略的特例。当以概率 x_i 选取纯策略 α_i 时，x_i 中一个取 1，其余取 0；当以概率 y_j 选取纯策略 β_j 时，y_j 中一个取 1，其余取 0。这样混合策略就变成了纯策略。

下面讨论矩阵对策 G 在混合策略意义下解的定义。

设两个局中人进行理智对策。当局中人Ⅰ采取混合策略 x 时，他只能希望获得（最不利情形）：

$$\min_{y \in S_2^*} E(x,\ y)$$

因此局中人Ⅰ应选取 $x \in S_1^*$，使上式取极大值（最不利当中的最有利情形），即局中人Ⅰ可以保证自己的赢得期望值不少于：

$$v_1 = \max_{x \in S_1^*} \min_{y \in S_2^*} E(x,\ y)$$

同理，局中人Ⅱ可保证自己的损失期望值至多是：

$$v_2 = \min_{y \in S_2^*} \max_{x \in S_1^*} E(x,\ y)$$

定义 4：设 $G' = \{S_1^*,\ S_2^*;\ E\}$ 为矩阵对策 $G = \{S_1,\ S_2;\ A\}$ 的混合拓充，如果：

$$V_G = \max_{x \in S_1^*} \min_{y \in S_2^*} E(x,\ y) = \min_{y \in S_2^*} \max_{x \in S_1^*} E(x,\ y) \tag{8-5}$$

则使式 8-5 成立的混合局势（x^*，y^*）称为矩阵对策 G 在混合策略意义下的解（又称混合策略意义下的纳什均衡解），x^* 和 y^* 分别称为局中人Ⅰ和Ⅱ的最优混合策略，V_G 为矩阵对策 $G' = \{S_1^*,\ S_2^*;\ E\}$ 的值。

为方便起见，无须对矩阵对策 $G = \{S_1,\ S_2,\ A\}$ 及其混合拓充 $G' =$

$\{S_1^*, S_2^*, E\}$ 加以区别，均可以用 $G=\{S_1, S_2; A\}$ 来表示。当矩阵对策 $G=\{S_1, S_2; A\}$ 在策略意义上无解时，自动转向讨论混合策略意义上的解。

和定理 1 类似，可给出矩阵对策 G 在混合策略意义下存在鞍点解的充要条件。

定理 2：矩阵对策 $G=\{S_1, S_2; A\}$ 在混合策略意义下有解的充分必要条件是：存在局势 (x^*, y^*)，对于一切 $x\in S_1^*$、$y\in S_2^*$ 均存在：

$$E(x, y^*)\leqslant E(x^*, y^*)\leqslant E(x^*, y) \tag{8-6}$$

定理 2 证明同定理 1。需要说明的是，一般矩阵对策在纯策略意义上的解很可能是不存在的，但在混合策略意义上的解却总是存在的，这一点将在后续内容中加以证明。

8.4.2 矩阵对策的基本定理

先给出如下两个记号：

当局中人Ⅰ选取纯策略 α_i时，记其相应的赢得函数为 $E(i, y)$，于是：

$$E(i, y)=\sum_{j=1}^{n}a_{ij}y_j$$

当局中人Ⅱ选取纯策略 β_j时，记其相应的赢得函数为 $E(x, j)$，于是：

$$E(x, j)=\sum_{i=1}^{m}a_{ij}x_i$$

则根据定义 3：

$$E(x, y)=\sum_{i=1}^{m}\sum_{j=1}^{n}a_{ij}x_iy_j=\sum_{i=1}^{m}\Big(\sum_{j=1}^{n}a_{ij}y_j\Big)x_i=\sum_{i=1}^{m}E(i, y)x_i$$

$$E(x, y)=\sum_{i=1}^{m}\sum_{j=1}^{n}a_{ij}x_iy_j=\sum_{j=1}^{n}\Big(\sum_{i=1}^{m}a_{ij}x_i\Big)y_j=\sum_{j=1}^{n}E(x, j)y_j$$

根据上面的记号，可以给出定理 2 的另一种等价表示。

定理 3：设 $x^*\in S_1^*$，$y^*\in S_2^*$，则 (x^*, y^*) 是矩阵对策 $G=\{S_1, S_2; A\}$ 的解的充分必要条件是对于任意的 i $(i=1, 2, \cdots, m)$ 和 j $(j=1, 2, \cdots, n)$ 均存在：

$$E(i, y^*)\leqslant E(x^*, y^*)\leqslant E(x^*, j) \tag{8-7}$$

证明：设（x^*，y^*）是矩阵对策 G 的解，由定理 2 知：

$$E(x, y^*) \leqslant E(x^*, y^*) \leqslant E(x^*, y)$$

由于：

$$E(x, y^*) = \sum_{i=1}^{m} E(i, y^*) x_i \leqslant E(x^*, y^*) = E(x^*, y^*) \sum_{i=1}^{m} x_i$$

$$E(x^*, y) = \sum_{j=1}^{n} E(x^*, j) y_j \geqslant E(x^*, y^*) \sum_{j=1}^{n} y_j = E(x^*, y^*)$$

故：

$$E(i, y^*) \leqslant E(x^*, y^*) \leqslant E(x^*, j)$$

反之，若：

$$E(i, y^*) \leqslant E(x^*, y^*) \leqslant E(x^*, j) \text{ 成立}$$

由于：

$$E(x, y^*) = \sum_{i=1}^{m} E(i, y^*) x_i \leqslant E(x^*, y^*) \sum_{i=1}^{m} x_i = E(x^*, y^*)$$

$$E(x^*, y) = \sum_{j=1}^{n} E(x^*, j) y_j \geqslant E(x^*, y^*) \sum_{j=1}^{n} y_j = E(x^*, y^*)$$

故：

$$E(x, y^*) \leqslant E(x^*, y^*) \leqslant E(x^*, y)$$

则根据定理 2，（x^*，y^*）是矩阵对策 $G=\{S_1, S_2; A\}$ 的解。

定理 3 的意义在于，在检验（x^*，y^*）是否为对策 G 的解时，式 8-7 把需要对无限个不等式进行验证的问题转化为只需对有限个（$m \times n$ 个）不等式进行验证的问题，从而使研究更加简化。

不难证明，定理 3 可表达为定理 4 的等价形式，而这一形式在求解矩阵对策时特别有用。

定理 4：设 $x^* \in S_1^*$，$y^* \in S_2^*$，则（x^*，y^*）是矩阵对策 $G=\{S_1, S_2; A\}$ 的解的充分必要条件是：存在数 v，使得 x^* 和 y^* 分别是不等式组（Ⅰ）和（Ⅱ）：

$$(\text{Ⅰ})\begin{cases} \sum_{i=1}^{m} a_{ij} x_i \geqslant v, \ j=1, \cdots, n \\ \sum_{i=1}^{m} x_i = 1 \\ x_i \geqslant 0, \ i=1, 2, \cdots, m \end{cases} \tag{8-8}$$

和

$$
(\mathrm{II})\begin{cases}\sum_{j=1}^{n} a_{ij}y_j \leqslant v,\ i=1,\ \cdots,\ m \\ \sum_{j=1}^{n} y_j = 1 \\ y_j \geqslant 0,\ j=1,\ 2,\ \cdots,\ n\end{cases} \tag{8-9}
$$

的解，且 $v=V_G$。

定理 5：对任一矩阵对策 $G=\{S_1,\ S_2;\ A\}$，一定存在混合策略意义上的解。即任何一个给定的二人零和博弈一定存在混合策略下的纳什均衡。

证明：由定理 3 知，只要证明存在 $x^* \in S_1^*$，$y^* \in S_2^*$，使得 $E(i,\ y^*) \leqslant E(x^*,\ y^*) \leqslant E(x^*,\ j)$ 成立即可。为此，考虑如下两个线性规划问题：

$$
\max w
$$

$$
(\mathrm{P})\begin{cases}\sum_{i=1}^{m} a_{ij}x_i \geqslant w,\ j=1,\ \cdots,\ n \\ \sum_{i=1}^{m} x_i = 1 \\ x_i \geqslant 0,\ i=1,\ 2,\ \cdots,\ m\end{cases}
$$

和

$$
\min v
$$

$$
(\mathrm{D})\begin{cases}\sum_{j=1}^{n} a_{ij}y_j \leqslant v,\ i=1,\ \cdots,\ m \\ \sum_{j=1}^{n} y_j = 1 \\ y_j \geqslant 0,\ j=1,\ 2,\ \cdots,\ n\end{cases}
$$

易验证（P）和（D）是互为对偶的线性规划问题，由对偶理论可知，（P）和（D）分别存在最优解（x^*，w^*）和（y^*，v^*），且 $v^*=w^*$。即存在 $x^* \in S_1^*$，$y^* \in S_2^*$，使得对任意的 $i=1,\ 2,\ \cdots,\ m$ 和 $j=1,\ 2,\ \cdots,\ n$ 有：

$$
\sum_{j=1}^{n} a_{ij}y_j^* \leqslant v^* = w^* \leqslant \sum_{i=1}^{m} a_{ij}x_i^*
$$

即：

$$
E(i,\ y^*) \leqslant v^* \leqslant E(x^*,\ j)
$$

又由：

$$E(x^*, y^*)=\sum_{i=1}^{m} E(i, y^*)x_i^* \leqslant v^* \sum_{i=1}^{m} x_i^* = v^*$$

$$E(x^*, y^*)=\sum_{j=1}^{n} E(x^*, j)y_j^* \geqslant v^* \sum_{j=1}^{n} y_j^* = v^*$$

得到：

$$v^* = E(x^*, y^*)$$

故由：

$$E(i, y^*) \leqslant v^* \leqslant E(x^*, j)$$

可知：

$$E(i, y^*) \leqslant E(x^*, y^*) \leqslant E(x^*, j)$$

成立。即对任一矩阵对策 $G=\{S_1, S_2, A\}$，一定存在混合策略意义上的解。

证毕。

定理 5 的证明是数学上的构造性证明，不仅证明了矩阵对策解的存在性，而且给出了利用线性规划求解矩阵对策的方法。需要注意的是矩阵对策的解可能不止一个，但对策值是唯一的。

定理 6：设（x^*, y^*）是矩阵对策 $G=\{S_1, S_2; A\}$ 的解，$v=V_G$，则有下列命题成立：

（1）若 $x_i^*>0$，则 $\sum_{j=1}^{n} a_{ij}y_j^* = v$。

（2）若 $y_j^*>0$，则 $\sum_{i=1}^{m} a_{ij}x_i^* = v$。

（3）若 $\sum_{j=1}^{n} a_{ij}y_j^* < v$，则 $x_i^* = 0$。

（4）若 $\sum_{i=1}^{m} a_{ij}x_i^* > v$，则 $y_j^* = 0$

证明：

按定义有：

$$v = \max_{x \in S_1^*} E(x, y^*)$$

故：

$$v - \sum_{j=1}^{n} a_{ij}y_j^* = \max_{x \in S_1^*} E(x, y^*) - E(i, y^*) \geqslant 0$$

又因：

$$\sum_{i=1}^{m} x_i^* \cdot \left(v - \sum_{j=1}^{n} a_{ij}y_j^*\right) = v - \sum_{i=1}^{m}\sum_{j=1}^{n} a_{ij}x_i^* y_j^* = 0$$

所以：

当 $x_i^*>0$ 时，必有 $\sum_{j=1}^{n} a_{ij}y_j^* = v$；

当 $\sum_{j=1}^{n} a_{ij}y_j^* < v$ 时，必有 $x_i^* = 0$。

即命题（1）、（3）得证。

同理可证命题（2）、（4）。

定理 7：设有两个矩阵对策：

$$G_1 = \{S_1,\ S_2;\ A_1\}$$
$$G_2 = \{S_1,\ S_2;\ A_2\}$$

其中 $A_1 = (a_{ij})_{m\times n}$，$A_2 = (a_{ij}+L)_{m\times n}$，$L$ 为任一常数，则有：

（1）$V_{G_2} = V_{G_1}+L$。

（2）$T(G_2) = T(G_1)$，其中 $T(G_1)$ 和 $T(G_2)$ 分别为矩阵对策 G_1，G_2的最优策略集。

定理 8：设有两矩阵对策：

$$G_1 = \{S_1,\ S_2;\ A\}$$
$$G_2 = \{S_1,\ S_2;\ \alpha A\}$$

其中 $\alpha>0$ 为任一常数。则：

（1）$V_{G_2} = \alpha V_{G_1}$。

（2）$T(G_2) = T(G_1)$，其中 $T(G_1)$ 和 $T(G_2)$ 分别为矩阵对策 G_1，G_2的最优策略集。

定理 9：设矩阵对策 $G = \{S_1,\ S_2;\ A\}$，且 $A = -A^T$ 为斜对称矩阵（此种对策称为对称对策），则：

（1）$V_G = 0$。

（2）$T_1(G) = T_2(G)$。其中 $T_1(G)$ 和 $T_2(G)$ 分别为局中人Ⅰ和Ⅱ的最优策略集。

定义 5：设矩阵对策 $G = \{S_1,\ S_2;\ A\}$，其中 $S_1 = \{\alpha_1,\ \alpha_2,\ \cdots,\ \alpha_m\}$，$S_2 = \{\beta_1,\ \beta_2,\ \cdots,\ \beta_n\}$，$A = (a_{ij})_{m\times n}$，若对于一切 j（$j=1,\ 2,\ \cdots,\ n$）均有 $a_{i_1 j} \geqslant a_{i_2 j}$，即 $A = (a_{ij})_{m\times n}$中的第 i_1 行的每一个元素均不小于第 i_2 行的每一个对应元素，则对于局中人Ⅰ来说策略 α_{i_1}优超于策略 α_{i_2}。同样，若对于一切 i（$i=1,\ 2,\ \cdots,\ m$）均存在 $a_{ij_1} \leqslant a_{ij_2}$，即 $A = (a_{ij})_{m\times n}$中的第 j_1 列的每

一个元素均不大于第 j_2 列的每一个对应元素，则对于局中人Ⅱ来说策略 β_{j_1} 优超于策略 β_{j_2}。

定理 10：设矩阵对策 $G=\{S_1,\ S_2;\ A\}$，其中 $S_1=\{\alpha_1,\ \alpha_2,\ \cdots,\ \alpha_m\}$，$S_2=\{\beta_1,\ \beta_2,\ \cdots,\ \beta_n\}$，$A=(a_{ij})_{m\times n}$，若局中人Ⅰ的策略 α_t 被其他策略优超时，可在其赢得矩阵 A 中划去第 t 行（同理，当局中人Ⅱ方的策略 β_t 被其他策略优超时，可在矩阵 A 中划去第 t 列）。如此得到阶数较小的赢得矩阵 A' 其对应的矩阵对策为 $G'=\{S_1',\ S_2;\ A'\}$，则：

（1）$V_G'=V_G$。

（2）G' 中局中人Ⅱ的最优策略就是其在 G 中的最优策略。

（3）若（$x_1^*\quad x_2^*\quad \cdots\quad x_{t-1}^*\quad x_{t+1}^*\quad \cdots\quad x_m^*$）是 G' 中局中人Ⅰ的最优策略，则（$x_1^*\quad x_2^*\quad \cdots\quad x_{t-1}^*\quad 0\quad x_{t+1}^*\quad \cdots\quad x_m^*$）便是 G 的局中人Ⅰ的最优策略。

证明见参考文献 【7】 第 393 页。

8.5 矩阵对策的解法

矩阵对策模型给定后，各局中人面临的问题就是如何求取最优策略的问题。最优纯策略的求解采取的是定义 1 或定理 1，若最优纯策略不存在，则可以根据赢得矩阵特点，采取以下方法进行求解。

8.5.1 2×2 对策的公式法

2×2 对策是指局中人Ⅰ的赢得矩阵为 2×2 阶的，即：

$$A=\begin{pmatrix} a_{11} & a_{12} \\ a_{21} & a_{22} \end{pmatrix}$$

（1）若 A 是有鞍点的 2×2 的矩阵对策问题，最优纯策略可直接求。

（2）若 A 是没有鞍点的 2×2 的矩阵对策问题，根据定理 6，可求下列方程组的解。

视频：矩阵对策解法（收费资源）

$$(\text{Ⅰ})\begin{cases} a_{11}x_1+a_{21}x_2=v \\ a_{12}x_1+a_{22}x_2=v \\ x_1+x_2=1 \end{cases} \tag{8-10}$$

$$(\text{Ⅱ})\begin{cases}a_{11}y_1+a_{12}y_2=v\\a_{21}y_1+a_{22}y_2=v\\y_1+y_2=1\end{cases}\tag{8-11}$$

当矩阵 A 不存在鞍点时，解方程组（Ⅰ）和（Ⅱ）可得非负解 $X^*=(x_1^*,\ x_2^*)$ 和 $Y^*=(y_1^*,\ y_2^*)$，其中：

$$x_1^*=\frac{a_{22}-a_{21}}{(a_{11}+a_{22})-(a_{12}+a_{21})}\tag{8-12}$$

$$x_2^*=\frac{a_{11}-a_{12}}{(a_{11}+a_{22})-(a_{12}+a_{21})}\tag{8-13}$$

$$y_1^*=\frac{a_{22}-a_{12}}{(a_{11}+a_{22})-(a_{12}+a_{21})}\tag{8-14}$$

$$y_2^*=\frac{a_{11}-a_{21}}{(a_{11}+a_{22})-(a_{12}+a_{21})}\tag{8-15}$$

$$V_G=\frac{a_{11}a_{22}-a_{12}a_{21}}{(a_{11}+a_{22})-(a_{12}+a_{21})}\tag{8-16}$$

例 8-6 设矩阵博弈 $G=\{S_1,\ S_2;\ A\}$，其中：

$$S_1=\{\alpha_1,\ \alpha_2\},\ S_2=\{\beta_1,\ \beta_2\},\ A=\begin{bmatrix}0.5 & 0.2\\0.3 & 0.4\end{bmatrix}$$

解：$\max\limits_{1\leqslant i\leqslant 2}\min\limits_{1\leqslant j\leqslant 2}a_{ij}=\max\{0.2,\ 0.3\}=0.3$

$\min\limits_{1\leqslant j\leqslant 2}\max\limits_{1\leqslant i\leqslant 2}a_{ij}=\min\{0.5,\ 0.4\}=0.4$

故此博弈不存在鞍点，从而双方都没有最优纯策略。通过式 8-12 至式 8-16 得到的最优解为：

$$X^*=(x_1,\ x_2)^T=(0.25,\ 0.75)^T$$

$$Y^*=(y_1,\ y_2)^T=(0.5,\ 0.5)^T$$

对策的值为：

$$V_G=0.35$$

8.5.2 图解法

图解法[7]主要考虑的是 $2\times n$ 或 $m\times 2$ 阶的对策。现用一个例子加以说明。

例 8-7 用图解法求解矩阵对策。矩阵对策 $G=\{S_1,\ S_2;\ A\}$，其中：

$$A=\begin{bmatrix}2 & 3 & 11\\7 & 5 & 2\end{bmatrix}$$

解：这是 $2\times n$ 型对策，设局中人Ⅰ的混合策略为 $(x,\ 1-x)^T$，$x\in[0,\ 1]$。过数轴上坐标为（0，0）和（1，0）两点作两条垂线Ⅰ－Ⅰ，Ⅱ－Ⅱ，垂线上点的纵坐标值分别表示局中人Ⅰ采取纯策略 α_1 和 α_2 时，局中人Ⅱ采取各种纯策略时的赢得值。如图 8-3 所示。当局中人Ⅰ选择每一策略 $(x,\ 1-x)$ 时，他的最少可能的收入为由局中人Ⅱ选择 β_1、β_2、β_3 时所确定的三条直线。

$$\beta_1:\ 2x+7(1-x)=V$$

$$\beta_2:\ 3x+5(1-x)=V$$

$$\beta_3:\ 11x+2(1-x)=V$$

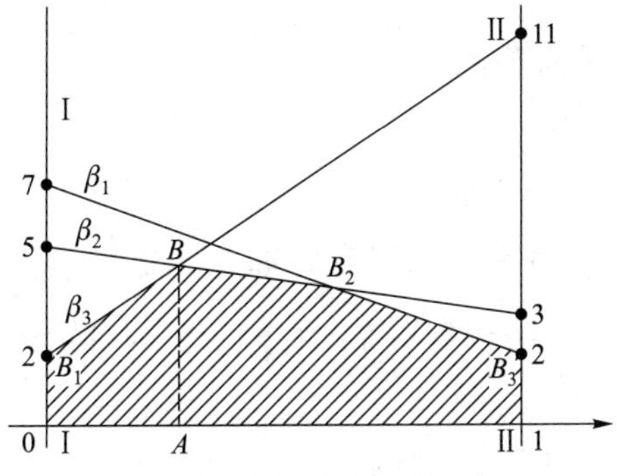

图 8-3　$2\times n$ 对策的图解法

在 x 处的坐标中之最小者，即如折线 $B_1BB_2B_3$ 所示，所以对局中人Ⅰ来说，他的最优选择就是确定 x 使他的收入尽可能地多。从图 8-3 可知，按最小最大原则选择 $x=OA$，而 AB 即为对策值。为求出 x 点和对策值 V_G，可联立过 B 点的二条线段 β_2 和 β_3 所确定的方程：

$$\begin{cases}3x+5(1-x)=V_G\\11x+2(1-x)=V_G\end{cases}$$

解得：$x=\dfrac{3}{11}$，$V_G=\dfrac{49}{11}$。所以，局中人Ⅰ的最优策略为 $X^*=\left(\dfrac{3}{11},\ \dfrac{8}{11}\right)^T$。此外，从图上可以看出局中人Ⅱ的最优混合策略只由 β_2 和 β_3 组成。

设 $Y^*=(y_1,\ y_2,\ y_3)^T$ 为局中人Ⅱ的最优混合策略，则由

$$E(X^*,\ 1)=2\times\frac{3}{11}+7\times\frac{8}{11}=\frac{62}{11}>\frac{49}{11}=V_G$$

$$E(X^*,\ 2)=E(X^*,\ 3)=V_G$$

根据定理 6，必有 $y_1^*=0$，$y_2^*>0$，$y_3^*>0$。

再根据定理 6，可由

$$\begin{cases}3y_2+11y_3=\dfrac{49}{11}\\5y_2+2y_3=\dfrac{49}{11}\\y_2+y_3=1\end{cases}$$

求得：

$$y_2^*=9/11,\ y_3^*=2/11$$

所以，局中人Ⅱ的最优混合策略为 $Y^*=(0,\ 9/11,\ 2/11)^T$。

8.5.3 线性方程组解法

根据定理 4 知，求解矩阵对策解（X^*，Y^*）的问题等价于求解不等式组式 8-8 和式 8-9，又根据定理 5 和定理 6，如果假设最优策略中的 x_i^* 和 y_j^* 均不为零，即可将上述两个不等式组的求解问题转化为求解两个方程组的问题。即：

若 $X^*\in S_1^*$，$Y^*\in S_2^*$ 是矩阵对策 $G=\{S_1,\ S_2;\ A\}$ 最优解的充要条件是：$X^*\in S_1^*$，$Y^*\in S_2^*$ 分别是线性方程组：

$$\begin{cases}\sum\limits_{i=1}^{m}a_{ij}x_i=v,\ j=1,\ 2,\ \cdots,\ n\\\sum\limits_{i=1}^{m}x_i=1\\x_i\geqslant 0,\ i=1,\ 2,\ \cdots,\ m\end{cases}$$

和

$$\begin{cases}\sum\limits_{j=1}^{n}a_{ij}y_i=v,\ i=1,\ 2,\ \cdots,\ m\\\sum\limits_{j=1}^{n}y_j=1\\y_j\geqslant 0,\ j=1,\ 2,\ \cdots,\ n\end{cases}$$

的解。

证明：

必要性：

若 $X^* \in S_1^*$，$Y^* \in S_2^*$ 是矩阵对策 $G=\{S_1, S_2, A\}$ 最优解，则根据定理 4 求解矩阵对策解 X^*，Y^* 相当于求解不等式组式 8-8 和式 8-9。又根据定理 5 和定理 6，若 X^*，Y^* 均不为零，则 X^*，Y^* 为线性方程组的解。

充分性：

若 $X^* \in S_1^*$，$Y^* \in S_2^*$ 分别是线性方程组的解，X^*，Y^* 均大于等于零，根据定理 4，则 $X^* \in S_1^*$，$Y^* \in S_2^*$ 是矩阵对策 $G=\{S_1, S_2; A\}$ 最优解。

证毕。

例 8-8 求解矩阵对策 $G=\{S_1, S_2; A\}$，其中 A 为：

$$A=\begin{pmatrix} 7 & 2 & 9 \\ 2 & 9 & 0 \\ 9 & 0 & 11 \end{pmatrix}$$

解：易知 A 没有鞍点。设两个局中人的最优混合策略为：

$$X^*=(x_1^* \quad x_2^* \quad x_3^*)$$

$$Y^*=(y_1^* \quad y_2^* \quad y_3^*)$$

从矩阵 A 的元素看，每个局中人选取每个纯策略的可能性都是存在的，故可假定：

$$X^*>0，Y^*>0$$

于是求解下面两个方程组：

$$\begin{cases} 7x_1+2x_2+9x_3=v \\ 2x_1+9x_2+0x_3=v \\ 9x_1+0x_2+11x_3=v \\ x_1+x_2+x_3=1 \end{cases}$$

$$\begin{cases} 7y_1+2y_2+9y_3=v \\ 2y_1+9y_2+0y_3=v \\ 9y_1+0y_2+11y_3=v \\ y_1+y_2+y_3=1 \end{cases}$$

解得：

$$X^*=(1/4 \quad 1/2 \quad 1/4)^T$$

$$Y^*=(1/4 \quad 1/2 \quad 1/4)^T$$

矩阵对策的值 $V_G=5$。

8.5.4 线性规划方法

根据定理 5 知，任一矩阵对策求解等价于一对互为对偶的线性规划问题，而根据定理 4 又知，对策 G 的解 X^*，Y^* 等价于下面两个不等式组的解。

$$
(\text{I})\begin{cases}\sum_{i=1}^{m} a_{ij}x_i \geqslant v,\ j=1,\ \cdots,\ n\\ \sum_{i=1}^{m} x_i = 1\\ x_i \geqslant 0,\ i=1,\ 2,\ \cdots,\ m\end{cases} \tag{8-17}
$$

和

$$
(\text{II})\begin{cases}\sum_{j=1}^{n} a_{ij}y_j \leqslant v,\ i=1,\ \cdots,\ m\\ \sum_{j=1}^{n} y_j = 1\\ y_j \geqslant 0,\ j=1,\ 2,\ \cdots,\ n\end{cases} \tag{8-18}
$$

的解，且：

$$
v=V_G=\max_{x\in S_1^*}\ \min_{y\in S_2^*}E(x,\ y)=\min_{y\in S_2^*}\ \max_{x\in S_1^*}E(x,\ y)
$$

为了引入线性规划方法，我们先引入一个定理。

定理 11：设矩阵对策 $G=\{S_1,\ S_2;\ A\}$ 的对策值为 V_G，则

$$
V_G=\max_{x\in S_1^*}\ \min_{1\leqslant j\leqslant n}E(x,\ j)=\min_{y\in S_2^*}\ \max_{1\leqslant i\leqslant m}E(i,\ y)
$$

证明见参考文献【7】。

不失一般性，假设 $v>0$（如果矩阵对策的所有元素全部为正的话，则必有 $v>0$。如果不满足该条件的话，说明有对策矩阵必有元素为负数，此时对对策矩阵的所有元素加上一个常数，使得其所有元素大于 0），作变换，根据定理 7，不妨设 $x_i'=x_i/v$（$v>0$），则可将式 8-17 不等式组变为：

$$
\begin{cases}\sum_{i=1}^{m} a_{ij}x_i' \geqslant 1 \quad (j=1,\ 2,\ \cdots,\ n)\\ \sum_{i=1}^{m} x_i' = \dfrac{1}{v}\\ x_i' \geqslant 0 \quad (i=1,\ 2,\ \cdots,\ m)\end{cases} \tag{8-19}
$$

根据定理 11，有 $v=\max\limits_{x\in S_1^*}\min\limits_{1\leqslant j\leqslant n}\sum\limits_{i=1}^{m}a_{ij}x_i$。于是不等式组式 8-19 等价于下式所示的线性规划问题：

$$\begin{cases}\min z=\sum\limits_{i=1}^{m}x_i' \\ \sum\limits_{i=1}^{m}a_{ij}x_i'\geqslant 1 & (j=1,\ 2,\ \cdots,\ n) \\ x_i'\geqslant 0 & (i=1,\ 2,\ \cdots,\ m)\end{cases} \tag{8-20}$$

同理，令 $y_j'=\dfrac{y_j}{v}$，则不等式组式 8-18 变为：

$$\begin{cases}\sum\limits_{j=1}^{n}a_{ij}y_j'\leqslant 1 & (i=1,\ 2,\ \cdots,\ m) \\ \sum\limits_{i=1}^{m}y_j'=\dfrac{1}{v} \\ y_j'\geqslant 0 & (j=1,\ 2,\ \cdots,\ n)\end{cases} \tag{8-21}$$

其中 $v=\min\limits_{y\in S_2^*}\max\limits_{1\leqslant i\leqslant m}\sum\limits_{j=1}^{n}a_{ij}y_j$，于是不等式组式 8-21 等价于下式所示的线性规划问题：

$$\begin{cases}\max w=\sum\limits_{j=1}^{n}y_j' \\ \sum\limits_{j=1}^{n}a_{ij}y_j'\leqslant 1 & (i=1,\ 2,\ \cdots,\ m) \\ y_j'\geqslant 0 & (j=1,\ 2,\ \cdots,\ n)\end{cases} \tag{8-22}$$

显然，式 8-20 和式 8-22 所示的线性规划问题互为对偶问题，故可利用单纯形法及其对偶性质求解它们。在求解时，一般先求式 8-22 的解，因为这样容易得到初始的基本可行解；式 8-20 的解利用对偶性质直接得到。再利用变换 $x_i'=x_i/v$，$y_j'=\dfrac{y_j}{v}$（$v>0$）求原对策问题的解和对策值。

例 8-9　利用线性规划方法求解矩阵对策，其中：

$$A=\begin{bmatrix}7 & 2 & 9\\ 2 & 9 & 0\\ 9 & 0 & 11\end{bmatrix}。$$

解：求解问题可化为互为对偶的线性规划问题。

$$\min(x_1+x_2+x_3)$$

$$\begin{cases}7x_1+2x_2+9x_3\geqslant 1\\2x_1+9x_2\geqslant 1\\9x_1+11x_3\geqslant 1\\x_1,\ x_2,\ x_3\geqslant 0\end{cases}$$

$$\max(y_1+y_2+y_3)$$

$$\begin{cases}7y_1+2y_2+9y_3\leqslant 1\\2y_1+9y_2\leqslant 1\\9y_1+11y_3\leqslant 1\\y_1,\ y_2,\ y_3\geqslant 0\end{cases}$$

利用单纯形法求解第二个线性规划问题，得到的解为：

$$Y=\left(\frac{1}{20},\ \frac{1}{10},\ \frac{1}{20}\right)^T$$

$$w=\frac{1}{5}$$

第一个线性规划问题的解为：

$$X=\left(\frac{1}{20},\ \frac{1}{10},\ \frac{1}{20}\right)^T$$

$$z=\frac{1}{5}$$

于是：

$$V_G=5$$

$$X^*=V_G\cdot\left(\frac{1}{20},\ \frac{1}{10},\ \frac{1}{20}\right)^T=\left(\frac{1}{4},\ \frac{1}{2},\ \frac{1}{4}\right)^T$$

$$Y^*=V_G\cdot\left(\frac{1}{20},\ \frac{1}{10},\ \frac{1}{20}\right)^T=\left(\frac{1}{4},\ \frac{1}{2},\ \frac{1}{4}\right)^T$$

8.5.5 优超解法

根据定义 5、定理 10 可知：对于矩阵对策 $G=\{S_1,\ S_2;\ A\}$，若甲方赢得矩阵 $A=(a_{ij})_{m\times n}$ 存在两行（列），第 s 行（列）的各元素均优于第 t 行（列）的元素，则可在其赢得矩阵 A 中划去第 t 行（同理，当局中人乙方的策略β_t被其他策略优超时，可在矩阵A中划去第t列)。如此得到阶数较小的赢得矩阵A'，其对应的矩阵对策$G'=\{S_1', S_2; A'\}$与$G=\{S_1, S_2; A\}$等价。这样就可把阶数较大的矩阵对策问题化为阶数较小的矩阵对策问题。

例 8-10 设矩阵对策$G=\{S_1, S_2; A\}$，其中：

$$A=\begin{pmatrix} 3 & 2 & 0 & 3 & 0 \\ 5 & 0 & 2 & 5 & 9 \\ 7 & 3 & 9 & 5 & 9 \\ 4 & 6 & 8 & 7 & 5 \\ 6 & 0 & 8 & 8 & 3 \end{pmatrix}$$

解：首先利用优超原则，第 1 行被第 3 行和第 4 行优超，故划去第 1 行。又因为第 2 行被第 3 行优超，故划去第 2 行得到A_1。

$$A_1=\begin{pmatrix} 7 & 3 & 9 & 5 & 9 \\ 4 & 6 & 8 & 7 & 5 \\ 6 & 0 & 8 & 8 & 3 \end{pmatrix}$$

在A_1中，第 3 列被第 1 列优超，第 4 列被第 2 列优超，故划去第 3 列和第 4 列得到A_2。

$$A_2=\begin{pmatrix} 7 & 3 & 9 \\ 4 & 6 & 5 \\ 6 & 0 & 3 \end{pmatrix}$$

在A_2中，第 3 行被第 1 行优超，故划去第 3 行，得到A_3。

$$A_3=\begin{pmatrix} 7 & 3 & 9 \\ 4 & 6 & 5 \end{pmatrix}$$

在A_3中，第 3 列被第 1 列优超，故划去第 3 列，得到A_4。

$$A_4=\begin{pmatrix} 7 & 3 \\ 4 & 6 \end{pmatrix}$$

对A_4计算，需要留意的是，余下的策略为α_3，α_4，β_1，β_2，很容易得出：

甲：

$$X^*=(0 \quad 0 \quad 1/3 \quad 2/3 \quad 0)^T$$

$$v=5$$

乙：

$$Y^* = (1/2 \quad 1/2 \quad 0 \quad 0 \quad 0)^T$$

$$v = 5$$

至此，求解矩阵对策的全部方法均介绍完毕。在求解矩阵对策时，应该首先判断是否有鞍点解。当鞍点解不存在时，再利用公式法、图解法、线性规划、线性方程组、优超原则等进行求解。

例 8-11 设矩阵对策 $G=\{S_1, S_2; A\}$，其中：

$$A=\begin{pmatrix} 5 & 0 & 6 \\ 1 & 6 & 4 \\ 4 & 4 & 8 \end{pmatrix}$$

解：

1. 优超原则

首先利用优超原则，第 3 列被第 1 列优超，故划去第 3 列，得到 A_1。

$$A_1=\begin{pmatrix} 5 & 0 \\ 1 & 6 \\ 4 & 4 \end{pmatrix}$$

再利用图解法得到：

甲：

$$X^* = (0 \quad 0 \quad 1)^T$$

$$v = 4$$

乙：

$$Y^* = \left(\frac{4}{5} \quad \frac{1}{5} \quad 0\right)^T$$

$$v = 4$$

2. 线性规划方法

利用线性规划进行求解，问题可化为互为对偶的线性规划问题。

$$\min(x_1+x_2+x_3)$$

$$\begin{cases} 5x_1+x_2+4x_3 \geqslant 1 \\ 6x_2+4x_3 \geqslant 1 \\ 6x_1+4x_2+8x_3 \geqslant 1 \\ x_1, \ x_2, \ x_3 \geqslant 0 \end{cases}$$

$$\max(y_1+y_2+y_3)$$

$$\begin{cases}5y_1+6y_3\leqslant 1\\ y_1+6y_2+4y_3\leqslant 1\\ 4y_1+4y_2+8y_3\leqslant 1\\ y_1,\ y_2,\ y_3\geqslant 0\end{cases}$$

利用单纯形法求解第二个线性规划问题，得到的解为：

$$Y=\left(\frac{1}{5},\ \frac{1}{20},\ 0\right)^T \text{ 或 } Y=\left(\frac{1}{10},\ \frac{3}{20},\ 0\right)^T$$

$$w=\frac{1}{4}$$

第一个线性规划问题的解为：

$$X=\left(0,\ 0,\ \frac{1}{4}\right)^T$$

$$z=\frac{1}{4}$$

于是

$$V_G=4$$

$$X^*=V_G\cdot\left(0,\ 0,\ \frac{1}{4}\right)^T=(0,\ 0,\ 1)^T$$

$$Y^*=V_G\cdot\left(\frac{1}{5},\ \frac{1}{20},\ 0\right)^T=\left(\frac{4}{5},\ \frac{1}{5},\ 0\right)^T \text{ 或}$$

$$Y^*=V_G\cdot\left(\frac{1}{10},\ \frac{3}{20},\ 0\right)^T=\left(\frac{2}{5},\ \frac{3}{5},\ 0\right)^T$$

根据例 8-11，需要提醒的是：① 利用优超原则化简赢得矩阵时，有可能将原对策问题的解也划去一些（多解情况）；② 线性规划求解时也有可能是多解问题。

本章小结

对策论又称博弈论，是研究具有竞争或对抗性质行为的理论和方法，广泛应用于政治、经济、军事活动中。本章逻辑性较强，计算相对来说比较复杂，需要广泛运用前面章节所学知识。本章知识点的学习要求如下图所示。

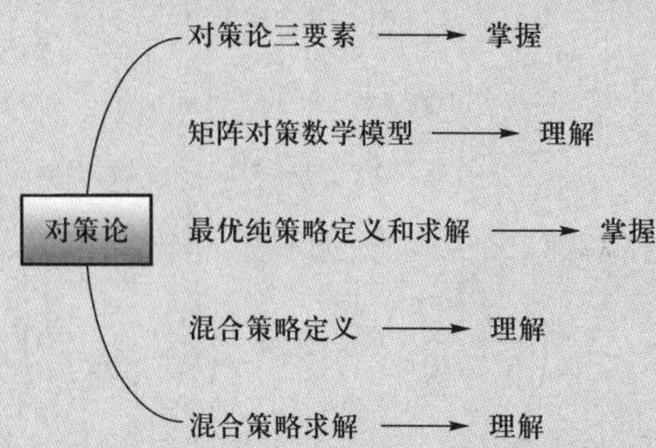

关键术语

矩阵对策（Matrix Games）

二人有限零和对策（Two-Person Finite Zero-sum Game）

纯策略（Pure Strategy）

混合策略（Mixed Strategy）

局中人（Player）

策略集（Strategy Sets）

赢得函数（Payoff Function）

复习思考题

1. 下面的说法正确的是：（　　）。

A. 在一个二人有限对策中，二人可以理解为个人，也可以理解为某一集体

B. 在对策中每一个局中人都必须是理智的

C. 每个局中人的策略必须是有限的

D. 任一矩阵对策必有最优混合策略

2. 对于矩阵对策 $G=\{S_1, S_2; A=(a_{ij})_{m\times n}\}$ 来说，一般要求决策者是理性的，局中人Ⅱ是理性的，体现为：（　　）。

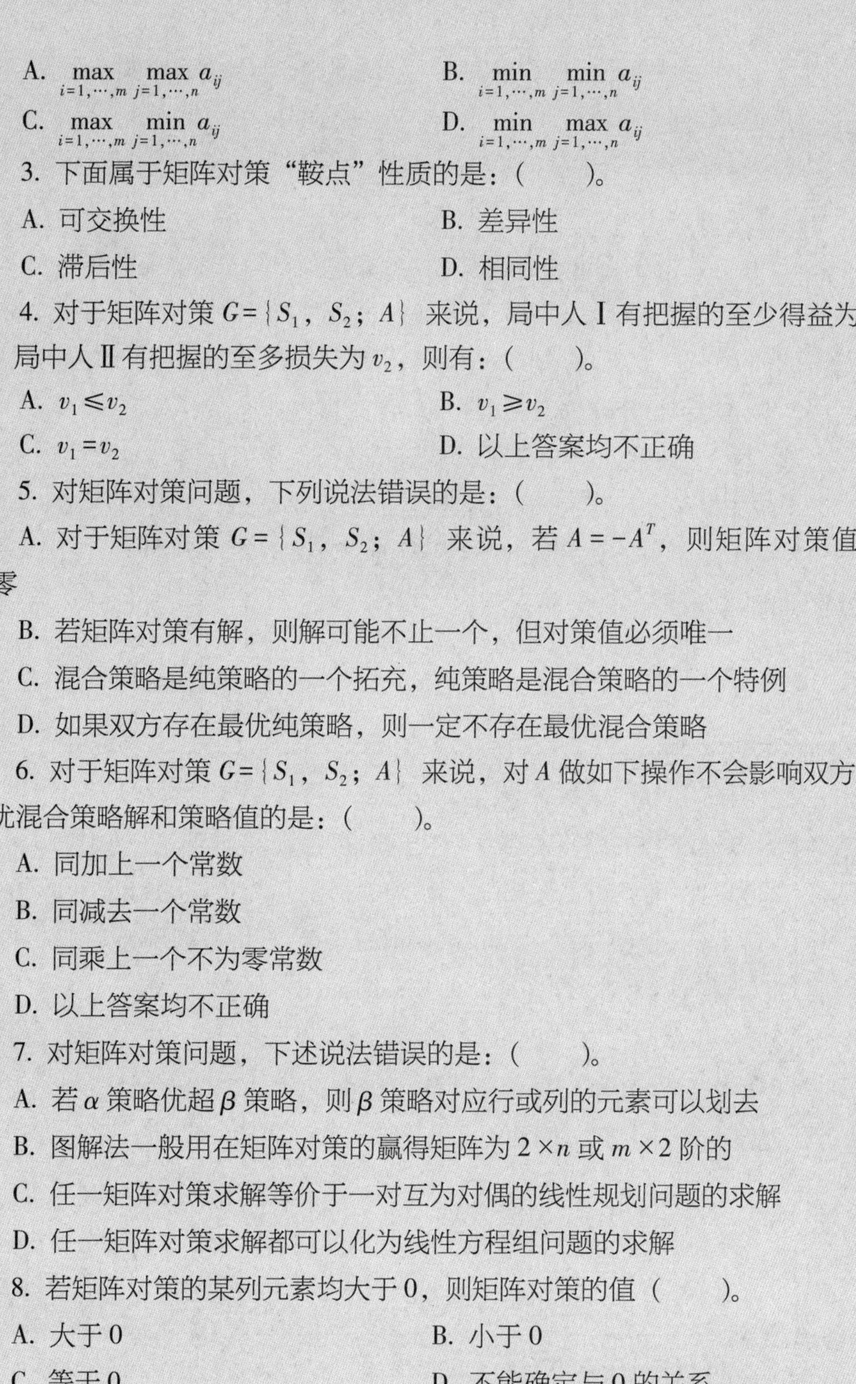

A. $\max\limits_{i=1,\cdots,m}\max\limits_{j=1,\cdots,n} a_{ij}$　　B. $\min\limits_{i=1,\cdots,m}\min\limits_{j=1,\cdots,n} a_{ij}$

C. $\max\limits_{i=1,\cdots,m}\min\limits_{j=1,\cdots,n} a_{ij}$　　D. $\min\limits_{i=1,\cdots,m}\max\limits_{j=1,\cdots,n} a_{ij}$

3. 下面属于矩阵对策“鞍点”性质的是：(　　)。

A. 可交换性　　B. 差异性

C. 滞后性　　D. 相同性

4. 对于矩阵对策 $G=\{S_1, S_2; A\}$ 来说，局中人Ⅰ有把握的至少得益为 v_1，局中人Ⅱ有把握的至多损失为 v_2，则有：(　　)。

A. $v_1 \leqslant v_2$　　B. $v_1 \geqslant v_2$

C. $v_1 = v_2$　　D. 以上答案均不正确

5. 对矩阵对策问题，下列说法错误的是：(　　)。

A. 对于矩阵对策 $G=\{S_1, S_2; A\}$ 来说，若 $A=-A^T$，则矩阵对策值为零

B. 若矩阵对策有解，则解可能不止一个，但对策值必须唯一

C. 混合策略是纯策略的一个拓充，纯策略是混合策略的一个特例

D. 如果双方存在最优纯策略，则一定不存在最优混合策略

6. 对于矩阵对策 $G=\{S_1, S_2; A\}$ 来说，对 A 做如下操作不会影响双方最优混合策略解和策略值的是：(　　)。

A. 同加上一个常数

B. 同减去一个常数

C. 同乘上一个不为零常数

D. 以上答案均不正确

7. 对矩阵对策问题，下述说法错误的是：(　　)。

A. 若 α 策略优超 β 策略，则 β 策略对应行或列的元素可以划去

B. 图解法一般用在矩阵对策的赢得矩阵为 $2\times n$ 或 $m\times 2$ 阶的

C. 任一矩阵对策求解等价于一对互为对偶的线性规划问题的求解

D. 任一矩阵对策求解都可以化为线性方程组问题的求解

8. 若矩阵对策的某列元素均大于 0，则矩阵对策的值（　　）。

A. 大于 0　　B. 小于 0

C. 等于 0　　D. 不能确定与 0 的关系

9. 求解下列矩阵对策，其中赢得矩阵：

$$A=\begin{bmatrix} 2 & 2 & 1 \\ 3 & 4 & 4 \\ 2 & 1 & 6 \end{bmatrix}$$

10. 利用线性规划方法，求解下列矩阵对策，其中赢得矩阵：

$$A=\begin{bmatrix}5 & 7 & -6\\ -6 & 0 & 4\\ 7 & 8 & 5\end{bmatrix}$$

11. 甲、乙两名儿童玩猜拳游戏，游戏中双方的策略集均为拳头（代表石头）、手掌（代表布）和两个手指（代表剪刀）。规则是：剪刀赢布，布赢石头，石头赢剪刀，赢者得 1 分，输者不得分。如果双方所选策略相同，算和局，双方均不得分。试建立儿童甲和乙的赢得矩阵。

12. 两个参加者Ⅰ、Ⅱ各出一枚一元硬币，在不让对方看见的情况下，将硬币放在桌子上，若两个硬币都呈正面或都呈反面，Ⅰ得 1 分，Ⅱ付出 1 分；若两个硬币一个呈正面，一个呈反面，Ⅱ得 1 分，Ⅰ付出 1 分。试建立Ⅰ和Ⅱ的赢得矩阵。

延伸阅读

[1] 刘雪慰. 一切悲剧都源于不当激励［J］. 商业评论，2013（1）.

[2] 保罗·萨缪尔森. 和讯人物［EB/OL］.（引用日期 2013-03-30）.

[3] 保罗·萨缪尔森（Paul A. Samuelson）. 经济分析基础［M］，1947.

[4] 保罗·萨缪尔森（Paul A. Samuelson）. 经济学［M］，1948.

[5] 诺贝尔奖官方网站.

[6] 张盛开. 矩阵对策初步［M］. 上海：上海教育出版社，1980.

[7]《运筹学》教材编写组. 运筹学［M］. 3 版. 北京：清华大学出版社，2005.

参考文献

[1] 刘雪慰. 一切悲剧都源于不当激励［J］. 商业评论，2013（1）.

[2] 保罗·萨缪尔森. 和讯人物［EB/OL］.（引用日期 2013-03-30）.

[3] 保罗·萨缪尔森（Paul A. Samuelson）. 经济分析基础［M］，1947.

[4] 保罗·萨缪尔森（Paul A. Samuelson）. 经济学［M］，1948.

［5］诺贝尔奖官方网站.

［6］张盛开. 矩阵对策初步［M］. 上海：上海教育出版社，1980.

［7］《运筹学》教材编写组. 运筹学［M］. 3 版. 北京：清华大学出版社，2005.

第九章　决　策　论

【本章导读】 决策论（Theory of Decision Making）是研究为了达到预期目的，从多个可供选择的方案中如何选取最好或满意方案的理论与方法，是运筹学非常重要的一个分支。决策（Decision Making），是在政治、经济、军事及日常生活中普遍存在的一种活动，是为解决当前或未来可能发生的问题而需要选择最佳方案的一种过程。决策有大有小，决策无处不在。决策的困难之处，在于如何从多种方案中作出正确的选择，以便获得好的结果或达到预期的目标。重大问题的决策失误，将会导致严重后果，造成巨大损失。因此决策理论

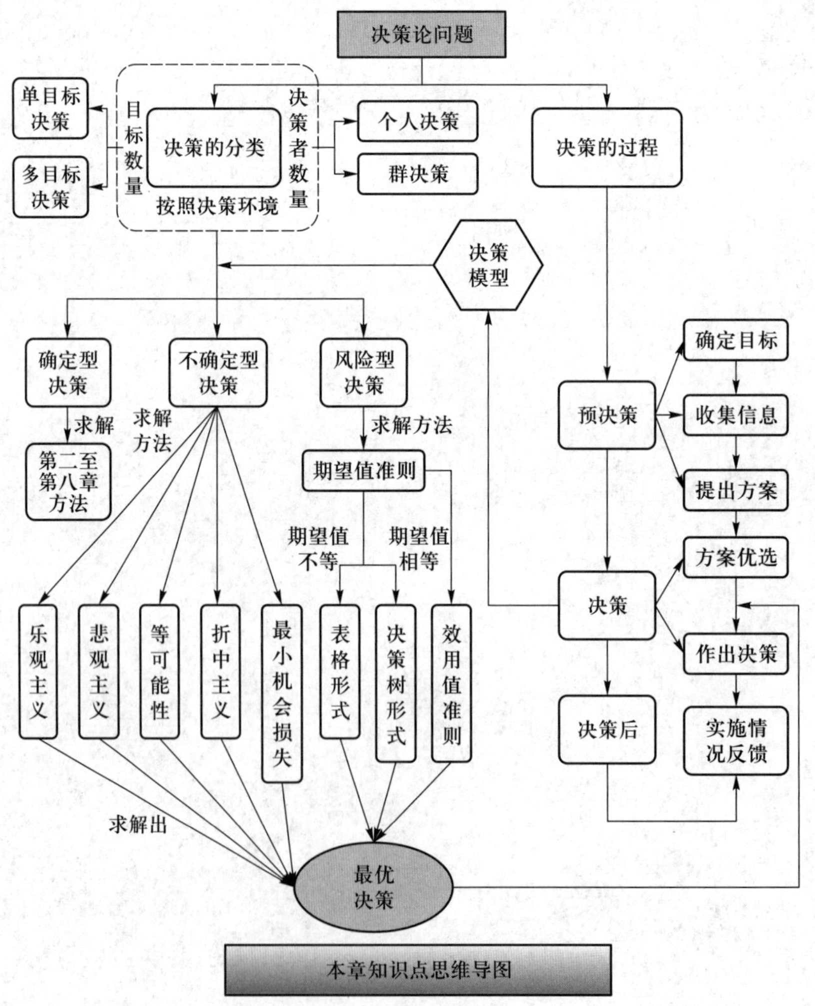

本章知识点思维导图

应运而生。现代决策理论与心理学、经济学、行为科学、军事科学等密切相关，广泛应用于国家战略、政策制定、生产建设、经济管理等诸多领域。随着计算机和信息技术的发展，计算机辅助决策支持系统（Decision Support System）也随之产生，决策分析的研究也得到极大的促进。它能帮助人们更好地解决决策问题，在一定程度上代替了人们对一些常见问题的决策分析。

本章知识点之间的逻辑关系可见思维导图。

9.1 决策论概述

决策论起源于20世纪40年代，是一个有关决策过程、准则、类型及方法的理论体系。[1][2]它把第二次世界大战以后发展起来的运筹学、计算机科学等综合应用于管理决策，形成决策分析的理论基础。

1944年，美国学者赫尔伯特·西蒙[3]在《决策与行政组织》一文中初步提出了决策理论的轮廓。1947年，他又出版了《管理行为——管理组织决策过程的研究》一书，该书成为决策理论方面最早的专著。1958年，他与马奇合作出版了《组织》一书，将“决策人”作为一种独立的管理模式。1959年和1960年他又出版了《经济学和行为科学中的决策理论》和《管理决策新科学》两本专著，为决策论研究作出了开创性贡献。正是因为“对经济组织内的决策程序所进行的开创性研究”，1978年他获得了诺贝尔经济学奖。

在决策论方面做出贡献的科学家及其著作还有很多。例如20世纪50年代，美国学者A. 瓦尔德的《统计决策理论》一书，阐述了决策论的一些基本概念，如条件概率、贝叶斯公式、效用函数等。1961年，美国学者H·赖法（H. Raiffa）与R. O. 施莱弗的《应用统计决策理论》一书出版，使决策论具备了学科分支的雏形。1966年，美国学者R. 霍华德在《决策分析：应用决策理论》一书中，将决策分析列为决策理论的应用分支。

A. 瓦尔德

决策和对策一样，都在国家战略、政策制定、生产建设、经济管理、军事指挥等领域有着广泛应用，所以备受关注和重视。决策论和对策论都聚焦于决策者在各种竞争场合下做出决策。但二者也有一定的区别。决策论中，决策的对象往往是客观事物，客观事物即使有不确定性，更多的也是稳定性和规律性。而在对策论中，决策者面临的往往是一个活的对手，对手具有反向决策的主动能力，所以决策者只能从最不利的情况出发，稳中求胜，或把损失降到最低。

决策论发展至今，其概念的描述不下百种，但尚未形成统一的看法。归纳诸多界定，基本有以下三种理解：① 把决策看作一个包括提出问题、确立目标、设计和选择方案的过程。这是广义的理解。② 把决策看作从几种备选的行动方案中做出最终抉择，是决策者的拍板定案。这是狭义的理解。决策论权威专家、诺贝尔奖获得者赫尔伯特·西蒙指出："管理就是决策。"西蒙认为，管理的核心就是决策，决策是对稀有资源备选分配方案进行选择排序的过程。学者格雷戈里（Geoffrey Gregory）1988 年在《决策分析》中提及[4]，决策是决策者对将采取的行动方案的选择过程。③ 认为决策是对不确定条件下发生的偶发事件所做的处理决定。这类事件既无先例，又没有可遵循的规律，做出选择要冒一定的风险。也就是说，只有冒一定风险的选择才是决策。这是对决策概念最狭义的理解。

9.1.1 决策分析的基本概念

1. 决策

决策分为狭义和广义二种。狭义决策认为决策就是做决定，单纯强调最终结果；广义决策将管理过程的行为都纳入决策范畴，认为决策贯穿于整个管理过程中。

2. 决策目标

决策目标是决策者希望达到的状态、工作努力的目的。一般而言，在管理决策中决策者追求的是利益最大化。

3. 决策准则

决策准则是决策判断的标准、备选方案的有效性度量。

4. 决策属性

决策属性是决策方案的性能、质量参数、特征和约束，如技术指标、重量、年龄、声誉等，用于评价它达到目标的程度和水平。

5. 科学决策

任何科学决策的形成都必须执行科学的决策程序，如图 9-1 所示。决策最忌讳的就是决策者拍脑袋决策，只有经历过图 9-1 所示的“预决策→决策→决策后”三个阶段，才有可能产生科学的决策。

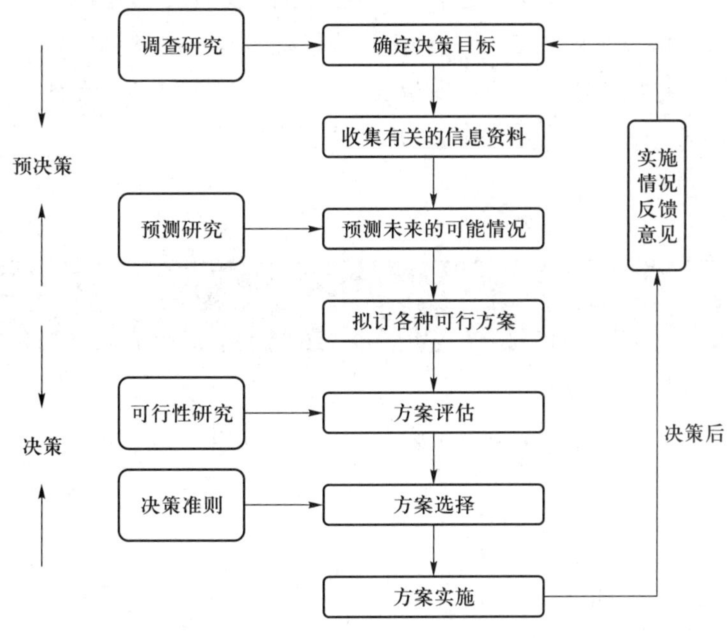

图 9-1 科学决策过程

决策的基本要素包括决策者、决策方案、状态、状态概率和结局[5]。

（1）决策者。决策的主体，一个人或团体。

（2）决策方案。两个或两个以上可供选择的行动方案，记为 d_j。

（3）状态（事件）。决策实施后可能遇到的自然状况，记为 θ_i。

（4）状态概率。对各状态发生可能性大小的主观估计，记为 $p(\theta_i)$。

（5）结局（损益）。当决策 d_j 实施后遇到的状态 θ_i 所产生的效益（利润）或损失（成本），记为 μ_{ij}，用损益表表 9-1 表示。

表 9-1

θ_i \ d_j	d_1	…	d_n
θ_1	μ_{11}	…	μ_{1n}
⋮	⋮	…	⋮
θ_m	μ_{m1}	…	μ_{mn}

例 9-1　某厂需要对明年的生产投资做出决策：是增加设备投资还是维持现状？该厂产品明年在市场上的销售情况可能有 3 种：销量大、销量中、销量小。若增加设备投资，遇到各种情况后的收益（万元）分别为 80、20、-5；若维持现状，遇到各种情况后的收益（万元）分别为 40、7、1。

解：设决策方案 d_1 为增加设备投资；d_2 为维持现状；状态 θ_1为销量大；θ_2为销量中；θ_3为销量小。则损益表如表 9-2 所示。

表 9-2

d_j / θ_i	d_1	d_2
θ_1	80	40
θ_2	20	7
θ_3	-5	1

9.1.2　决策的分类

1. 按决策的影响范围分类

可将决策分为战略决策、策略决策、执行决策，或为战略计划、管理控制、运行控制。战略决策是有关某组织发展与生存的全局性长远性问题的决策。策略决策是为完成战略决策所规定的目的而进行的决策。执行决策是根据策略决策的要求对执行行为方案的选择。

对企业而言：战略决策是指有关企业的发展方向的重大全局决策，由高层管理人员做出；策略决策是指为保证企业总体战略目标的实现而解决局部问题的重要决策，由中层管理人员作出；执行决策是指基层管理人员为解决日常工作和作业任务中的问题所作的决策。

就企业组织结构来讲，一般可以分成三个管理决策层次，即决策层、执行层和操作层。组织的层次划分通常呈现金字塔式，即决策层的管理者少，执行层的管理者多一些，操作层的管理者更多。通常也称决策层的管理者为高层管理者，执行层的管理者为中层管理者，操作层的管理者为基层管理者。

2. 按决策的状态空间分类

可将决策分为确定型决策、不确定型决策和风险型决策。

确定型决策是指状态（事件）只有一种，作出选择的结果也只有一种。

不确定型决策是指状态（事件）不止一种，且决策者对状态（事件）发生的概率未知，即无法估计状态（事件）的发生概率。

风险型决策是指状态（事件）不止一种，但决策者对状态（事件）发生的概率是已知的。

3. 按决策的性质分类

可将决策分为程序化决策和非程序化决策。

程序化决策是指经常重复发生的，能按照原已规定的程序、处理方法和标准进行的决策。

非程序化决策是指具有极大偶然性、随机性，又无先例可循，并且具有大量不确定的决策活动，其方法和步骤也难以程序化、标准化，不能重复使用。

当然，大部分决策问题属于两者之间的半程序化决策问题。

三者之间的区别如表 9-3 所示。

表 9-3

决策类型	传统方法	现代方法
程序化	现有的规章制度	运筹学、管理信息系统（MIS）
半程序化	经验、直觉	灰色系统、模糊数学等方法
非程序化	经验、应急创新能力	人工智能、风险应变能力培训

4. 按决策支持的角度分类

可将决策分为结构化决策、半结构化决策和非结构化决策。

结构化决策问题相对比较简单直接，其决策过程和决策方法有固定的规律可循，能用明确的语言和模型加以描述，并可依据一定的通用模型和决策规则实现决策过程的基本自动化。早期的多数管理信息系统，能够求解这类问题，例如，应用运筹学方法等求解资源优化问题、饲料配方、生产计划、调度等。

非结构化决策问题是指决策对象较为复杂，决策过程和决策方法难有固定的规律可循，也难有固定的规则和通用模型可依，决策者的主观行为（学识、经验、直觉、判断力、洞察力、个人偏好和决策风格等）对各阶段的决策效果有相当程度的影响。这类决策往往是决策者根据被决策对象的情况和掌握的数据临机决定，如疾病诊断、演艺选秀、人员招聘等。

半结构化决策问题介于上述两者之间，其决策过程和决策方法有一定的规律可循，但又不能完全确定，即有所了解但不全面，有所分析但不确切，有所估计但不确定。这样的决策问题一般可适当建立模型，但无法确定最优方案，如市场开发、经费预算等。

5. 按定性和定量分类

可将决策分为定量决策、定性决策和定性定量相结合决策。

定量决策是指描述决策对象的指标都可以量化。

定性决策是决策者根据所掌握的信息，通过对事物运动规律的分析，在把握事物内在本质联系基础上所进行的决策。

定性决策的方法主要有：① 头脑风暴法。也称思维共振法、专家意见法，即通过有关专家之间的信息交流，引起思维共振，产生组合效应，从而导致创造性思维。② 德尔菲法。这种方法以匿名的方式，通过几轮函询来征求专家的意见，预测小组将每轮意见汇总整理后作为参考再发给各专家，供他们分析判断，以提出新的论证。几轮反复后，专家意见趋于一致，最后供决策者进行决策。③ 哥顿法。这种方法与头脑风暴法原理相似，先由会议主持人把决策问题向会议成员作笼统的介绍，然后由会议成员（专家成员）海阔天空地讨论解决方案；当会议进行到适当时机时，决策者将决策的具体问题展示给小组成员，使小组成员的讨论进一步深化，最后由决策者吸收讨论结果，进行决策。④ 其他定性决策的方法，如淘汰法、环比法、归类法等。

定性定量相结合是现代决策的一种趋势。从定性到定量的综合集成法是钱学森针对开放的复杂社会系统而提出的一种方法体系。该方法提出后，对我国社会政治、经济领域决策科学化起到了极大的促进作用，受到了社会各界的广泛重视，并对其进行了大量的理论探讨与实践应用。该方法被认为是目前在社会、经济领域中进行决策活动较科学的方法论体系。

6. 按目标的数量分类

可将决策分为单目标决策和多目标决策。

单目标决策是指只有一个决策目标的决策。

多目标决策是指方案的选择取决于多个目标的满足程度。

7. 按决策过程的连续性分类

可将决策分为单项决策和序贯决策。

单项决策是指整个决策过程只作一次决策就能得到结果。

序贯决策是指整个决策过程由一系列决策组成。一般来讲，管理活动都是由一系列决策组成的，但在这一系列决策中往往有几个关键环节，可以把这些关键环节的决策分别看作单项决策。

8. 按决策者的数量分类

可将决策分为个人决策和群决策。

个人决策是指由一个人单独作出决策。

群决策是为充分发挥集体智慧，由多人共同参与决策分析并做出决策的整体过程。

9. 按问题大小分类

可将决策分为宏观决策和微观决策。

宏观决策是指站在全局角度进行的决策。

微观决策是指涉及区域性或局部性具体问题的决策。一般指地方、部门和基层单位的决策，具有枝节性、技术性和依附性特征。

以上分类可以用表 9-4 表示。

表 9-4 决策的基本分类

分类原则	决策分类
按影响范围	战略决策、策略决策、执行决策
按状态空间	确定型决策、不确定型决策、风险型决策
按决策性质	程序化决策、半程序化决策、非程序化决策
按决策支持的角度	结构化决策、半结构化结构和非结构化决策
按定性和定量	定性决策、定量决策
按目标数量	单目标决策、多目标决策
按决策过程的连续性	单项决策、序贯决策
按决策者数量	个人决策、群决策
按问题大小	宏观决策、微观决策

9.1.3 决策的基本过程

一般来说，决策的过程包括以下几个方面[6]：

1. 确定决策目标

根据决策目标在决策中的地位与重要程度，一般将它分为三类：① 必须达到的目标，这是绝对重要的决策目标；② 希望完成的目标，这是相对重要的决策目标；③ 不予重视的目标，这是重要性程度最低的决策目标。

在确定决策目标时必须注意以下几个问题：① 要把目标建立在需要与可能的基础上；② 要使目标明确、具体，并尽可能数量化，以便于衡量决策的实施效果；③ 要明确目标的约束条件；④ 要明确主要目标。

2. 收集信息

在收集信息的过程中，开始时比较客观、无倾向性，以后逐渐变得主观、有倾向性。

3. 提出方案

在对企业的环境进行分析判断之后，拟出两个或两个以上的可行方案，以供进一步的评价与选择。

4. 预决策过程

即评价备选方案。评价备选方案的标准是看哪一个方案最有利于达到决策目标。评价的方法有经验判断法、数学分析法、试验法等。

5. 方案优选

在对几个备选方案进行总体评价之后，由决策者选择一个最好的可行方案。

6. 决策

决策的目的在于作出决策、付诸实施。决策的正确与否和效果如何，都要根据具体的执行结果来验证。决策的执行结果，不仅取决于决策方案的选择，而且取决于执行过程中的工作质量。因此，制定相应的实施办法是至关重要的。同时，实施过程也是一个信息反馈过程，通过反馈，主动寻找问题，补充、修改决策，以争取满意的决策效果。

9.1.4 决策模型

决策模型是用于经营决策的数学模型，起源于传统经济学理论。传统经济学理论是以“经济人”的假设为前提的，舍弃了一些次要变量，使问题的分析得以简化，形成有效的分析框架，能用来解释经济中的诸多现象。任何决策问题构成决策模型，都包含以下几个要素：

（1）决策者。决策者可以是个人，也可以是组织，一般指领导者或领导集体。

（2）决策方案。即可供选择的行动或策略。参谋人员的作用是为决策者提供两个或两个以上的可行方案。这里包括了解研究对象的属性，确定目的和目标。

（3）状态。即不为决策者所控制的客观存在的形态或事物的态势。它们是不以人们意志为转移的不可控因素。

（4）准则。是衡量选择方案，包括目的、目标、属性、正确性的标准。在决策时有单一准则和多准则之分。

（5）收益。每一事件发生或产生的某种结果。

决策者会将每一个方案，在不同的自然状态下的收益值（程度）或损失值（程度）计算（估算）出来，经过比较后，按照决策者的价值偏好，理性选出其中最佳者。[7]决策者要做到理性决策，应该具备以下基本条件：

（1）在决策过程中必须获得全部有效的信息。

（2）寻找出与实现目标相关的所有决策方案。

（3）能够准确地预测每一个方案在不同客观条件下所能产生的结果。

（4）非常清楚那些直接或间接参与公共政策制定的人们的社会价值偏向及其所占的相对比重。

（5）可以选择出最优化的决策方案。

9.2 不确定型决策

不确定型决策是指决策者对状态发生的概率一无所知。这时决策者是根据自己的主观倾向进行决策。根据决策者的不同主观态度，可以区分出悲观主义、乐观主义、折中主义、等可能性、最小机会损失五种决策准则[5]。

9.2.1 不确定型决策的决策模型

例 9-2 设某企业按批生产某种产品并按批销售。每批产品中每件产品的成本为 30 元，批发价格为每件 35 元。若每月生产的产品当月销售不完，则每件损失 1 元。企业每投产一批是 10 件，最大月生产能力是 40 件，决策者可供选择的方案为生产 0 件、10 件、20 件、30 件、40 件五种，假设决策者对产品的需求信息一无所知，试问这时应该如何决策？[5]

这个问题可以用决策矩阵来描述。决策者可选的行动方案有五种，这是他的策略集合，记作 $\{S_i\}$，$i=1, 2, \cdots, 5$。经分析，他可断定将发生五种销售状态，即销售量为 0 件、10 件、20 件、30 件、40 件。但不知它们发生的概率。这就是状态（事件）集合，记作 $\{E_j\}$，$j=1, 2, \cdots, 5$。每个“策略—状态（事件）”对都可以计算出相应的收益或损失。如选择月产量为 20 件、销售量为 10 件时，收益额为：

$$10\times(35-30)-1\times(20-10)=40\ (\text{元})$$

可以一一计算出各“策略—状态（事件）”对应的收益或损失值。记作 a_{ij}。将这些数据汇总在矩阵中，见表 9-5。

表 9-5

		状态（事件）E_j				
		0	10	20	30	40
策略 S_i	0	0	0	0	0	0
	10	-10	50	50	50	50
	20	-20	40	100	100	100
	30	-30	30	90	150	150
	40	-40	20	80	140	200

这就是决策矩阵。根据决策矩阵中元素所示的含义不同，可分为收益矩阵、损失矩阵、风险矩阵、后悔值矩阵等。

9.2.2 悲观主义（max min）决策准则

悲观主义准则也称保守主义决策准则、瓦尔德决策准则或小中取大的准则。当决策者不知道各种自然状态中任一种发生的概率，决策目标是避免最坏的结果，力求风险最小。决策者考虑到，如果决策错误将会造成重大损失，因此在处理问题时会非常谨慎。决策者会分析各种最坏结果，从中选择最好者，以它对应的策略为决策策略，用符号表示为 max min 决策准则[5]。

在运用悲观主义准则进行决策时，首先要确定每一可选方案的最小收益值，将它们列于表的最右列。然后从这些方案的最小收益值中，选出一个最大值，与该最大值相对应的方案就是决策者所选择的方案。计算见表 9-6。

表 9-6

		状态（事件）E_j					min
		0	10	20	30	40	
	0	0	0	0	0	0	0←max
策	10	-10	50	50	50	50	-10
略	20	-20	40	100	100	100	-20
S_i	30	-30	30	90	150	150	-30
	40	-40	20	80	140	200	-40

根据 max min 决策准则，有 max{0，-10，-20，-30，-40}=0。对应的策略为 S_1，故 S_1 是决策者应选的最优策略。其含义是“产量为 0，即什么也不生产”。这一决策不一定是一个荒谬的决策，因为它意味着需要先看一看，以后再作决定。

上述计算用公式表示即为：

$$S_k^* \rightarrow \max_i \min_j (a_{ij}) \tag{9-1}$$

9.2.3　乐观主义（max max）决策准则

乐观主义决策准则也称冒险主义准则、赫威斯决策准则、大中取大的准则。决策者不知道各种自然状态中任一种可能发生的概率，决策的目标是在最好自然状态下获得最大利润。决策者对待风险的态度，显然与悲观主义者不同，当他面临情况不明的策略问题时，绝不放弃任何一个获得最好结果的机会，以争取好中之好的乐观态度来选择他的决策策略，用符号表示为 max max 决策准则[5]。

当运用乐观主义准则进行决策时，首先确定每一可选方案的最大利润值，记在表中最右列。然后，在这些方案的最大利润中选出一个最大值，与该最大值相对应的那个方案就是决策者所选择的方案。计算见表 9-7。

表 9-7

		状态（事件）E_j					max
		0	10	20	30	40	
	0	0	0	0	0	0	0
策	10	−10	50	50	50	50	50
略	20	−20	40	100	100	100	100
S_i	30	−30	30	90	150	150	150
	40	−40	20	80	140	200	200←max

根据 max max 准则，有 max{0，50，100，150，200}＝200。对应的策略为 S_5，故 S_5 是决策者应选的最优策略。其含义是“产量为 40，即尽可能地多生产”。

上述计算用公式表示即为：

$$S_k^* \to \max_i \max_j (a_{ij}) \tag{9-2}$$

9.2.4 折中主义决策准则

当用悲观主义决策准则或乐观主义决策准则来处理问题时，有决策者认为这样选择太极端了，于是考虑将这两种决策准则进行综合。令 α 为乐观系数，且 $0\leqslant \alpha \leqslant 1$。并用以下关系式表示：

$$H_i = \alpha \cdot a_{i\max} + (1-\alpha) a_{i\min}$$

$a_{i\max}$，$a_{i\min}$ 分别表示第 i 个策略可能得到的最大收益值与最小收益值。设 $\alpha = 1/2$，将计算得到的 H_i 记在表 9-8 的右端。然后选择：

$$S_k^* \to \max_i \{H_i\} \tag{9-3}$$

表 9-8

		状态（事件）E_j					$\alpha_{i\max}$	$\alpha_{i\min}$	H_i
		0	10	20	30	40			
	0	0	0	0	0	0	0	0	0
策	10	−10	50	50	50	50	50	−10	20
略	20	−20	40	100	100	100	100	−20	40
S_i	30	−30	30	90	150	150	150	−30	60
	40	−40	20	80	140	200	200	−40	80←max

本例的决策策略为 max{0，20，40，60，80}=80。对应的策略为 S_5，故 S_5 是决策者应选的最优策略。

9.2.5 等可能性（Laplace）决策准则

等可能性准则是 19 世纪法国数学家拉普拉斯（Laplace）提出的。他认为：当一个人面临某事件集合，在没有什么确切理由来说明这一事件比另一事件有更多发生机会时，只能认为各事件发生的机会是均等的。即每一事件发生的概率都是 1/事件数。决策者计算各策略的收益期望值，然后在所有这些期望值中选择最大者，以它对应的策略为决策策略[5]。对例 9-2，计算结果见表 9-9。

表 9-9

		状态（事件）E_j					$E(S_i)=\sum_j \frac{1}{5}a_{ij}$
		0	10	20	30	40	
策略 S_i	0	0	0	0	0	0	0
	10	-10	50	50	50	50	38
	20	-20	40	100	100	100	64
	30	-30	30	90	150	150	78
	40	-40	20	80	140	200	80←max

根据 Laplace 准则，有 max{0，38，64，78，80}=80。对应的策略为 S_5，故 S_5 是决策者应选的最优策略。

上述计算用公式表示即为：

$$S_k^* \to \max_i \{E(S_i)\} \tag{9-4}$$

9.2.6 最小机会损失（Savage）决策准则

最小机会损失决策准则，也称最小遗憾值决策准则或 Savage 决策准则。首先将收益矩阵中各元素变换为每一“策略—状态（事件）”对的机会损失值（遗憾值、后悔值）。其含义是：当某一状态（事件）发生后，由于决策者没有选用收益最大的策略而形成的损失值。

设 a_{ik} 为某状态（事件）k 发生后的收益最大者，则：

$$a_{ik}=\max_i(a_{ik})$$

这时各策略的机会损失值为：

$$a'_{ik}=\{\max_i(a_{ik})-a_{ik}\} \quad (i=1, 2, \cdots, 5)$$

计算结果见表 9-10（损失矩阵）。

表 9-10

		状态（事件）E_j					max
		0	10	20	30	40	
策略 S_i	0	0	50	100	150	200	200
	10	10	0	50	100	150	150
	20	20	10	0	50	100	100
	30	30	20	10	0	50	50
	40	40	30	20	10	0	40←min

根据 Savage 准则，有 min{200，150，100，50，40}=40。对应的策略为 S_5，故 S_5 是决策者应选的最优策略。

上述计算用公式表示即为：

$$S_k^* \to \min_i \max_j (a'_{ij}) \tag{9-5}$$

在分析产品废品率时，应用本决策准则比较适宜。

9.3 风险型决策

风险型决策是指决策者对客观情况不甚了解，但可通过调查、过去经验或主观估计等途径，获得将要发生的各状态（事件）的概率。在风险型决策中，一般采用期望值作为决策准则，常用的有最大期望收益决策准则和最小机会损失决策准则。

视频：风险型决策（收费资源）

9.3.1 最大期望收益（Expected monetary value，EMV）决策准则

决策矩阵的各元素代表“策略—状态（事件）”对的收益值，设各状态

（事件）发生的概率为 p_j，先计算各策略的期望收益值：

$$EMV_i = \sum_{j=1}^{n} p_j a_{ij} \quad (i=1, 2, \cdots, m)$$

然后从这些期望收益值中选取最大者，它对应的策略为决策者应选策略。即

$$EMV^* = \max\{EMV_i\} \rightarrow S_k^*$$

例如，对例 9-2，假设销售量为 0 件、10 件、20 件、30 件、40 件的概率分别为 0.1、0.2、0.4、0.2、0.1。其他数据不变，计算结果见表 9-11。

表 9-11

		事件 E_j					$\sum_j p_j a_{ij}$
		0	10	20	30	40	
		0.1	0.2	0.4	0.2	0.1	
策略 S_i	0	0	0	0	0	0	0
	10	-10	50	50	50	50	44
	20	-20	40	100	100	100	76
	30	-30	30	90	150	150	84←max
	40	-40	20	80	140	200	80

根据 EMV 决策准则，有 max{0，44，76，84，80} = 84。对应的策略为 S_4，故 S_4 是决策者应选的最优策略。

上述计算用公式表示即为：

$$S_k^* \rightarrow \max_i \sum_j p_j a_{ij} \tag{9-6}$$

EMV 决策准则适用于一次决策多次重复进行生产的情况，所以它是平均意义下的最大收益。

9.3.2 最小机会损失（Expected opportunity loss，EOL）决策准则

决策矩阵的各元素代表“策略—状态（事件）”对的机会损失值，设各状态（事件）发生的概率为 p_j，先计算各策略的期望损失值：

$$EOL_i = \sum_{j=1}^{n} p_j a'_{ij} \quad (i=1, 2, \cdots, m)$$

然后从这些期望损失值中选取最小者，它对应的策略为决策者应选策

略。即

$$EOL^{*}=\min\{EOL_i\}\to S_k^{*}$$

表上运算与上述相似。例如，对例 9-2，假设销售量为 0 件、10 件、20 件、30 件、40 件的概率分别为 0.1、0.2、0.4、0.2、0.1。其他数据不变，计算结果见表 9-12。

表 9-12

		事件 E_j					$\sum_{j=1}^{n} p_j a'_{ij}$
		0	10	20	30	40	
		0.1	0.2	0.4	0.2	0.1	
策略 S_i	0	0	50	100	150	200	100
	10	10	0	50	100	150	56
	20	20	10	0	50	100	24
	30	30	20	10	0	50	16←min
	40	40	30	20	10	0	20

根据 EOL 决策准则，有 min{100，56，24，16，20}=16。对应的策略为 S_4，故 S_4 是决策者应选的最优策略。

上述计算用公式表示即为：

$$S_k^{*}\to\min_i\sum_j p_j a'_{ij} \tag{9-7}$$

EOL 决策准则也是适用于一次决策多次重复进行生产的情况，所以它是平均意义下的最小损失。

9.3.3 风险型决策的决策树（Decision Tree）方法

风险型决策的期望值法既可用表格表示，也可用树状图表示，后者称决策树法。决策树法用树状图来描述各方案在不同情况（或自然状态）下的期望收益，据此计算并比较每种方案的期望收益，从而作出决策。决策树的基本形状如图 9-2 所示。

图 9-2 显示了具有两个方案、两种自然状态的决策树结构。

从图中可以看出，决策树由决策节点、状态节点、结果节点（收益）组成。

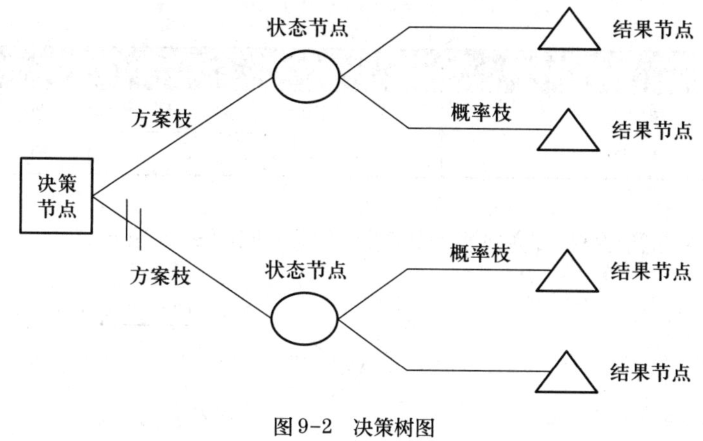

图 9-2 决策树图

决策树中各符号表达的含义如下：

—□：决策节点。节点上数字为决策后最优方案的益损期望值。从它引出的分枝叫方案分枝。

—○：方案节点。节点中数字为节点号，节点上的数据是该方案的益损期望值。从它引出的分枝叫状态分枝。在分枝上表明状态及出现的概率。

—△：结果节点。节点后数字为每一个方案在相应状态下的益损值。

||：剪枝。经过比较，选择删除此方案。

利用决策树进行决策，可按三个步骤进行：① 绘制决策树图——从根部到枝部（从左至右）顺序画决策树。问题的益损矩阵就是决策树的框图。② 计算过程——从枝部到根部（从右至左）顺序计算每个行动方案下的益损期望值，并将结果写在相应方案的节点上。③ 剪枝——比较各行动方案的值，将最大的期望值保留，同时截去其他方案的分枝。

例 9-3 某工厂为了制造某种产品，设计了两个基本建设方案：一个是建大工厂，一个是建小工厂。建大工厂需要投资 300 万元，建小工厂需要投资 160 万元。两者的作用期都是 10 年，估计产品销路好的可能性是 0.7，产品销路差的可能性是 0.3。两个方案的年度收益如表 9-13 所示，试作出建大工厂还是建小工厂的决策。

表 9-13

	销路好	销路差
建大工厂	100	-20
建小工厂	40	10

解：从根部到枝部绘制该问题的决策树，如图 9-3 所示。

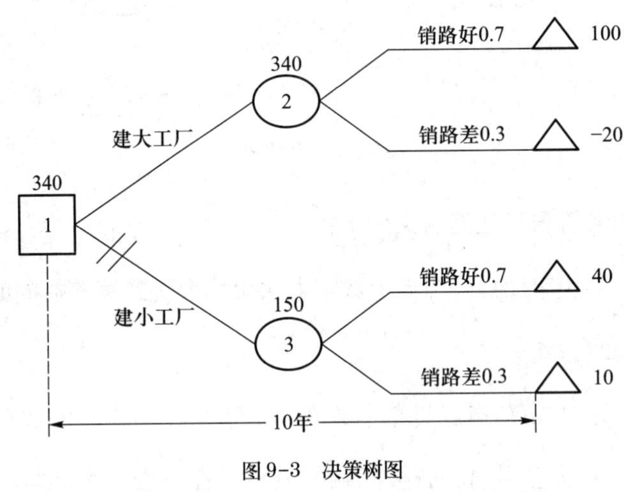

图 9-3　决策树图

计算每个节点的益损期望值：

方案 1（节点 2）的期望收益为：

$$[0.7\times100+0.3\times(-20)]\times10-300=340\text{（万元）}$$

方案 2（节点 3）的期望收益为：

$$(0.7\times40+0.3\times10)\times10-160=150\text{（万元）}$$

计算结果表明，在两种方案中，方案一最好。保留方案一的分枝，截去方案二的分枝。

如图 9-3 所示，这个问题的决策为：选择方案一，建大工厂，收入期望值为 340 万元。

例 9-4　对例 9-3，假设分为前三年和后七年两期考虑。根据市场预测，前三年销路好的可能性是 0.7，销路差的可能性是 0.3。后七年，如果前三年销路好则后七年销路好的可能性为 0.9，销路差的可能性为 0.1；如果前三年销路差，则后七年销路肯定差。在这种情况下，该工厂又应如何决策？

解：首先绘制该问题的决策树，如图 9-4 所示。

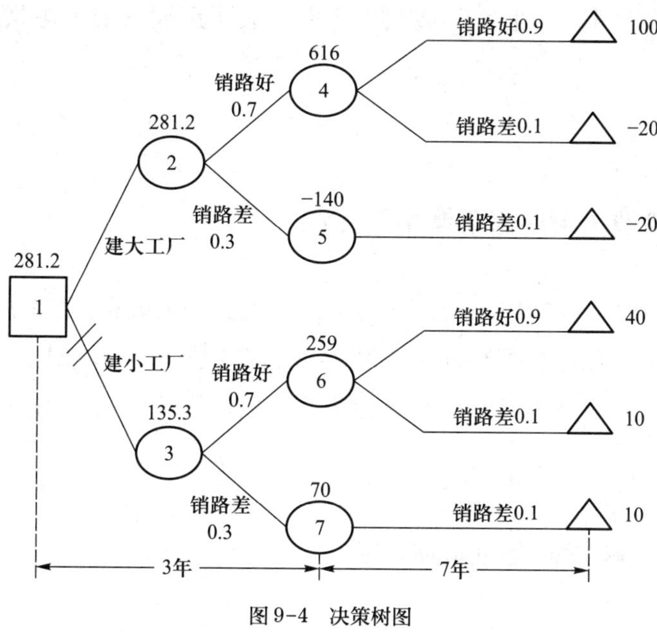

图 9-4 决策树图

计算每个节点的期望值（从枝部到根部）：

节点 4 的期望收益为：

$$[0.9\times100+0.1\times(-20)]\times7=616\text{（万元）}$$

节点 5 的期望收益为：

$$1\times(-20)\times7=-140\text{（万元）}$$

节点 6 的期望收益为：

$$(0.9\times40+0.1\times10)\times7=259\text{（万元）}$$

节点 7 的期望收益为：

$$1\times10\times7=70\text{（万元）}$$

节点 2 的期望收益为：

$$[0.7\times100+0.3\times(-20)]\times3+0.7\times616+0.3\times(-140)-300=281.2\text{（万元）}$$

节点 3 的期望收益为：

$$(0.7\times40+0.3\times10)\times3+0.7\times259+0.3\times70-160=135.3\text{（万元）}$$

计算结果表明，在两种方案中，方案一最好。保留方案一的分枝，截去方案二的分枝。

如图 9-4 所示，这个问题的决策为：选择方案一，建大工厂，收入期望值为 281.2 万元。

需要说明的是，在上面的计算过程中，没有考虑货币的时间价值，这是为了使问题简化。但实际情况中，多阶段决策通常要考虑货币的时间价值。

9.4 风险型决策中修正概率的方法

在决策过程中，决策者经常遇到的困难是没有掌握充分的信息。这就要求决策者通过调查、试验等途径获得更多更确切的信息，以便更理性地作出决策。用新的补充信息修正已有信息，可以利用贝叶斯（Bayes）公式来实现。

9.4.1 修正概率的贝叶斯方法

决策者经常碰到的问题是一开始没有掌握充分的信息，对原来的状态参数提出某一概率分布，后又通过调查及做试验等途径获得更多更确切的信息，修正概率可以利用贝叶斯方法来实现，它体现了最大限度地利用现有信息，并加以连续观察和重新估计的科学决策思维。

先复习几个概念。

主观概率：不通过试验确定，依据过去的信息或经验由决策者估计的概率。

客观概率：用随机试验确定出的概率。

先验概率：未收到新信息时，根据已有信息和经验估计出的概率。

后验概率：收到新信息，修正后的概率。

条件概率：在事件 B 已经发生的条件下，事件 A 发生的概率，称为事件 A 在给定 B 下的条件概率。

$$P(A\mid B)=\frac{P(AB)}{P(B)}$$

贝叶斯公式：

若 B_1，B_2，…，B_n 构成一个完备事件，$P(B_i)>0$，则对任何概率不为零的事件 A，有：

$$P(B_i/A)=\frac{P(B_i)P(A/B_i)}{\sum P(B_i)P(A/B_i)}\ (i=1,\ 2,\ \cdots,\ n) \qquad (9\text{-}8)$$

此公式为后验概率。

9.4.2　贝叶斯公式的应用

例 9-5　某钻井大队在某地进行石油勘探，主观估计该地区为有油（θ_1）地区的概率为 $P(\theta_1)=0.5$，没油（θ_2）的概率为 $P(\theta_2)=0.5$。为提高勘探效果，需要通过地震试验获取新的信息。根据试验积累数据得知：有油地区，试验结果好的概率 $P(F|\theta_1)=0.9$，试验结果不好的概率 $P(U|\theta_1)=0.1$；无油地区，试验结果好的概率 $P(F|\theta_2)=0.2$，试验结果不好的概率 $P(U|\theta_2)=0.8$。[5]

求：在该地区做地震试验后，有油和无油的概率各为多少？

解：地震试验结果好的概率为：

$$P(F)=P(\theta_1)P(F|\theta_1)+P(\theta_2)P(F|\theta_2)$$
$$=0.5\times0.9+0.5\times0.2=0.55$$

地震试验结果不好的概率为：

$$P(U)=P(\theta_1)P(U|\theta_1)+P(\theta_2)P(U|\theta_2)$$
$$=0.5\times0.1+0.5\times0.8=0.45$$

用贝叶斯公式求解各事件的后验概率为：

地震试验结果好的条件下有油的概率为：

$$P(\theta_1|F)=\frac{P(\theta_1)P(F/\theta_1)}{P(F)}=\frac{0.45}{0.55}=\frac{9}{11}$$

地震试验结果好的条件下无油的概率为：

$$P(\theta_2|F)=\frac{P(\theta_2)P(F/\theta_2)}{P(F)}=\frac{0.10}{0.55}=\frac{2}{11}$$

地震试验结果不好的条件下有油的概率为：

$$P(\theta_1|U)=\frac{P(\theta_1)P(U/\theta_1)}{P(U)}=\frac{0.05}{0.45}=\frac{1}{9}$$

地震试验结果不好的条件下无油的概率为：

$$P(\theta_2|U)=\frac{P(\theta_2)P(U/\theta_2)}{P(U)}=\frac{0.40}{0.45}=\frac{8}{9}$$

9.5 效用理论在决策中的应用

9.5.1 效用、效用曲线及最大期望效用值决策准则

前面讨论风险型决策问题，没有考虑人的主观因素，如个人性格、好恶、倾向性等，但决策者个人的主观因素在决策过程中的影响是不容忽视的。

例如，某农场每年发生各种灾害性事故（水灾、地震等）的概率为0.5‰，灾害损失最大为20万元。若参加保险，每年需支付保险金3 000元，那么农场是否应购买保险呢？不购买保险的期望损失值为200 000×0.000 5+0×0.999 5=100元，从最小期望损失值准则出发，可以选择不购买保险。但事实上，很少有人甘愿冒着灾害风险（虽然其可能性很小）而不购买保险。

又如，某顾客在某商场购买一定数量的货物后，按商场规定可领到一笔奖金，但有两种领奖办法：第一种是直接发给该顾客100元；第二种是抽签发奖，若抽中可得奖金300元，若抽不中，则得不到任何奖金。抽中与抽不中的概率各为50%。该顾客愿意按哪种办法领奖呢？按第二种办法得到奖金的期望值为300×0.5+0×0.5=150元，比第一种办法100元多50元，但有50%的可能得不到奖金，于是他决定选择第一种办法，稳得100元。若将第二种办法的奖金额增加到500元。其他条件不变。这时该顾客经考虑后认为，值得冒险，于是他选择第二种办法。若将第二种办法的得奖概率提高到80%，其他条件不变，该顾客经考虑后，认为值得冒险，于是也决定选择第二种办法。

从上面例子可以看出，同样一笔货币，在不同场合下，或在不同人面前，其价值在人们的主观感觉中有所不同。“效用”概念的引入，就是为了度量人们对货币价值的主观感受。效用实质上体现了决策者对风险的态度。

贝努利首次提出效用概念。他指出，人们对钱财真实价值的感受与其拥有的钱财数量之间存在对数关系，如图9-5所示。这就是贝努利货币效用函数。一般来说，货币值大，则效用值大，但货币值和效用值之间不是线性

关系。效用值一般在［0，1］上取值，凡决策者最看好、最倾向、最愿意拥有的事物效用值取 1；反之，效用值为 0。也可以用其他数值范围，如［0，100］。这如同水的冰点可以用 0 摄氏度表示，也可用 32 华氏度表示。

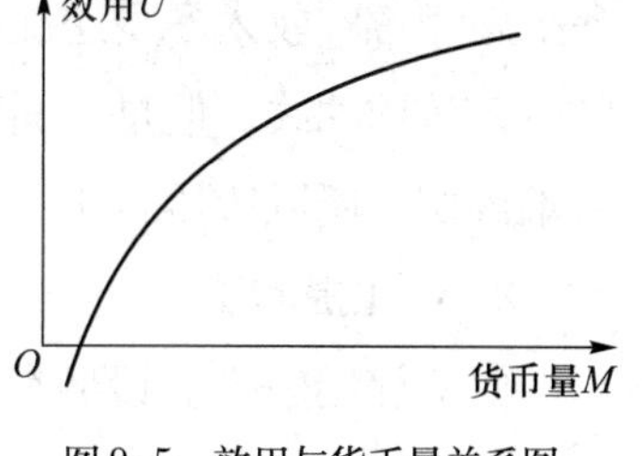

图 9-5　效用与货币量关系图

效用（Utility），就是用一种数量指标（无量纲）来表示决策者对风险的态度、对某事物的倾向或对某种后果的偏爱程度等主观因素的强弱程度。

通过效用指标，可将某些难以量化但又有质的差别的事物（事件）进行量化。例如，某人选择工作时面临多种方案，要考虑地点、工作薪资、住房情况等。可将考虑的因素都折合为效用值，得到各方案的综合效用值，然后按照最大期望效用值决策准则，选择期望效用值最大的方案。

在风险型决策中，如果每个方案的期望值相等，即再用最大期望值决策就不那么合理了，如表 9-14 所示。各方案的期望值相等，但各个方案不一定等价，这时可用最大期望效用值决策准则来解决这个矛盾。

表 9-14

	事件 1	事件 2	EMV
	0.5	0.5	
方案 1	300	-200	50
方案 2	200	-100	50

9.5.2　效用曲线的确定

效用曲线是用来反映决策后果的益损值对决策者的效用（益损值与效用值）之间的关系曲线。通常以益损值为横坐标，以效用值为纵坐标，把决策者对风险态度的变化在坐标系中描点而拟合成一条曲线。

确定效用曲线的基本方法有两种：一是直接提问法；二是对比提问法。

1. 直接提问法

直接提问法是向决策者提出一系列问题，需要决策者进行主观衡量并作出回答。例如向某决策者提问："月工资收入 8 000 元，您满意吗？那么收入多少您满意？收入多少您加倍满意？”这样不断提问与回答，可绘制决策者的收入效用曲线。但是，面对这样的直接提问，决策者回答往往比较含糊，很难确切，所以应用较少。

2. 对比提问法

此法使用较多。设现有 A_0，A_1 两种方案供选。A_0 表示决策者不需要花费任何风险可获益 x_0；A_1 有两种自然状态，可以概率 P 获得收益 x_1，以概率（$1-P$）获得收益 x_2，且 $x_1>x_0>x_2$。

令 y_i 表示效益 x_i 的效用值，则 x_0，x_1，x_2 的效用值分别表示为 y_0，y_1，y_2。若在某条件下，决策者认为 A_0，A_1 两方案等价，则有：

$$Py_1+(1-P)y_2=y_0 \tag{9-9}$$

4 个数 p，x_0，x_1，x_2 中给定 3 个，第 4 个变量通过向决策者提问的方法确定，从而求出效用值。

提问方式大致有三种：

（1）每次固定 x_0，x_1，x_2 的值，改变 p，提问决策者：“p 为何值时，认为 A_0 与 A_1 等价？”

（2）每次固定 p，x_1，x_2 的值，改变 x_0，提问决策者：“x_0 为何值时，认为 A_0 与 A_1 等价？”

（3）每次固定 p，x_0，x_2 的值，改变 x_1，提问决策者：“x_1 为何值时，认为 A_0 与 A_1 等价？”

在实际操作中，一般采用 V-M（Von Neumanu-Morgenstern）方法，即每次取 $P=0.5$，固定 x_1，x_2，利用

$$0.5y(x_1)+0.5y(x_2)=y(x_0) \tag{9-10}$$

改变 x_0 三次，提出三问，确定三点，即可绘制出决策者的效用曲线。

其绘制的步骤如下：

第一步，确定两个点作为参考点，一般选取决策问题中的最小与最大益损值所对应的效用值为 0 或 1。

第二步，将第一步假定的两个点，分别固定式 9-9 中的 x_1 与 x_2，通过咨询决策者，得到满足式 9-9 中的 x_0，并通过式 9-9 计算 $y(x_0)$，得到效用曲线上的一个点。

第三步，将已获得的点作为式 9-9 中新的 x_1 与 x_2，通过询问决策者，得到满足式 9-9 新的 x_0，并通过式 9-9 计算 $y(x_0)$，得到效用曲线的其他点，然后将这些点联结成一条光滑的曲线，即效用曲线。

例 9-6 设 $x_1 = 1\ 000\ 000$，$x_2 = -500\ 000$，取 $y(1\ 000\ 000) = 1$，$y(-500\ 000) = 0$。

第一问，当 x_0 为何值时，有 $0.5y(x_1)+0.5y(x_2)=y(x_0)$？

若答为 $x_0=-250\ 000$，那么 x_0 的效用值为：

$$y(-250\ 000)=0.5y(x_1)+0.5y(x_2)=0.5\times1+0.5\times0=0.5$$

得到图 9-6 中第一个点。

第二问，当 x_0'为何值时，有 $0.5y(x_1)+0.5y(x_0)=y(x_0')$？

若答为 $x_0'=75\ 000$，那么 x_0'的效用值为：

$$y(75\ 000)=0.5y(x_1)+0.5y(x_0)=0.5\times1+0.5\times0.5=0.75$$

得到图 9-6 中第二个点。

第三问，当 x_0''为何值时，有 $0.5y(x_0)+0.5y(x_2)=y(x_0'')$？

若答 $x''=-420\ 000$，则 x_0''的效用值为

$$y(-420\ 000)=0.5y(x_0)+0.5y(x_2)=0.5\times0.5+0.5\times0=0.25$$

得到图 9-6 中第三个点。

从而可绘出效用曲线，属于保守型。

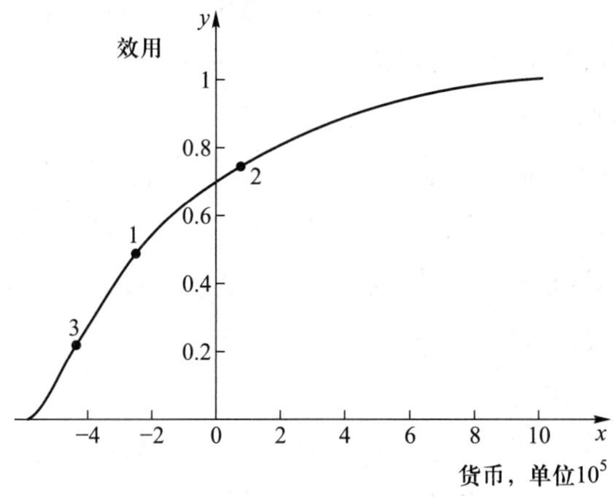

图 9-6 效用函线曲线图

9.5.3 效用曲线的种类

在直角坐标系中，用横坐标表示益损值，用纵坐标表示效用值，将某个决策者对风险态度的变化关系画出的曲线，称为某决策者的效用曲线（Utility Curve）。相应的函数称为效用函数（Utility Function），记作 $u(x)$。一

般来说，决策者不同，其主观特性不同，对应的效用曲线也不同。常见的效用曲线一般可分为保守型、冒险型、中间型和混合型四种。[5]

四种效用曲线的形状如图 9-7 所示。

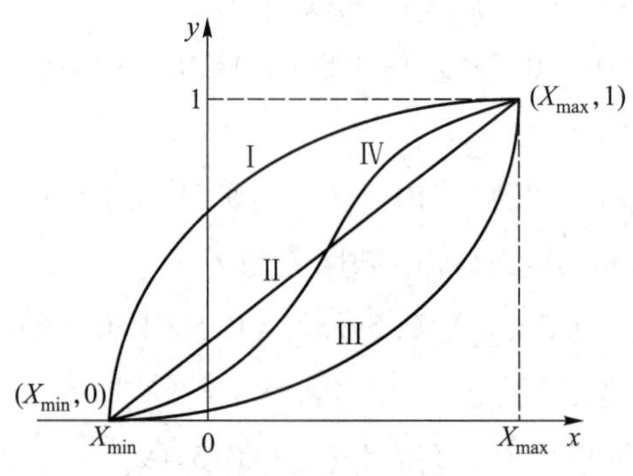

图 9-7 效用函线曲线图

1. 保守型效用曲线

图 9-7 中的曲线Ⅰ，严格上凸（下凹），表示效用随着消费者收入的增多而递增，但递增速度越来越慢，即边际效用递减。这样的决策者对于亏损特别敏感，而大的收益对他的吸引力却不是很大。这种类型的决策者容易满足，不求大利，只求避险。保守型决策者厌恶风险。

2. 冒险型效用曲线

图 9-7 中的曲线Ⅲ，下凸（上凹），表示效用随着消费者收入的增多而递增，而递增速度越来越快，即边际效用递增。曲线中间部分呈下凹形状，表示决策者专注于想获得大的收益而不十分关心亏损。这种类型的决策者不易满足。冒险型决策者喜欢风险。

3. 中间型效用曲线

图 9-7 中的直线Ⅱ，表示决策的效用与决策损益的货币效果呈线性关系。对应于这种效用函数的决策者对决策风险持中立态度，或认为决策的后果对大局无严重影响；或因为该项决策可以重复进行，从而获得平均意义上的成果，因而对决策的某项后果不予特别关注。由于这类效用函数是线性关系，因此，效用期望值最大的方案也就是收益期望值最大的方案。

4. 混合型效用曲线

图 9-7 中的直线Ⅳ，表示决策者在损益额不大时具有一定的冒险胆略，追求风险属于冒险型，但当损益额增大到一定的数量时，他就转化为厌恶风险的决策者了，变为保守型，其实这种类型更符合实际。

9.5.4 效用曲线的拟合

当需要用解析式来表示效用函数时，就要根据决策者测得的数据对效用函数进行拟合。常用的拟合函数有以下六种：[5]

1. 线性函数

$$U(x)=c_1+a_1(x-c_2)$$

2. 指数函数

$$U(x)=c_1+a_1(1-e^{a_2(x-c_2)})$$

3. 双指数函数

$$U(x)=c_1+a_1(2-e^{a_2(x-c_2)}-e^{a_3(x-c_3)})$$

4. 指数加线性函数

$$U(x)=c_1+a_1(1-e^{a_2(x-c_2)})+a_3(x-c_3)$$

5. 幂函数

$$U(x)=a_1+c_1a_2[c_2(x-a_3)]^{a_4}$$

6. 对数函数

$$U(x)=c_1+a_1\log(c_3x-c_2)$$

9.5.5 效用曲线及最大期望效用值决策准则的应用

例 9-7 投资者对某厂开发的甲、乙两种产品进行投资，已知甲产品销路好和销路差的概率均为 0.5，益损值分别为 300 万元和-200 万元；乙产品销路好和销路差的概率均为 0.5，益损值分别为 200 万元和-100 万元。试作出决策。

解：设 a_1，a_2 分别表示开发甲、乙产品的两个方案，则其期望益损值分别为：

$$E(a_1)=0.5\times300+0.5\times(-200)=50$$

$$E(a_2)=0.5\times200+0.5\times(-100)=50$$

两者期望益损值相等，按期望值最大准则很难作出决策，现用最大期望效用值决策准则来考虑这个问题。

假设已经得到投资者的效用曲线，如图 9-9 所示，得到：

$$u(300)=1,\quad u(-200)=0,\quad u(200)=0.9,\quad u(-100)=0.3$$

其决策树如图 9-8 所示。

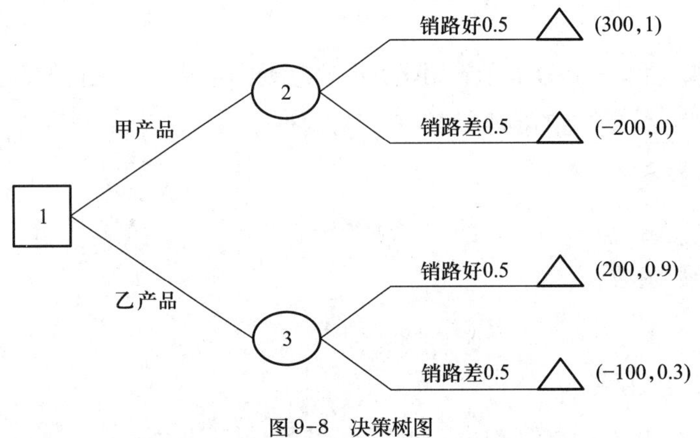

图 9-8 决策树图

则方案 a_1，a_2 的期望效用值分别为：

$$Eu(a_1)=0.5\times1+0.5\times0=0.5$$

$$Eu(a_2)=0.5\times0.9+0.5\times0.3=0.6$$

故根据最大期望效用值决策准则，选择开发乙产品为最优方案。

由绘制的效用曲线图 9-9 可知，该决策者偏向于保守型，不求大利，谨慎小心。

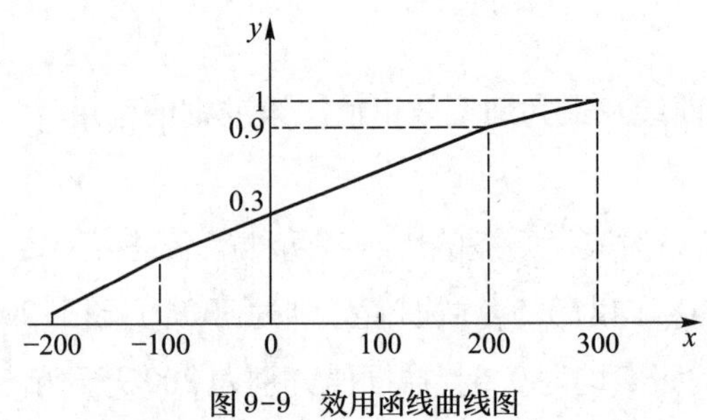

图 9-9 效用函线曲线图

9.6 决策中的灵敏度分析

9.6.1 灵敏度分析的含义

在决策模型中，自然状态的概率和损益值往往由估计或预测得到，加之实际情况也会不断变化，这都需要对决策所用的数据进行一种专项分析，考察数据可在多大范围内变化而不至于影响最优决策方案的有效性。这种分析即为灵敏度分析。

例 9-8 假设有外表完全相同的木盒 100 只。将其分为两组：一组 70 只装白球；另一组 30 只装红球。现从这 100 只中任取一只，请你猜，如盒内装白球，猜对了得 500 分，猜错了罚 200 分；如盒内装红球，猜对了得 1 000 分，猜错了罚 150 分。为使期望得分最多，应选哪一方案？有关数据列于表 9-15 中。

表 9-15

方案＼状态概率	自然状态	
	白 0.7	红 0.3
猜白	500	-200
猜红	-150	1 000

解：先画出决策树图，见图 9-10。

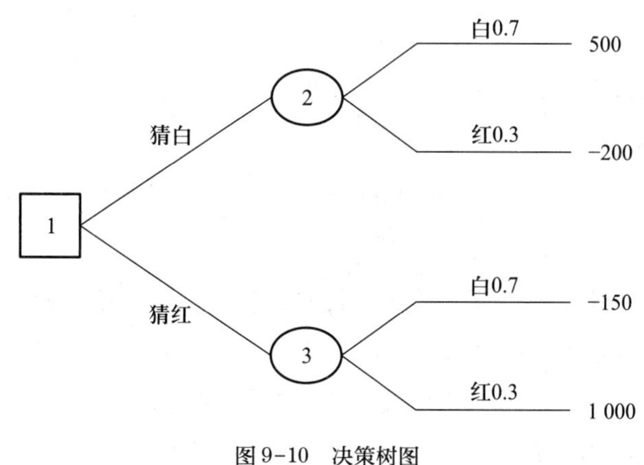

图 9-10 决策树图

计算各方案的期望值。

“猜白”的期望值为：

$$0.7\times500+0.3\times(-200)=290$$

“猜红”的期望值为：

$$0.7\times(-150)+0.3\times1\ 000=195$$

经比较可知,“猜白”方案是最优方案。

现假定出现白球的概率由 0.7 变为 0.8，这时各方案的期望值为：

“猜白”的期望值为：

$$0.8\times500+0.2\times(-200)=360$$

“猜红”的期望值为：

$$0.8\times(-150)+0.2\times1\,000=80$$

可见,“猜白”方案仍是最优方案。

再假定出现白球的概率由 0.7 变为 0.6，这时各方案的期望值为：

“猜白”的期望值为：

$$0.6\times500+0.4\times(-200)=220$$

“猜红”的期望值为：

$$0.6\times(-150)+0.4\times1\,000=310$$

现在的最优方案不是“猜白”，而是“猜红”了。

9.6.2 转折概率

上例中，存在一个概率值，它是影响最优方案有效性的临界概率值，可以将其称为转折概率。

设 p 为出现白球的概率，$1-p$ 为出现红球的概率。当这两个方案的期望值相等时，即：

$$p\times500+(1-p)\times(-200)=p\times(-150)+(1-p)\times1\,000$$

求得 $p=0.648\,6$，即为转折概率。

显然，当 $p>0.648\,6$ 时,“猜白”是最优方案；当 $p<0.648\,6$ 时“猜红”是最优方案；当 $p=0.648\,6$ 时,“猜白”与“猜红”均为最优方案。

若用 a_{11}、a_{12}、a_{21}、a_{22}分别表示“猜白”和“猜红”两个方案在两种自然状态下的损益值，则 p 可表示为：

$$p=\frac{a_{22}-a_{12}}{a_{11}-a_{12}-a_{21}+a_{22}}$$

若这些数据在某允许范围内变动，而最优方案保持不变，这个方案就是比较稳定的。反之，这些数据在某允许范围内稍加变动，最优方案就有变化，则这个方案就是相对不稳定的。由此，可以观察出哪些变量是非常敏感的变量，哪些变量是不太敏感的变量，以及最优方案不变条件下这些变量允许变化的范围。

本章小结

决策是工作和生活中普遍存在的一种活动，是选择最佳方案的一种过程。本章知识概念较多，但概念间的逻辑性较强。本章知识点需要学习者掌握的程度如下图所示。

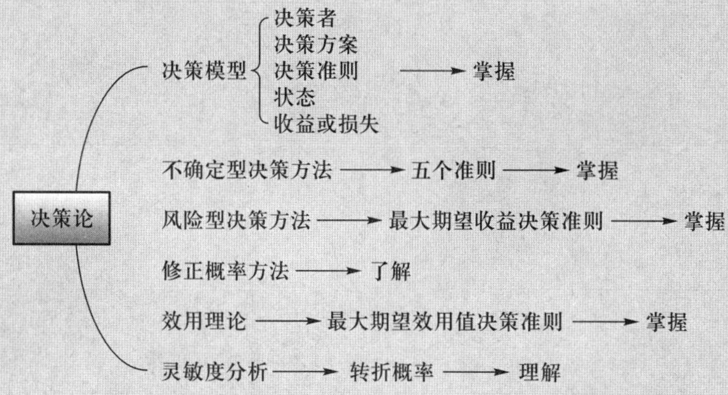

关键术语

决策（Decision Making）
不确定型决策（Decision Making under Uncertainty）
风险型决策（Decision Making under Risk）
最大期望收益决策准则（Expected Monetary Value）
决策树（Decision Tree）
效用曲线（Utility Curve）
最大期望效用值决策准则（Expected Utility Value）

复习思考题

1. 下述说法错误的是（　　）。

A. 动态规划属于确定型决策

B. 按照决策的性质，决策分为程序化决策和非程序化决策两种类型

C. 风险型决策属于不确定型决策

D. 科学决策一般必须经历“预决策—决策—决策后”三个阶段

2. 对于不确定型决策，某人采用最小机会损失决策准则进行决策，则应在所求的损失矩阵中（　　）。

A. 大中取大

B. 大中取小

C. 小中取大

D. 小中取小

3. 对于不确定型决策，某人采用乐观主义准则进行决策，则应在收益表中（　　）。

A. 大中取大

B. 大中取小

C. 小中取大

D. 小中取小

4. 下述说法正确的是（　　）。

A. 决策树方法与数学期望方法本质上是不同的

B. 在决策树决策过程中期望值最大方案保留

C. 在风险型决策过程中至少要有两个行动方案

D. 对于风险型决策，各个状态发生的概率肯定是不同的

5. 在决策论中，表示不同决策者对待风险的不同态度，可分为保守型、中间型和冒险型，对这三种类型的决策者下述说法不正确的是（　　）。

A. 保守型决策者对损失金额比较敏感

B. 冒险型决策者对收益接近最大值时的情形比较迟钝

C. 中间型决策者认为收入金额增长与效用值增长呈等比关系

D. 某一决策者在做决策时可能兼有三种类型

6. 下述说法不正确的是（　　）。

A. 贝叶斯方法是一种后验概率方法

B. 贝叶斯方法是一种先验概率方法

C. 效用是一种相对指标值，表示决策者对风险的态度

D. 确定效用曲线可以用对比提问法，也可以用直接提问法

7. 建厂投资有四个行动方案可供选择，并有四种自然状态，其收益表

如表 9-16 所示，用乐观主义准则进行决策。（　　）

表 9-16

自然状态 / 方案	状态 1	状态 2	状态 3	状态 4
方案 1	50	25	-25	-45
方案 2	70	30	-40	-80
方案 3	30	15	-5	-10
方案 4	20	8	-1	-5

8. 某钟表公司计划通过它的销售网推销一种低价钟表，计划零售价为每块 10 美元。对这种表有三个设计方案：方案Ⅰ需一次投资 10 万美元，投产后每块成本 5 美元；方案Ⅱ需一次投资 16 万美元，投产后每块成本 4 美元；方案Ⅲ需一次投资 25 万美元，投产后每块成本 3 美元。该钟表需求量不能确切知道，但估计有三种可能：

θ_1：30 000 块；θ_2：120 000 块；θ_3：200 000 块

（1）建立这个问题的益损值矩阵。

（2）分别用悲观主义准则、乐观主义准则、等可能性准则及后悔准则，决定公司应采用哪一种设计方案（每块钟表的成本费中不含一次性投资费用）。

延伸阅读

[1] 许文德. 行政决策学 [M]. 北京：中国人民大学出版社，1997.

[2] 曹现强. 公共决策导论 [M]. 北京：中国人民大学出版社，2003.

[3] 诺贝尔奖官方网站.

[4] Geoffrey, Gregory. Decision Analysis [M]. London: Pitman Publishing, 1988.

[5]《运筹学》教材编写组. 运筹学 [M]. 3 版. 北京：清华大学出版社，2005.

[6] C. 林德布洛姆. 决策过程 [M]. 上海：上海译文出版社，1988.

[7] 托马斯 · R. 戴伊. 自上而下的政策制定 [M]. 北京：中国人民大

学出版社，2002.

［8］王玉英. 优化与决策［M］. 西安：西安交通大学出版社，2014.

参考文献

［1］许文德. 行政决策学［M］. 北京：中国人民大学出版社，1997.

［2］曹现强. 公共决策导论［M］. 北京：中国人民大学出版社，2003.

［3］诺贝尔奖官方网站.

［4］Geoffrey，Gregory. Decision Analysis［M］. London：Pitman Publishing，1988.

［5］《运筹学》教材编写组. 运筹学［M］. 3 版. 北京：清华大学出版社，2005.

［6］C. 林德布洛姆. 决策过程［M］. 上海：上海译文出版社，1988.

［7］托马斯 · R. 戴伊. 自上而下的政策制定［M］. 北京：中国人民大学出版社，2002.

教学支持说明

建设立体化精品教材，向高校师生提供整体教学解决方案和教学资源，是高等教育出版社“服务教育”的重要方式。为支持相应课程教学，我们专门为本书研发了配套教学课件及相关教学资源，并向采用本书作为教材的教师免费提供。

欢迎加入管理科学与工程类专业教学服务 QQ 群：184315320，便于交流教学和索取课件。

为保证该课件及相关教学资源仅为教师获得，烦请授课教师清晰填写如下开课证明并拍照后，发送至上述 QQ 群或 QQ：1735280813。

编辑电话：010-58556042。

证　　明

兹证明________________________大学____________________学院/系第________学年开设的________________课程，采用高等教育出版社出版的《　　　　　　》（　　　主编）作为本课程教材，授课教师为__________，学生________个班，共________人。授课教师需要与本书配套的课件及相关资源用于教学使用。

授课教师联系电话：________________　E-mail：________________

学院/系主任：__________（签字）

（学院/系办公室盖章）

20____年____月____日

郑重声明